研究生教学用书
公共基础课系列

张量分析

莫乃榕　编

华中科技大学出版社
中国·武汉

内 容 提 要

本书介绍张量的性质和张量的运算方法，内容包括：矢量和张量，二阶张量，张量微积分，张量对时间的导数及曲面微分法．每章附有习题，最后一章给出习题解答．本书的编写力求深入浅出，简明易懂，读者只要具备微积分和矩阵代数的知识，便可顺利接受本书的分析方法．本书可作为力学、应用物理及相关工科学科的本科生和研究生教材，也可供有关科技人员参考．

图书在版编目(CIP)数据

张量分析/莫乃榕编．—武汉：华中科技大学出版社，2022.12（2025.1重印）
ISBN 978-7-5680-8777-3

Ⅰ.①张… Ⅱ.①莫… Ⅲ.①张量分析 Ⅳ.①O183.2

中国版本图书馆 CIP 数据核字(2022)第 254123 号

张量分析
Zhangliang Fenxi

莫乃榕　编

策划编辑：周芬娜　陈舒淇
责任编辑：周芬娜　陈舒淇
封面设计：刘　卉
责任校对：李　琴
责任监印：周治超
出版发行：华中科技大学出版社（中国·武汉）　电话：(027)81321913
武汉市东湖新技术开发区华工科技园　邮编：430223
录　　排：武汉市洪山区佳年华文印部
印　　刷：武汉科源印刷设计有限公司
开　　本：710mm×1000mm　1/16
印　　张：11
字　　数：230 千字
版　　次：2025 年 1 月第 1 版第 2 次印刷
定　　价：35.00 元

《研究生教学用书》序

"接天莲叶无穷碧，映日荷花别样红。"今天，我国的教育正处在一个大发展的崭新时期，而高等教育即将跨入"大众化"的阶段，蓬蓬勃勃，生机无限。在高等教育中，研究生教育的发展尤为迅速。盛夏已临，面对池塘中亭亭玉立的荷花，风来舞举的莲叶，我深深感到，我国研究生教育就似夏季映日的红莲，别样多姿。

科教兴国，教育先行。教育在社会主义现代化建设中处于优先发展的战略地位。我们可以清楚看到，高等教育不仅被赋予重大的历史任务，而且明确提出，要培养一大批拔尖创新人才。不言而喻，培养一大批拔尖创新人才的历史任务主要落在研究生教育肩上。"百年大计，教育为本；国家兴亡，人才为基。"国家之间的激烈竞争，在今天，归根结底，最关键的就是高级专门人才，特别是拔尖创新人才的竞争。由此观之，研究生教育的任务可谓重矣！重如泰山！

前事不忘，后事之师。历史经验已一而再、再而三地证明：一个国家的富强，一个民族的繁荣，最根本的是要依靠自己，要以"自力更生"为主。《国际歌》讲得十分深刻，世界上从来就没有什么救世主，只有依靠自己救自己。寄希望于别人，期美好于外力，只能是一种幼稚的幻想。内因是发展的决定性的因素。当然，我们决不应该也决不可能采取"闭关锁国"、自我封闭、故步自封的方式来谋求发展，重犯历史错误。外因始终是发展的必要条件。正因为如此，我们清醒看到了，"自助者人助"，只有"自信、自尊、自主、自强"，只有独立自主，自强不息，走以"自力更生"为主的发展道路，才有可能在向世界开放中，争取到更多的朋友，争取到更多的支持，充分利用好外部的各种有利条件，来扎扎实实地而又尽可能快地发展自己。这一切的关键就在于，我们要有数量与质量足够的高级专门人才，特别是拔尖创新人才。何况，在科技高速发展与高度发达，而知识经济已初见端倪的今天，更加如此。人才，高级专门人才，拔尖创新人才，是我们一切事业发展的基础。基础不牢，地动山摇；基础坚牢，大厦凌霄；基础不固，木凋树枯；基础深固，硕茂葱绿！

"工欲善其事，必先利其器。"自古凡事皆然，教育也不例外。拥有合适的教学用书是"传道授业解惑"培育人才的基本条件之一。"巧妇难为无米之炊。"特别是在今天，学科的交叉及其发展越来越多及越快，人才的知识基础及其要求越来越广及越高，因此，我一贯赞成与支持出版"研究生教学用书"，供研究生自己主动地选用。早在1990年，本套用书中的第一本即《机械工程测试·信息·信号分析》出版时，我就为此书写了个“代序”，其中提出：一个研究生应该博览群书，博采百家，思路开阔，有所创见。但这不等于他在一切方面均能如此，有所不为才能有所为。如果一个研究生的主要兴趣与工作不在某一特定方面，他也可选择一本有关这一特定方面的书作为了解与学习这方面知识的参考；如果一个研究生的主要兴趣与工作在这一特定方面，他更应选择一本有关的书作为主要的学习用书，寻觅主要学习线索，并缘此展开，博览群书。这就是我赞成要编写系列的“研究生教学用书”的原因。今天，我仍然如此来看。

还应提及一点，在教育界有人讲，要教学生“做中学”，这有道理；但须补充一句，“学中做”。既要在实践中学习，又要在学习中实践，学习与实践紧密结合，方为全面；重要的是，结合的关键在于引导学生思考，学生积极主动思考。当然，学生的层次不同，结合的方式与程度就应不同，思考的深度也应不同。对研究生特别是对博士研究生，就必须是而且也应该是“研中学，学中研”，在研究这一实践中，开动脑筋，努力学习，在学习这一过程中，开动脑筋，努力研究；甚至可以讲，研与学通过思考就是一回事情了。正因为如此，“研究生教学用书”就大有英雄用武之地，供学习之用，供研究之用，供思考之用。

在此，还应进一步讲明一点。作为一个研究生，来读“研究生教学用书”中的某书或其他有关的书，有的书要精读，有的书可泛读。记住了书上的知识，明白了书上的知识，当然重要；如果能照着用，当然更重要。因为知识是基础。有知识不一定有力量，没有知识就一定没有力量，千万千万不要轻视知识。对研究生特别是博士研究生而言，最为重要的还不是知识本身这个形而下，而是以知识作为基础，努力通过某种实践，同时深入独立思考而体悟到的形而上，即《老子》所讲的不可道的“常道”，即思维能力的提高，即精神境界的升华。《周易·系辞》讲了：“形而上谓之道，形而下谓之器。”我们的研究生要有器，要有具体的知识，要读书，这是基础；但更要有“道”，更要一般，要体悟出的形而上。《庄子·天道》讲得多么好：“书不过语。语之所贵者意也，意有所随。意之所随者，不可以言传也。”这个“意”，就是孔子所讲的“一以贯之”的“一”，就是“道”，就是形而上。它比语、比书，重要多了。要能体悟出形而上，一定要有足够数量的知识作为必不可缺的基础，一定要在读书去获得知识时，整体地读，重点地读，反复地读；整体地想，重点地想，反复地想。如同韩愈在《进学解》中所讲的那样，能“提其要”，“钩其玄”，以达到南宋张孝祥所讲的“悠然心会，妙处难与君说”的体悟，化知识为己之素质，为“活水源头”。这样，就可驾驭知识，发展知识，创新知识，而不是为知识所驾驭，为知识所奴役，成为计算机的存储装置。

这套“研究生教学用书”从第一本于1990年问世至今，在蓬勃发展中已形成了一定规模。“逝者如斯夫，不舍昼夜。”它们中间，有的获得了国家级、省部级教材奖、图书奖，有的为教育部列入向全国推荐的研究生教材。采用此书的一些兄弟院校教师纷纷来信，称赞此书为研究生培养与学科建设作出了贡献。我们深深感激这些鼓励，“中心藏之，何日忘之?!”没有读者与专家的关爱，就没有我们“研究生教学用书”的发展。

唐代大文豪李白讲得十分正确：“人非尧舜，谁能尽善?”我始终认为，金无足赤，物无足纯，人无完人，文无完文，书无完书。“完”全了，就没有发展了，也就“完”蛋了。这套“研究生教学用书”更不会例外。这套书如何？某本书如何？这样的或那样的错误、不妥、疏忽或不足，必然会有。但是，我们又必须积极、及时、认真而不断地加以改进，与时俱进，奋发前进。我们衷心希望与真挚感谢读者与专家不吝指教，及时批评。当局者迷，兼听则明；“嘤其鸣矣，求其友声。”这就是我们肺腑之言。当然，在这里，还应该深深感谢“研究生教学用书”的作者、审阅者、组织者(华中科技大学研究生院的有关领导和工作人员)与出版者(华中科技大学出版社的编辑、校对及其全体同志)；深深感谢“研究生教学用书”的一切关心者与支持者，没有他们，就决不会有今天的“研究生教学用书”。

我们真挚祝愿，在我们举国上下，万众一心，深入贯彻落实科学发展观，努力全面建设小康社会，加速推进社会主义现代化，为实现中华民族伟大复兴，“芙蓉国里尽朝晖”这一壮丽事业中，让我们共同努力，为培养数以千万计高级专门人才，特别是一大批拔尖创新人才，完成历史赋予研究生教育的重大任务而作出应有的贡献。

谨为之序。

中国科学院院士

华中科技大学学术委员会主任

杨叔子

于华中科技大学

前　言

张量的概念最早出现在高斯(Gauss)、黎曼(Riemann)、克里斯托弗(Christoffel)等人建立的微分几何学中,自从理斯(Ricci)和他的学生利维-西维塔(Leve-Civite)发表他们的专著《绝对微分法及其应用》(1901 年)以后,张量演算或绝对微分学就成为数学的一个分支.1916 年,爱因斯坦(Einstein)用黎曼几何和张量分析作为工具来阐述他的广义相对论,极大地推动了微分几何和张量分析的发展.

张量这个名词源于力学中的弹性理论,与其他学科一样,张量分析的生命力和发展动力来自于应用,在应用中发展和丰富张量分析.目前张量分析有两个重要的应用领域:一个是微分几何学,它直接为抽象数学服务;另一个是连续介质力学.张量分析能精确完备地描述连续介质的力学特性和运动规律.在其他应用物理学科中,例如电磁场理论中,张量分析也起到独特的作用.

本书除了对张量理论进行严格的论证和推导外,还着重介绍张量分析在力学中的应用.力学研究物体的机械运动,力学现象一般用坐标系去描述.然而力学的许多定律,如同其他物理学定律一样,与坐标系的选取是无关的.本书将用不依赖于坐标系选择的分析方法,即张量分析,研究各类力学现象.用张量分析法导出的力学张量方程,能精确地描述力学现象的本质.可以这样说,张量分析是深化现代连续介质力学研究的最有力的数学工具.当然,力学运动是机械运动,用坐标系去描述力学运动,将使这种运动具体化、可视化.力学的普遍定律在特定的坐标系中应该有具体的数学形式,在不同坐标系中这些数学形式应该有内在的联系.力学方程的坐标转换关系将是本书张量分析的主要内容.

张量是矢量的推广,张量分析也是矢量分析的推广,但张量分析远比矢量分析复杂.当初笔者接触张量分析时,对结构复杂、眼花缭乱的张量公式望而生畏.后来通过深入研究,认识到张量的许多性质、许多运算法则都与基矢有关.张量的分析最终变为基矢的分析,张量的基矢分析清楚了,张量的性质也就清楚了.本书将抓住张量的核心——基矢进行分析.基矢分析将使张量分析具体化、简单化.本书的编写力求深入浅出,只要具备数学分析、矢量运算和矩阵代数的基础知识,就能学好本书的张量分析方法.张量分析为连续介质力学(弹性力学、流体力学)提供严谨的理论基础.张量分析的学习对许多力学课程及其他应用物理课程的学习将起到事半功倍的作用.

近些年来，国内已经出版了好几本张量分析的书籍，其中有些书写得很好，很有特色，很值得借鉴．但大多偏重于理论，偏重于抽象数学，适用于教材的著作仍很少．本书愿在张量分析的教材建设方面作新的尝试．

本书是根据作者为研究生讲授的张量分析这门课程的讲义编写而成的．全书分为六章．第1章介绍矢量及其运算，并将矢量引申至张量，介绍张量的概念和张量的代数运算．第2章介绍二阶张量的一般性质．第3章介绍张量分析的核心问题——张量微积分，即张量场论．在这一章中我们将大量展示基矢的微分分析法，将张量的微积分转化为基矢的微积分．张量的微分与标量的微分相比，具有很多独特的性质和规律，对此我们都会作详细的介绍．张量的积分多为体积分和面积分，其处理方法与数学分析、场论没有太大的区别，因此我们对张量积分法只作简单的提及．第4章介绍张量的时间变化率，即随体导数，这章的内容可直接应用于连续介质力学．第5章介绍曲面上的张量微分问题．为了便于读者学好张量分析，大多数的张量公式都有详细且严格的数学推导，书中的例题为读者掌握张量理论提供范例．张量分析属于数学学科的一个分支，学习张量分析必须勤奋地加以习题训练，耐心地做完各章习题，定能受益良多．特别要指出的是，第6章为习题解析，提供解题的方法，鼓舞读者解答复杂问题的勇气，也为他们完善自己张量分析的解题技巧提供实践平台．

在编写本书的过程中，笔者参阅了国内一些专著和教材，从中汲取学术精华，在此特向相关学者致谢．

本书的出版得到了华中科技大学航空航天学院的资助．

由于笔者学识有限，书中可能出现错讹，敬请指教．

作者

2022年6月

于华中科技大学

目　录

第1章　矢量和张量

在力学及其他学科中，有这样一种物理量，它们既有大小(长度)，还有方向，这种量在数学上称为矢量．也就是说，矢量同时具有大小和方向两个属性．通常借助于坐标系来描述矢量，即将矢量在坐标系上分解为坐标分量．矢量的坐标分量与坐标系有关，不同的坐标系有不同的矢量分量，这些不同的矢量分量存在一定的内在联系．

张量是矢量的推广，或者说张量是矢量的组合．张量由矢量构造而成．与矢量相似，通常也借助于坐标系来描述张量，张量也可以在坐标系上分解，不同坐标系的张量分量也存在一定的关系．

张量的运算远比矢量运算复杂．在介绍张量之前，先介绍矢量的一些特点及运算方法，然后将各种运算从矢量推广至张量．实践证明，这种阐述方法是十分必要的．初学者往往对张量的复杂运算和纷繁公式望而生畏，学习矢量的知识可以帮助初学者认识和理解张量．

本章先介绍矢量的概念及代数运算，并引进具有矢量特征的微分运算及相应的场论运算，这些知识对学习张量大有稗益．张量是矢量的推广，但张量远比矢量复杂，其原因就在于张量的基矢远比矢量的基矢复杂，张量的特性和运算法则都与基矢密切相关．因此本章的后半部分将以较多篇幅介绍基矢．以后我们将会看到，对基矢的特性认识清楚了，对张量的认识也就清楚了．张量的特性取决于基矢的特性．张量的分析归结于基矢的分析．虽然张量的分析看起来错综复杂，但是，只要掌握了基矢的分析方法，张量分析会变得十分简单．

1.1　矢量及其代数运算

在数学和物理学中，我们把那种既有大小(数值)又有方向的量称为矢量．矢量具有大小和方向两个属性．力、位移、速度等都属于矢量．本书以黑斜体字母表示矢量．矢量的大小和方向的表示方法有几何表示法和解析表示法两种．

矢量的几何表示法就是用箭头表示一个矢量．箭杆的长短表示矢量的大小值，通常按一定比例决定箭杆的长短．箭头的指向就是矢量的方向．如果两个矢量的大小和方向都相等，那么这两个矢量就认为相等. 用箭头表示矢量时，只要箭头方向和箭杆长短合乎要求即可，并不要求箭头的具体位置. 也就是说，将一个箭头平移到任何位置，都表示同样一个矢量.

矢量的解析表示法就是将矢量分解为坐标分量，并将矢量表示为坐标分量的矢量和. 例如，直角坐标系的三个坐标轴 x,y,z 的单位矢量用 $\boldsymbol{i},\boldsymbol{j},\boldsymbol{k}$ 表示，则力矢量 $\boldsymbol{F}$ 可解析地表示为

$$\boldsymbol{F}=F_x\boldsymbol{i}+F_y\boldsymbol{j}+F_z\boldsymbol{k}. \tag{1.1}$$

为方便起见，直角坐标系的坐标单位矢量用黑体字母 $\boldsymbol{e}_1,\boldsymbol{e}_2,\boldsymbol{e}_3$ 表示，矢量的分量用 F_1,F_2,F_3 表示，即

$$\boldsymbol{F}=F_1\boldsymbol{e}_1+F_2\boldsymbol{e}_2+F_3\boldsymbol{e}_3. \tag{1.2}$$

在张量分析中通常采用爱因斯坦求和约定表示上式，即

$$\boldsymbol{F}=F_1\boldsymbol{e}_1+F_2\boldsymbol{e}_2+F_3\boldsymbol{e}_3=\sum_{i=1}^{3}F_i\boldsymbol{e}_i=F_i\boldsymbol{e}_i. \tag{1.3}$$

爱因斯坦求和约定的含义是：对于直角坐标系，当数学表达式中有两个相同的指标出现在同一项中时，这对指标就遍取 1 到 3 并求和. 被约定求和的这对指标称为“哑标”(dumb index)，大概是隐义这对指标无声无息地自觉地从 1 跑到 3 并求和. 这对哑标可以用任何一对字母表示，因为改变哑标的字母并不改变求和约定的最后结果.

1.1.1 矢量和

设 $\boldsymbol{a},\boldsymbol{b},\boldsymbol{c}$ 是矢量，且有

$$\boldsymbol{c}=\boldsymbol{a}+\boldsymbol{b},$$

则称 $\boldsymbol{c}$ 为 $\boldsymbol{a}$ 和 $\boldsymbol{b}$ 的矢量和. 图 1.1 是矢量和的几何表示. 从被加数 $\boldsymbol{a}$ 的箭头作加数矢量 $\boldsymbol{b}$，就得和矢量 $\boldsymbol{c}$.

矢量差是和的逆运算，即

$$\boldsymbol{b}=\boldsymbol{c}-\boldsymbol{a}.$$

图 1.1 也可以表示矢量差的几何意义，即从减数矢量的箭头向被减数矢量的箭头作矢量，这个矢量就是矢量差.

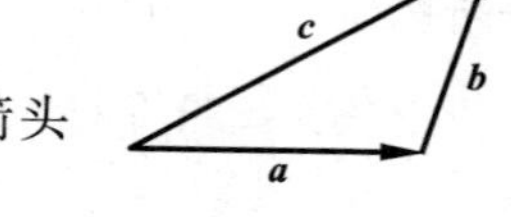

图 1.1 矢量和

矢量和满足下列运算法则：

$$\boldsymbol{a}+\boldsymbol{b}=\boldsymbol{b}+\boldsymbol{a},$$
$$\lambda(\boldsymbol{a}+\boldsymbol{b})=\lambda\boldsymbol{a}+\lambda\boldsymbol{b},$$
$$(\boldsymbol{a}+\boldsymbol{b})+\boldsymbol{c}=\boldsymbol{a}+(\boldsymbol{b}+\boldsymbol{c})=\boldsymbol{a}+\boldsymbol{b}+\boldsymbol{c}.$$

矢量和的解析表达式为

$$\boldsymbol{c}=\boldsymbol{a}+\boldsymbol{b}=(a_1+b_1)\boldsymbol{e}_1+(a_2+b_2)\boldsymbol{e}_2+(a_3+b_3)\boldsymbol{e}_3. \tag{1.4}$$

1.1.2　矢量的点积

设有矢量 $\boldsymbol{a}$ 和 $\boldsymbol{b}$,其大小值(长度)记为 a 和 b,两矢量的方向夹角记为 $\theta=(\boldsymbol{a},\boldsymbol{b})$,则矢量 $\boldsymbol{a}$ 和 $\boldsymbol{b}$ 的点积定义为两矢量的大小值与它们夹角的余弦的乘积,即

$$\boldsymbol{a}\cdot\boldsymbol{b}=ab\cos(\boldsymbol{a},\boldsymbol{b}). \tag{1.5}$$

求矢量点积的运算称为点乘.矢量点积的结果是数量.如果力与位移点乘,得到的点积是力在位移上所做的功.

$\boldsymbol{a}$ 和 $\boldsymbol{b}$ 的点积等于分量积的和,即

$$\boldsymbol{a}\cdot\boldsymbol{b}=a_1b_1+a_2b_2+a_3b_3. \tag{1.6}$$

1.1.3　矢量的叉积

矢量 $\boldsymbol{a}$ 和 $\boldsymbol{b}$ 的叉积 $\boldsymbol{c}$ 的表达式为

$$\boldsymbol{a}\times\boldsymbol{b}=\boldsymbol{c}. \tag{1.7}$$

矢量 $\boldsymbol{a}$ 和 $\boldsymbol{b}$ 的叉积是一个矢量,即 $\boldsymbol{c}$.叉积 $\boldsymbol{c}$ 既垂直于 $\boldsymbol{a}$,也垂直于 $\boldsymbol{b}$,即 $\boldsymbol{c}$ 垂直于 $\boldsymbol{a}$ 和 $\boldsymbol{b}$ 所在的平面,如图 1.2 所示.

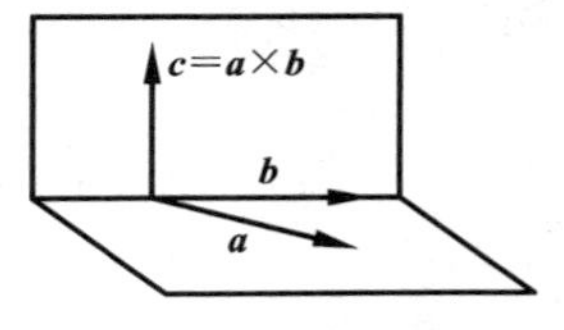

图 1.2　矢量叉积

叉积矢量 $\boldsymbol{c}$ 的大小 c 等于矢量 $\boldsymbol{a}$ 和 $\boldsymbol{b}$ 的大小 a、b 以及两矢量的方向夹角$(\boldsymbol{a},\boldsymbol{b})$的正弦的乘积,即

$$c=ab\sin(\boldsymbol{a},\boldsymbol{b}), \tag{1.8}$$

亦即 c 等于矢量 $\boldsymbol{a}$ 和 $\boldsymbol{b}$ 所构成的平行四边形的面积.

求矢量叉积的运算称为矢量的叉乘.

叉积 $\boldsymbol{c}$ 的方向用右手螺旋法确定.

叉乘运算满足下列运算法则:

$$\boldsymbol{a}\times\boldsymbol{b}=-\boldsymbol{b}\times\boldsymbol{a},$$
$$\boldsymbol{a}\times(\boldsymbol{b}+\boldsymbol{c})=\boldsymbol{a}\times\boldsymbol{b}+\boldsymbol{a}\times\boldsymbol{c},$$
$$\lambda(\boldsymbol{a}\times\boldsymbol{b})=(\lambda\boldsymbol{a})\times\boldsymbol{b}=\boldsymbol{a}\times(\lambda\boldsymbol{b}).$$

直角坐标系的坐标单位矢量的叉积为

$$\boldsymbol{e}_1\times\boldsymbol{e}_2=\boldsymbol{e}_3,\quad \boldsymbol{e}_2\times\boldsymbol{e}_3=\boldsymbol{e}_1,\quad \boldsymbol{e}_3\times\boldsymbol{e}_1=\boldsymbol{e}_2. \tag{1.9}$$

利用式(1.9),就得到矢量叉积的解析表达式:

$$\begin{aligned}\boldsymbol{a}\times\boldsymbol{b}&=(a_1\boldsymbol{e}_1+a_2\boldsymbol{e}_2+a_3\boldsymbol{e}_3)\times(b_1\boldsymbol{e}_1+b_2\boldsymbol{e}_2+b_3\boldsymbol{e}_3)\\&=(a_2b_3-a_3b_2)\boldsymbol{e}_1+(a_3b_1-a_1b_3)\boldsymbol{e}_2+(a_1b_2-a_2b_1)\boldsymbol{e}_3.\end{aligned} \tag{1.10}$$

叉积也可以用行列式表示:

$$\boldsymbol{a}\times\boldsymbol{b}=\begin{vmatrix}\boldsymbol{e}_1 & \boldsymbol{e}_2 & \boldsymbol{e}_3\\ a_1 & a_2 & a_3\\ b_1 & b_2 & b_3\end{vmatrix}. \tag{1.11}$$

1.1.4 矢量的混合积

对于矢量 $\boldsymbol{a}$、$\boldsymbol{b}$、$\boldsymbol{c}$，$\boldsymbol{a}\cdot(\boldsymbol{b}\times\boldsymbol{c})$是一个数量，称为混合积. 这个混合积表示，将矢量 $\boldsymbol{b}$ 和 $\boldsymbol{c}$ 叉乘所得到的叉积矢量与矢量 $\boldsymbol{a}$ 点乘. 图 1.3 是混合积的几何表示. 混合积实际上就是由 $\boldsymbol{a}$、$\boldsymbol{b}$、$\boldsymbol{c}$ 为三条棱边所构成的平行六面体的体积. 其中，$\boldsymbol{b}\times\boldsymbol{c}$ 为底面积矢量，再与 $\boldsymbol{a}$ 点乘的实质就底面积乘以高，于是得到体积.

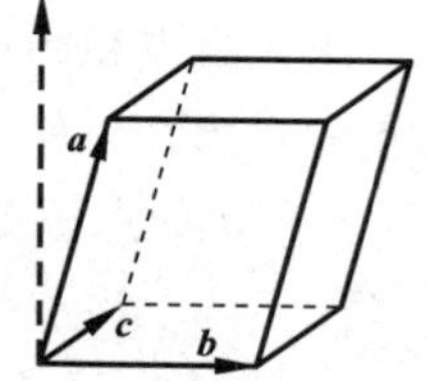

图 1.3 矢量混合积

当矢量 $\boldsymbol{a}$、$\boldsymbol{b}$、$\boldsymbol{c}$ 构成如图 1.3 所示的右手螺旋系时，$\boldsymbol{a}\cdot(\boldsymbol{b}\times\boldsymbol{c})$是正值，记作 V(体积). 容易看出，下面的三个混合积都表示同一体积.

$$V=\boldsymbol{a}\cdot(\boldsymbol{b}\times\boldsymbol{c})=\boldsymbol{b}\cdot(\boldsymbol{c}\times\boldsymbol{a})=\boldsymbol{c}\cdot(\boldsymbol{a}\times\boldsymbol{b}). \tag{1.12}$$

下面介绍一个与混合积有关的公式.

混合积 $\boldsymbol{a}\cdot(\boldsymbol{b}\times\boldsymbol{c})$和 $\boldsymbol{u}\cdot(\boldsymbol{v}\times\boldsymbol{w})$都是数值，这两个数相乘所得的数值可用行列式表示：

$$\boldsymbol{a}\cdot(\boldsymbol{b}\times\boldsymbol{c})\boldsymbol{u}\cdot(\boldsymbol{v}\times\boldsymbol{w})=\begin{vmatrix}\boldsymbol{a}\cdot\boldsymbol{u} & \boldsymbol{a}\cdot\boldsymbol{v} & \boldsymbol{a}\cdot\boldsymbol{w}\\ \boldsymbol{b}\cdot\boldsymbol{u} & \boldsymbol{b}\cdot\boldsymbol{v} & \boldsymbol{b}\cdot\boldsymbol{w}\\ \boldsymbol{c}\cdot\boldsymbol{u} & \boldsymbol{c}\cdot\boldsymbol{v} & \boldsymbol{c}\cdot\boldsymbol{w}\end{vmatrix}. \tag{1.13}$$

现在我们证明这个等式.

矢量混合积可用行列式表示：

$$\boldsymbol{a}\cdot(\boldsymbol{b}\times\boldsymbol{c})=\begin{vmatrix}a_1 & a_2 & a_3\\ b_1 & b_2 & b_3\\ c_1 & c_2 & c_3\end{vmatrix},$$

$$\boldsymbol{u}\cdot(\boldsymbol{v}\times\boldsymbol{w})=\begin{vmatrix}u_1 & u_2 & u_3\\ v_1 & v_2 & v_3\\ w_1 & w_2 & w_3\end{vmatrix},$$

$$\boldsymbol{a}\cdot(\boldsymbol{b}\times\boldsymbol{c})\boldsymbol{u}\cdot(\boldsymbol{v}\times\boldsymbol{w})=\begin{vmatrix}a_1 & a_2 & a_3\\ b_1 & b_2 & b_3\\ c_1 & c_2 & c_3\end{vmatrix}\cdot\begin{vmatrix}u_1 & v_1 & w_1\\ u_2 & v_2 & w_2\\ u_3 & v_3 & w_3\end{vmatrix}.$$

这里我们对第 2 个行列式进行置换，这种置换并不改变行列式的值.

根据矩阵代数定理，两矩阵相乘所得的矩阵的行列式，等于原来两个矩阵对应的行列式的乘积. 下面用方括号表示矩阵，则有

$$\boldsymbol{a}\cdot(\boldsymbol{b}\times\boldsymbol{c})\ \boldsymbol{u}\cdot(\boldsymbol{v}\times\boldsymbol{w})=\left|\begin{bmatrix}a_1 & a_2 & a_3\\ b_1 & b_2 & b_3\\ c_1 & c_2 & c_3\end{bmatrix}\begin{bmatrix}u_1 & v_1 & w_1\\ u_2 & v_2 & w_2\\ u_3 & v_3 & w_3\end{bmatrix}\right|$$

$$
=\begin{vmatrix} \boldsymbol{a}\cdot\boldsymbol{u} & \boldsymbol{a}\cdot\boldsymbol{v} & \boldsymbol{a}\cdot\boldsymbol{w} \\ \boldsymbol{b}\cdot\boldsymbol{u} & \boldsymbol{b}\cdot\boldsymbol{v} & \boldsymbol{b}\cdot\boldsymbol{w} \\ \boldsymbol{c}\cdot\boldsymbol{u} & \boldsymbol{c}\cdot\boldsymbol{v} & \boldsymbol{c}\cdot\boldsymbol{w} \end{vmatrix}. \tag{1.14}
$$

式(1.14)表示两组三矢量混合积的乘积等于这6个矢量分别点乘所组成的行列式.

1.1.5　矢量的三重叉积

$\boldsymbol{a}\times(\boldsymbol{b}\times\boldsymbol{c})$称为矢量$\boldsymbol{a}$、$\boldsymbol{b}$、$\boldsymbol{c}$的三重叉积,它表示$\boldsymbol{b}$和$\boldsymbol{c}$叉乘得到的矢量再与矢量$\boldsymbol{a}$叉乘.三重叉积的结果是矢量.图1.4是三重叉积的几何表示.矢量$\boldsymbol{b}$和$\boldsymbol{c}$在平面α上,叉积$\boldsymbol{b}\times\boldsymbol{c}$与平面$\alpha$垂直,矢量$\boldsymbol{a}$和矢量$\boldsymbol{b}\times\boldsymbol{c}$在平面$\beta$上.三重叉积$\boldsymbol{a}\times(\boldsymbol{b}\times\boldsymbol{c})$必在平面$\alpha$上.

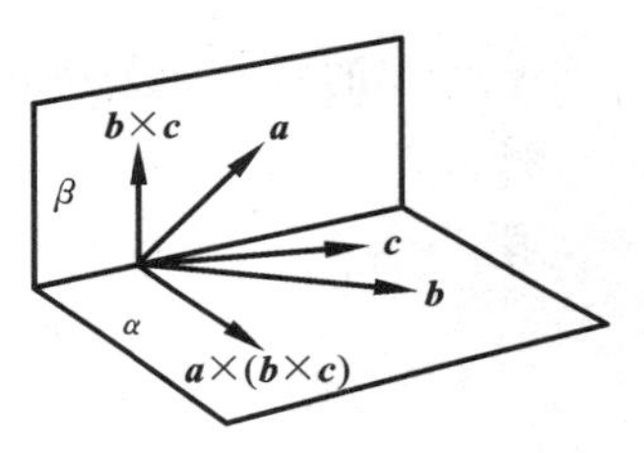

图1.4　三重叉积

下面我们证明一个矢量运算中有用的公式:

$$
\boldsymbol{a}\times(\boldsymbol{b}\times\boldsymbol{c})=(\boldsymbol{a}\cdot\boldsymbol{c})\boldsymbol{b}-(\boldsymbol{a}\cdot\boldsymbol{b})\boldsymbol{c}. \tag{1.15}
$$

令

$$
\boldsymbol{F}=\boldsymbol{b}\times\boldsymbol{c}=\begin{vmatrix} \boldsymbol{e}_1 & \boldsymbol{e}_2 & \boldsymbol{e}_3 \\ b_1 & b_2 & b_3 \\ c_1 & c_2 & c_3 \end{vmatrix}=(b_2c_3-b_3c_2)\boldsymbol{e}_1+(b_3c_1-b_1c_3)\boldsymbol{e}_2+(b_1c_2-b_2c_1)\boldsymbol{e}_3,
$$

$$
\boldsymbol{a}\times\boldsymbol{F}=\begin{vmatrix} \boldsymbol{e}_1 & \boldsymbol{e}_2 & \boldsymbol{e}_3 \\ a_1 & a_2 & a_3 \\ F_1 & F_2 & F_3 \end{vmatrix}=(a_2F_3-a_3F_2)\boldsymbol{e}_1+(a_3F_1-a_1F_3)\boldsymbol{e}_2+(a_1F_2-a_2F_1)\boldsymbol{e}_3,
$$

则有

$$
\begin{aligned}
a_2F_3-a_3F_2 &=a_2(b_1c_2-b_2c_1)-a_3(b_3c_1-b_1c_3) \\
&=(a_2c_2+a_3c_3)b_1-(a_2b_2+a_3b_3)c_1 \\
&=(a_1c_1+a_2c_2+a_3c_3)b_1-(a_1b_1+a_2b_2+a_3b_3)c_1 \\
&=(\boldsymbol{a}\cdot\boldsymbol{c})b_1-(\boldsymbol{a}\cdot\boldsymbol{b})c_1.
\end{aligned}
$$

同理

$$
a_3F_1-a_1F_3=(\boldsymbol{a}\cdot\boldsymbol{c})b_2-(\boldsymbol{a}\cdot\boldsymbol{b})c_2,
$$

$$
a_1F_2-a_2F_1=(\boldsymbol{a}\cdot\boldsymbol{c})b_3-(\boldsymbol{a}\cdot\boldsymbol{b})c_3,
$$

因此

$$
\boldsymbol{a}\times(\boldsymbol{b}\times\boldsymbol{c})=(\boldsymbol{a}\cdot\boldsymbol{c})\boldsymbol{b}-(\boldsymbol{a}\cdot\boldsymbol{b})\boldsymbol{c}.
$$

例1.1　在直角坐标系中点A,B,C的坐标值分别为

$$
A(1,1,1),\quad B(4,0,5),\quad C(3,2,1),
$$

这三个点的矢径记为$\boldsymbol{r}_1,\boldsymbol{r}_2,\boldsymbol{r}_3$.试求:

(1) 以 $\boldsymbol{r}_1,\boldsymbol{r}_2,\boldsymbol{r}_3$ 为棱边的平行六面体的体积 V；

(2) 过点 A 的平行六面体的对角线的长度.

解

$$\boldsymbol{r}_1=\boldsymbol{e}_1+\boldsymbol{e}_2+\boldsymbol{e}_3,$$
$$\boldsymbol{r}_2=4\boldsymbol{e}_1+5\boldsymbol{e}_3,$$
$$\boldsymbol{r}_3=3\boldsymbol{e}_1+2\boldsymbol{e}_2+\boldsymbol{e}_3,$$
$$\boldsymbol{r}_2\times\boldsymbol{r}_3=(4\boldsymbol{e}_1+5\boldsymbol{e}_3)\times(3\boldsymbol{e}_1+2\boldsymbol{e}_2+\boldsymbol{e}_3)=-10\boldsymbol{e}_1+11\boldsymbol{e}_2+8\boldsymbol{e}_3,$$
$$V=\boldsymbol{r}_1\cdot(\boldsymbol{r}_2\times\boldsymbol{r}_3)=-10+11+8=9.$$

过点 A 的对角线矢量 $\boldsymbol{r}=\boldsymbol{r}_2-\boldsymbol{r}_1+\boldsymbol{r}_3=6\boldsymbol{e}_1+\boldsymbol{e}_2+5\boldsymbol{e}_3$，其长度为 $\sqrt{62}$.

例 1.2 求矢径 $\boldsymbol{r}_1=\boldsymbol{e}_1+2\boldsymbol{e}_2+2\boldsymbol{e}_3$ 和 $\boldsymbol{r}_2=3\boldsymbol{e}_1+4\boldsymbol{e}_3$ 的方向夹角 θ.

解

$$\boldsymbol{r}_1\cdot\boldsymbol{r}_2=r_1r_2\cos\theta,$$
$$\boldsymbol{r}_1\cdot\boldsymbol{r}_2=3+8=11,$$
$$r_1=\sqrt{1+4+4}=3,\quad r_2=\sqrt{9+16}=5,$$
$$\cos\theta=\frac{\boldsymbol{r}_1\cdot\boldsymbol{r}_2}{r_1r_2}=\frac{11}{15},\quad \theta=\arccos\frac{11}{15}.$$

例 1.3 求证 $(\boldsymbol{a}\times\boldsymbol{b})\cdot(\boldsymbol{c}\times\boldsymbol{d})+(\boldsymbol{b}\times\boldsymbol{c})\cdot(\boldsymbol{a}\times\boldsymbol{d})+(\boldsymbol{c}\times\boldsymbol{a})\cdot(\boldsymbol{b}\times\boldsymbol{d})=0$.

证明 $(\boldsymbol{a}\times\boldsymbol{b})\cdot(\boldsymbol{c}\times\boldsymbol{d})=\boldsymbol{c}\cdot[\boldsymbol{d}\times(\boldsymbol{a}\times\boldsymbol{b})]=\boldsymbol{c}\cdot[(\boldsymbol{b}\cdot\boldsymbol{d})\boldsymbol{a}-(\boldsymbol{a}\cdot\boldsymbol{d})\boldsymbol{b}]$,

即

$$(\boldsymbol{a}\times\boldsymbol{b})\cdot(\boldsymbol{c}\times\boldsymbol{d})=(\boldsymbol{b}\cdot\boldsymbol{d})(\boldsymbol{a}\cdot\boldsymbol{c})-(\boldsymbol{a}\cdot\boldsymbol{d})(\boldsymbol{b}\cdot\boldsymbol{c}).$$

同理，

$$(\boldsymbol{b}\times\boldsymbol{c})\cdot(\boldsymbol{a}\times\boldsymbol{d})=(\boldsymbol{c}\cdot\boldsymbol{d})(\boldsymbol{b}\cdot\boldsymbol{a})-(\boldsymbol{b}\cdot\boldsymbol{d})(\boldsymbol{c}\cdot\boldsymbol{a}),$$
$$(\boldsymbol{c}\times\boldsymbol{a})\cdot(\boldsymbol{b}\times\boldsymbol{d})=(\boldsymbol{a}\cdot\boldsymbol{d})(\boldsymbol{c}\cdot\boldsymbol{b})-(\boldsymbol{c}\cdot\boldsymbol{d})(\boldsymbol{a}\cdot\boldsymbol{b}).$$

证毕.

1.2 微分算子

我们知道，只有大小值没有方向的量称为标量. 例如，温度、质量都是标量. 标量虽然没有方向的属性，但是描述标量的某些量往往是矢量.

我们考察标量场. 所谓标量场，是指某个空间内的每个点都定义一个标量函数 $\varphi(x,y,z)$. 换句话说，标量场就是标量在空间的分布. 类似地，也可以定义矢量场.

这里我们先研究标量场. 标量只有大小的属性，没有方向属性. 标量 $\varphi(x,y,z)$ 的空间分布是不均匀的，通常用等值线来描述标量场 $\varphi(x,y,z)$ 的不均匀性. 图 1.5 表示标量场 $\varphi(x,y,z)$ 的两条等值线 φ_1 和 φ_2. 由图看出，这两条等值线在左端靠得较近，场函数变化得比较急，右端两线离得较远，场函数变化得比较缓.

此外，还可以用导数描写场内某点 M 的场函数 $\varphi(x,y,z)$ 的变化率. 我们求 M 点沿某个方向 $\boldsymbol{s}$ 的导数，称为方向导数，即

$$\frac{\partial\varphi}{\partial s}=\lim_{M_1M\to 0}\frac{\varphi(M_1)-\varphi(M)}{M_1M}. \tag{1.16}$$

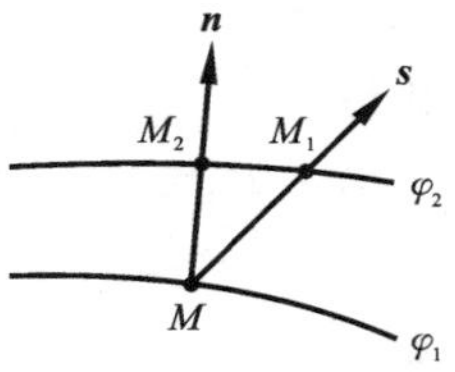

图 1.5　标量等值线

过 M 点有无穷多个方向，每个方向都有相应的方向导数. 如果所有方向的方向导数都已知，则函数 $\varphi(x,y,z)$ 在 M 点邻域内的变化情况就完全清楚了. 研究表明，各个方向的方向导数不是完全独立的. 事实上，只要已知等值线法线方向 $\boldsymbol{n}$ 的方向导数以及某个方向 $\boldsymbol{s}$ 与法线 $\boldsymbol{n}$ 的夹角，则沿 $\boldsymbol{s}$ 方向的方向导数就可以确定. 下面我们证明这个事实.

如图 1.5 所示，M 是等值线 φ_1 上的任意一点. 过 M 点作等值线 φ_1 的法线方向矢量 $\boldsymbol{n}$ 以及任一方向矢量 $\boldsymbol{s}$. 法线与另一条等值线 φ_2 相交于点 M_2，方向线 $\boldsymbol{s}$ 与这条等值线 φ_2 交于点 M_1，显然 $\varphi(M_1)=\varphi(M_2)=\varphi_2$. 根据定义知，沿方向 $\boldsymbol{n}$ 和 $\boldsymbol{s}$ 的方向导数分别为

$$\frac{\partial\varphi}{\partial n}=\lim_{MM_2\to 0}\frac{\varphi(M_2)-\varphi(M)}{MM_2},$$

$$\frac{\partial\varphi}{\partial s}=\lim_{MM_1\to 0}\frac{\varphi(M_1)-\varphi(M)}{MM_1}.$$

记 $(\boldsymbol{n},\boldsymbol{s})$ 为两个方向的夹角，则有

$$MM_2=MM_1\cos(\boldsymbol{n},\boldsymbol{s}),$$

于是

$$\begin{aligned}\frac{\partial\varphi}{\partial s}&=\lim_{MM_1\to 0}\frac{\varphi(M_1)-\varphi(M)}{MM_1}\\&=\cos(\boldsymbol{n},\boldsymbol{s})\lim_{MM_2\to 0}\frac{\varphi(M_2)-\varphi(M)}{MM_2}\\&=\cos(\boldsymbol{n},\boldsymbol{s})\frac{\partial\varphi}{\partial n}.\end{aligned} \tag{1.17}$$

式(1.17)表明，沿 $\boldsymbol{s}$ 的方向导数 $\frac{\partial\varphi}{\partial s}$ 等于沿法线 $\boldsymbol{n}$ 的方向导数乘以两方向的夹角余弦.

大小为 $\frac{\partial\varphi}{\partial n}$，方向为 $\boldsymbol{n}$ 的矢量称为标量场函数 $\varphi(x,y,z)$ 的梯度，记作

$$\mathbf{grad}\varphi=\frac{\partial\varphi}{\partial n}\boldsymbol{n}. \tag{1.18}$$

由式(1.17)看出，

$$\left|\frac{\partial\varphi}{\partial s}\right|<\left|\frac{\partial\varphi}{\partial n}\right|.$$

即标量函数 $\varphi(x,y,z)$ 沿等值线法线方向的方向导数最大，$\varphi(x,y,z)$ 沿法线方向的变化最为急促.

另一方面，根据求导法则，有

$$\begin{aligned}\frac{\partial\varphi}{\partial n}&=\frac{\partial\varphi}{\partial x}\frac{\partial x}{\partial n}+\frac{\partial\varphi}{\partial y}\frac{\partial y}{\partial n}+\frac{\partial\varphi}{\partial z}\frac{\partial z}{\partial n}\\&=\frac{\partial\varphi}{\partial x}\cos(n,x)+\frac{\partial\varphi}{\partial y}\cos(n,y)+\frac{\partial\varphi}{\partial z}\cos(n,z).\end{aligned}$$

考虑到

$$\boldsymbol{n}\cos(n,x)=\boldsymbol{e}_1,$$
$$\boldsymbol{n}\cos(n,y)=\boldsymbol{e}_2,$$
$$\boldsymbol{n}\cos(n,z)=\boldsymbol{e}_3,$$

于是

$$\mathbf{grad}\varphi=\frac{\partial\varphi}{\partial x}\boldsymbol{e}_1+\frac{\partial\varphi}{\partial y}\boldsymbol{e}_2+\frac{\partial\varphi}{\partial z}\boldsymbol{e}_3.$$

引入微分算子

$$\boldsymbol{\nabla}=\boldsymbol{e}_1\frac{\partial}{\partial x}+\boldsymbol{e}_2\frac{\partial}{\partial y}+\boldsymbol{e}_3\frac{\partial}{\partial z},\tag{1.19}$$

则标量函数 $\varphi(x,y,z)$ 的梯度可以表示为

$$\boldsymbol{\nabla}\varphi=\frac{\partial\varphi}{\partial x}\boldsymbol{e}_1+\frac{\partial\varphi}{\partial y}\boldsymbol{e}_2+\frac{\partial\varphi}{\partial z}\boldsymbol{e}_3=\mathbf{grad}\varphi.\tag{1.20}$$

微分算子$\boldsymbol{\nabla}$也称哈密顿(Hamilton)算子，它具有微分和矢量的双重特征. 运算时，既要遵循微分法则，也要遵循矢量法则.

至此，我们看到，标量函数 $\varphi(x,y,z)$ 并无方向属性，但描述它的变化情况的方向导数具有方向的属性.

现在，我们给出标量函数的梯度、矢量函数的散度和旋度的定义.

标量函数 $\varphi(x,y,z)$ 的梯度

$$\boldsymbol{\nabla}\varphi=\frac{\partial\varphi}{\partial x}\boldsymbol{e}_1+\frac{\partial\varphi}{\partial y}\boldsymbol{e}_2+\frac{\partial\varphi}{\partial z}\boldsymbol{e}_3,$$

矢量函数 $\boldsymbol{F}(x,y,z)$ 的散度

$$\boldsymbol{\nabla}\cdot\boldsymbol{F}=\frac{\partial F_x}{\partial x}+\frac{\partial F_y}{\partial y}+\frac{\partial F_z}{\partial z},$$

矢量函数 $\boldsymbol{F}(x,y,z)$ 的旋度

$$\boldsymbol{\nabla}\times\boldsymbol{F}=\begin{vmatrix}\boldsymbol{e}_1&\boldsymbol{e}_2&\boldsymbol{e}_3\\\frac{\partial}{\partial x}&\frac{\partial}{\partial y}&\frac{\partial}{\partial z}\\F_x&F_y&F_z\end{vmatrix}=\left(\frac{\partial F_z}{\partial y}-\frac{\partial F_y}{\partial z}\right)\boldsymbol{e}_1+\left(\frac{\partial F_x}{\partial z}-\frac{\partial F_z}{\partial x}\right)\boldsymbol{e}_2+\left(\frac{\partial F_y}{\partial x}-\frac{\partial F_x}{\partial y}\right)\boldsymbol{e}_3.$$

下面我们介绍一些与哈密顿算子有关的微积分场论公式，并作简单证明. 其中，

φ,ψ 是标量函数,$\boldsymbol{a},\boldsymbol{b},\boldsymbol{c}$ 为矢量函数.

(1) $$\nabla(\varphi\psi)=\psi\nabla\varphi+\varphi\nabla\psi. \tag{1.21}$$

证明 $$\nabla(\varphi\psi)=\frac{\partial(\varphi\psi)}{\partial x}\boldsymbol{e}_1+\frac{\partial(\varphi\psi)}{\partial y}\boldsymbol{e}_2+\frac{\partial(\varphi\psi)}{\partial z}\boldsymbol{e}_3$$
$$=\psi\frac{\partial\varphi}{\partial x}\boldsymbol{e}_1+\psi\frac{\partial\varphi}{\partial y}\boldsymbol{e}_2+\psi\frac{\partial\varphi}{\partial z}\boldsymbol{e}_3+\varphi\frac{\partial\psi}{\partial x}\boldsymbol{e}_1+\varphi\frac{\partial\psi}{\partial y}\boldsymbol{e}_2+\varphi\frac{\partial\psi}{\partial z}\boldsymbol{e}_3.$$

(2) $$\nabla\cdot(\boldsymbol{a}+\boldsymbol{b})=\nabla\cdot\boldsymbol{a}+\nabla\cdot\boldsymbol{b}. \tag{1.22}$$

证明 令 $\boldsymbol{F}=\boldsymbol{a}+\boldsymbol{b},F_x=a_x+b_x,F_y=a_y+b_y,F_z=a_z+b_z$,则
$$\nabla\cdot\boldsymbol{F}=\frac{\partial F_x}{\partial x}+\frac{\partial F_y}{\partial y}+\frac{\partial F_z}{\partial z}.$$
以 F_x,F_y,F_z 的表达式代入即得证.

(3) $$\nabla\cdot(\varphi\boldsymbol{a})=(\nabla\varphi)\cdot\boldsymbol{a}+\varphi\nabla\cdot\boldsymbol{a}. \tag{1.23}$$

证明 $$\nabla\cdot(\varphi\boldsymbol{a})=\frac{\partial(\varphi a_x)}{\partial x}+\frac{\partial(\varphi a_y)}{\partial y}+\frac{\partial(\varphi a_z)}{\partial z}$$
$$=\frac{\partial\varphi}{\partial x}a_x+\frac{\partial\varphi}{\partial y}a_y+\frac{\partial\varphi}{\partial z}a_z+\varphi\left(\frac{\partial a_x}{\partial x}+\frac{\partial a_y}{\partial y}+\frac{\partial a_z}{\partial z}\right)$$
$$=(\nabla\varphi)\cdot\boldsymbol{a}+\varphi\nabla\cdot\boldsymbol{a}.$$

(4) $$\nabla\cdot(\boldsymbol{a}\times\boldsymbol{b})=\boldsymbol{b}\cdot(\nabla\times\boldsymbol{a})-\boldsymbol{a}\cdot(\nabla\times\boldsymbol{b}). \tag{1.24}$$

证明 $\nabla\cdot(\boldsymbol{a}\times\boldsymbol{b})=\nabla_a\cdot(\boldsymbol{a}\times\boldsymbol{b})-\nabla_b\cdot(\boldsymbol{b}\times\boldsymbol{a})$.

微分算子下标 a 表示仅对 a 求微分,其他量视为常数,其余类推.利用矢量的混合积公式(1.12),则有
$$\nabla_a\cdot(\boldsymbol{a}\times\boldsymbol{b})=\boldsymbol{b}\cdot(\nabla_a\times\boldsymbol{a})=\boldsymbol{b}\cdot(\nabla\times\boldsymbol{a}),$$
$$\nabla_b\cdot(\boldsymbol{b}\times\boldsymbol{a})=\boldsymbol{a}\cdot(\nabla_b\times\boldsymbol{b})=\boldsymbol{a}\cdot(\nabla\times\boldsymbol{b}),$$
式中,$\nabla_a\times\boldsymbol{a}=\nabla\times\boldsymbol{a},\nabla_b\times\boldsymbol{b}=\nabla\times\boldsymbol{b}$.

算子后面只有一个函数时,表示算子作用对象的下标没有必要标出.

(5) $$\nabla\times(\varphi\boldsymbol{a})=(\nabla\varphi)\times\boldsymbol{a}+\varphi\nabla\times\boldsymbol{a}. \tag{1.25}$$

根据定义即可证出.

(6) $$\nabla(\boldsymbol{a}\cdot\boldsymbol{b})=(\boldsymbol{b}\cdot\nabla)\boldsymbol{a}+(\boldsymbol{a}\cdot\nabla)\boldsymbol{b}+\boldsymbol{b}\times(\nabla\times\boldsymbol{a})+\boldsymbol{a}\times(\nabla\times\boldsymbol{b}), \tag{1.26}$$

式中,$$(\boldsymbol{b}\cdot\nabla)\boldsymbol{a}=\left[(b_x\boldsymbol{e}_1+b_y\boldsymbol{e}_2+b_z\boldsymbol{e}_3)\cdot\left(\boldsymbol{e}_1\frac{\partial}{\partial x}+\boldsymbol{e}_2\frac{\partial}{\partial y}+\boldsymbol{e}_3\frac{\partial}{\partial z}\right)\right]\boldsymbol{a}$$
$$=b_x\frac{\partial\boldsymbol{a}}{\partial x}+b_y\frac{\partial\boldsymbol{a}}{\partial y}+b_z\frac{\partial\boldsymbol{a}}{\partial z}.$$

证明 $\nabla(\boldsymbol{a}\cdot\boldsymbol{b})=\nabla_a(\boldsymbol{a}\cdot\boldsymbol{b})+\nabla_b(\boldsymbol{b}\cdot\boldsymbol{a})$.

利用三重叉积公式(1.15),则有
$$\nabla_a(\boldsymbol{a}\cdot\boldsymbol{b})=\boldsymbol{b}\times(\nabla_a\times\boldsymbol{a})+(\boldsymbol{b}\cdot\nabla_a)\boldsymbol{a},$$
$$\nabla_b(\boldsymbol{b}\cdot\boldsymbol{a})=\boldsymbol{a}\times(\nabla_b\times\boldsymbol{b})+(\boldsymbol{a}\cdot\nabla_b)\boldsymbol{b},$$

代入前式得证.

(7) $$\nabla \cdot \nabla \varphi = \nabla^2 \varphi = \frac{\partial^2 \varphi}{\partial x^2} + \frac{\partial^2 \varphi}{\partial y^2} + \frac{\partial^2 \varphi}{\partial z^2}. \tag{1.27}$$

证明 令 $\boldsymbol{F} = \nabla \varphi, F_x = \frac{\partial \varphi}{\partial x}, F_y = \frac{\partial \varphi}{\partial y}, F_z = \frac{\partial \varphi}{\partial z}$,根据散度定义即可得证.

(8) $$\nabla \cdot (\varphi \nabla \psi) = \varphi \nabla^2 \psi + \nabla \varphi \cdot \nabla \psi. \tag{1.28}$$

请读者自证.

下面介绍积分公式. 设 A 是体积 V 的封闭表面积,$\boldsymbol{n}$ 是表面微面积的外法向单位矢量,如图 1.6 所示.

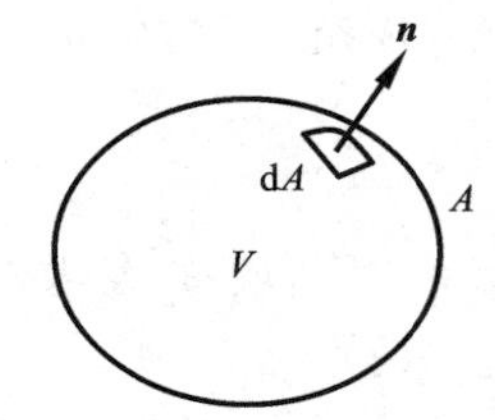

图 1.6 体积和表面积

(9) $$\int_V \nabla \varphi \mathrm{d}V = \oint_A \boldsymbol{n} \varphi \mathrm{d}A. \tag{1.29}$$

此式给出体积分和封闭表面积分的关系.

证明 $\int_V \nabla \varphi \mathrm{d}V = \int_V \left(\frac{\partial \varphi}{\partial x} \boldsymbol{e}_1 + \frac{\partial \varphi}{\partial y} \boldsymbol{e}_2 + \frac{\partial \varphi}{\partial z} \boldsymbol{e}_3 \right) \mathrm{d}x \mathrm{d}y \mathrm{d}z.$

由高等数学的奥高公式

$$\int_V \left(\frac{\partial P}{\partial x} + \frac{\partial Q}{\partial y} + \frac{\partial R}{\partial z} \right) \mathrm{d}x \mathrm{d}y \mathrm{d}z = \oint_A (P n_1 + Q n_2 + R n_3) \mathrm{d}A,$$

得到

$$\int_V \nabla \varphi \mathrm{d}V = \oint_A (\varphi n_1 \boldsymbol{e}_1 + \varphi n_2 \boldsymbol{e}_2 + \varphi n_3 \boldsymbol{e}_3) \mathrm{d}A = \oint_A \boldsymbol{n} \varphi \mathrm{d}A,$$

式中,n_1, n_2, n_3 是 $\boldsymbol{n}$ 在 x, y, z 方向的投影.

(10) $$\int_V \nabla \cdot \boldsymbol{a} \mathrm{d}V = \oint_A \boldsymbol{n} \cdot \boldsymbol{a} \mathrm{d}A. \quad \text{(奥高公式)} \tag{1.30}$$

(11) $$\int_V \nabla \times \boldsymbol{a} \mathrm{d}V = \oint_A \boldsymbol{n} \times \boldsymbol{a} \mathrm{d}A. \tag{1.31}$$

证明
$$\begin{aligned} \int_V \nabla \times \boldsymbol{a} \mathrm{d}V &= \int_V \left[\boldsymbol{e}_1 \left(\frac{\partial a_z}{\partial y} - \frac{\partial a_y}{\partial z} \right) + \boldsymbol{e}_2 \left(\frac{\partial a_x}{\partial z} - \frac{\partial a_z}{\partial x} \right) + \boldsymbol{e}_3 \left(\frac{\partial a_y}{\partial x} - \frac{\partial a_x}{\partial y} \right) \right] \\ &= \oint_A [\boldsymbol{e}_1 (a_z n_2 - a_y n_3) + \boldsymbol{e}_2 (a_x n_3 - a_z n_1) \\ &\quad + \boldsymbol{e}_3 (a_y n_1 - a_x n_2)] \mathrm{d}A. \end{aligned}$$

被积函数可以写成

$$\begin{vmatrix} \boldsymbol{e}_1 & \boldsymbol{e}_2 & \boldsymbol{e}_3 \\ n_1 & n_2 & n_3 \\ a_x & a_y & a_z \end{vmatrix} = \boldsymbol{n} \times \boldsymbol{a}.$$

于是原式得证.

(12) $$\int_V \nabla^2 \varphi \mathrm{d}V = \oint_A \boldsymbol{n} \cdot \nabla \varphi \mathrm{d}A = \oint_A \frac{\partial \varphi}{\partial n} \mathrm{d}A. \tag{1.32}$$

在式(1.30)中,令 $\boldsymbol{a} = \nabla \varphi$,即可得证.

上述几个式子，表示体积分和面积分的关系. 细心考察就容易看出，将体积分中的哈密顿算子换成法向单位矢量 $\boldsymbol{n}$，就得到面积分的表达式.

下面介绍含有哈密顿算子的斯托克斯(Stokes)公式.

(13)
$$\int_A \boldsymbol{n} \cdot \boldsymbol{\nabla} \times \boldsymbol{v} \mathrm{d}A = \oint_L \boldsymbol{v} \cdot \mathrm{d}\boldsymbol{l}, \tag{1.33}$$

式中，A 是一张于封闭曲线 L 上的曲面，L 是有向封闭曲线，L 的正方向与曲面上的法向单位矢量组成右手螺旋系，$\boldsymbol{v}$ 是任意矢量，如图 1-7 所示.

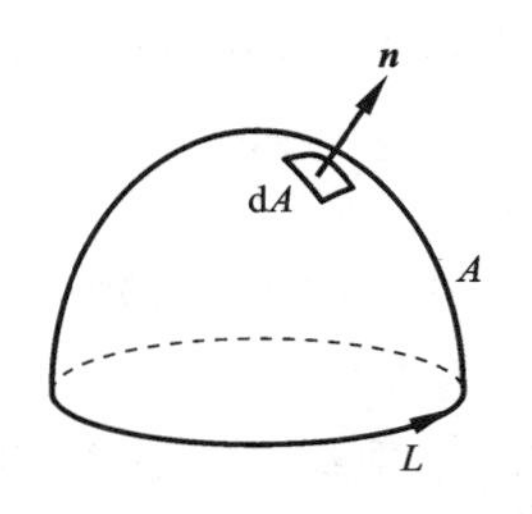

图 1.7　张于曲线上的曲面

下面我们证明式(1.33).

对于斯托克斯公式，

$$\int_A \left[\left(\frac{\partial R}{\partial y} - \frac{\partial Q}{\partial z}\right)\mathrm{d}y\mathrm{d}z + \left(\frac{\partial P}{\partial z} - \frac{\partial R}{\partial x}\right)\mathrm{d}z\mathrm{d}x + \left(\frac{\partial Q}{\partial x} - \frac{\partial P}{\partial y}\right)\mathrm{d}x\mathrm{d}y\right]$$
$$= \oint_L P\mathrm{d}x + Q\mathrm{d}y + R\mathrm{d}z.$$

令 P,Q,R 分别为矢量 $\boldsymbol{v}$ 的三个坐标分量 v_x, v_y, v_z，则有

$$\int_A \left[\left(\frac{\partial v_z}{\partial y} - \frac{\partial v_y}{\partial z}\right)n_1 + \left(\frac{\partial v_x}{\partial z} - \frac{\partial v_z}{\partial x}\right)n_2 + \left(\frac{\partial v_y}{\partial x} - \frac{\partial v_x}{\partial y}\right)n_3\right]\mathrm{d}A$$
$$= \oint_L v_x\mathrm{d}x + v_y\mathrm{d}y + v_z\mathrm{d}z,$$

式中，n_1, n_2, n_3 是法矢 $\boldsymbol{n}$ 在三个坐标方向的分量. 由于

$$\begin{vmatrix} n_1 & n_2 & n_3 \\ \dfrac{\partial}{\partial x} & \dfrac{\partial}{\partial y} & \dfrac{\partial}{\partial z} \\ v_x & v_y & v_z \end{vmatrix} = \boldsymbol{n} \cdot \boldsymbol{\nabla} \times \boldsymbol{v},$$

代入原式得证.

1.3　坐标系及基矢

研究矢量的性质及运算时，往往需要选定一个坐标系. 这是因为矢量具有方向性，用坐标系来描述方向性，即用矢量的坐标分量表示方向性，将使矢量分析变得容易和简单. 力、位移、速度、加速度都出现在特定的空间内，这些矢量都与空间位置有关. 也就是说，它们都是矢量场函数，用坐标系来描述矢量的性质和运算，则是自然而然的选择. 下面介绍坐标系的一些性质以及矢量的坐标描述法.

1.3.1　直角坐标系

直角坐标系又称为笛卡儿坐标系，其三个坐标轴互相垂直，这三个坐标轴用 x，

y,z 表示，坐标方向的单位矢量用 $\boldsymbol{i},\boldsymbol{j},\boldsymbol{k}$ 表示. 为了方便起见，三个坐标轴用 x_1,x_2,x_3 表示，坐标矢量用 $\boldsymbol{e}_1,\boldsymbol{e}_2,\boldsymbol{e}_3$ 表示. 这些坐标矢量相互垂直，即相互正交. 例如，$\boldsymbol{e}_1$ 与 $\boldsymbol{e}_2$ 或 $\boldsymbol{e}_3$ 正交. 通常用克罗内克尔(Kronecker)符号 δ 表示这种正交性，即

$$\boldsymbol{e}_i\cdot\boldsymbol{e}_j=\delta_{ij}=\begin{cases}0,\ i\neq j,\\1,\ i=j.\end{cases}\tag{1.34}$$

矢量 $\boldsymbol{F}$ 在坐标轴的分量(即投影值)用 F_1,F_2,F_3 表示，即

$$\boldsymbol{F}=F_1\boldsymbol{e}_1+F_2\boldsymbol{e}_2+F_3\boldsymbol{e}_3.\tag{1.35}$$

用 $\boldsymbol{e}_1$ 点乘式(1.35)的两边，则有

$$\boldsymbol{F}\cdot\boldsymbol{e}_1=F_1.$$

也就是说，F_1 等于 $\boldsymbol{F}$ 与 $\boldsymbol{e}_1$ 的点积. 利用坐标矢量的正交式(1.34)，就很容易得到这个结论. 同样地，F_i 等于 $\boldsymbol{F}$ 与 $\boldsymbol{e}_i$ 的点积.

坐标系是根据矢量场的分布特点而选定的，不同的分布特点可以选择不同的坐标系.

设有一个老坐标系 x_1,x_2,x_3，整体地旋转一个角度后得到一个新坐标系 $x_{1'},x_{2'},x_{3'}$，当然，新老坐标系仅仅是相对而言，其称谓可以随意互换. 关于坐标系的旋转可以这样理解：将直角坐标系固定在一个刚架上，此时的坐标系称为老坐标系. 如果将此坐标刚架绕原点旋转一个角度，则得到一个新坐标系. 下面我们研究，新老坐标的坐标矢量有什么依赖关系，矢量的分量就有什么依赖关系.

为简单起见，以平面坐标系加以说明，如图 1.8 所示.

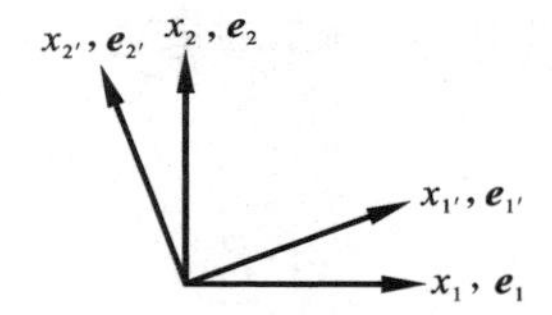

图 1.8 新老坐标系

先分析新老坐标系的坐标单位矢量的相互关系. $\boldsymbol{e}_{1'}$ 是新坐标 $x_{1'}$ 的坐标单位矢量，可以在老坐标上分解：

$$\boldsymbol{e}_{1'}=\beta_{1'1}\boldsymbol{e}_1+\beta_{1'2}\boldsymbol{e}_2.\tag{1.36}$$

系数 $\beta_{1'1}$ 和 $\beta_{1'2}$ 分别表示矢量 $\boldsymbol{e}_{1'}$ 在老坐标轴上的投影值. 这两个系数可以这样确定，将式(1.36)两边分别点乘 $\boldsymbol{e}_1$ 和 $\boldsymbol{e}_2$，则有

$$\boldsymbol{e}_{1'}\cdot\boldsymbol{e}_1=\beta_{1'1}=\cos(x_{1'},x_1),$$

$$\boldsymbol{e}_{1'}\cdot\boldsymbol{e}_2=\beta_{1'2}=\cos(x_{1'},x_2),$$

这里，$(x_{1'},x_1)$表示坐标 $x_{1'}$ 和 x_1 的方向夹角.

推广至三维坐标，矢量 $\boldsymbol{e}_{i'}$ 在老坐标系上分解为

$$\boldsymbol{e}_{i'}=\beta_{i'1}\boldsymbol{e}_1+\beta_{i'2}\boldsymbol{e}_2+\beta_{i'3}\boldsymbol{e}_3=\sum_{j=1}^{3}\beta_{i'j}\boldsymbol{e}_j.\tag{1.37a}$$

容易看出，

$$\beta_{i'j}=\cos(x_{i'},x_j).$$

同样地，老坐标矢量 $\boldsymbol{e}_i$ 也可以在新坐标上分解，即

$$e_i=\beta_{i1'}e_{1'}+\beta_{i2'}e_{2'}+\beta_{i3'}e_{3'}=\sum_{j'=1}^{3}\beta_{ij'}e_{j'}. \tag{1.37b}$$

现在我们分析矢量 $\boldsymbol{F}$ 的新老坐标的分量之间的相互关系.

矢量 $\boldsymbol{F}$ 既可以在老坐标 x_i 中分解,也可以在新坐标 $x_{j'}$ 中分解,即

$$\boldsymbol{F}=F_1\boldsymbol{e}_1+F_2\boldsymbol{e}_2+F_3\boldsymbol{e}_3=F_{1'}\boldsymbol{e}_{1'}+F_{2'}\boldsymbol{e}_{2'}+F_{3'}\boldsymbol{e}_{3'}. \tag{1.38}$$

用 $\boldsymbol{e}_1$ 或 $\boldsymbol{e}_2,\boldsymbol{e}_3$ 点乘式(1.38)的两边,得到

$$\begin{aligned}F_1&=\boldsymbol{e}_1\cdot\boldsymbol{e}_{1'}F_{1'}+\boldsymbol{e}_1\cdot\boldsymbol{e}_{2'}F_{2'}+\boldsymbol{e}_1\cdot\boldsymbol{e}_{3'}F_{3'}\\&=\beta_{11'}F_{1'}+\beta_{12'}F_{2'}+\beta_{13'}F_{3'}=\sum_{j'=1}^{3}\beta_{1j'}F_{j'}.\end{aligned}$$

同理

$$F_2=\beta_{21'}F_{1'}+\beta_{22'}F_{2'}+\beta_{23'}F_{3'}=\sum_{j'=1}^{3}\beta_{2j'}F_{j'},$$

$$F_3=\beta_{31'}F_{1'}+F_{32'}F_{2'}+\beta_{33'}F_{3'}=\sum_{j'=1}^{3}\beta_{3j'}F_{j'},$$

或者写成

$$F_i=\sum_{j'=1}^{3}\beta_{ij'}F_{j'},\quad \beta_{ij'}=\boldsymbol{e}_i\cdot\boldsymbol{e}_{j'}. \tag{1.39a}$$

这就是老坐标矢量分量 F_i 与新坐标矢量分量 $F_{j'}$ 的关系. 同理,有

$$F_{i'}=\sum_{j=1}^{3}\beta_{i'j}F_j,\quad \beta_{i'j}=\boldsymbol{e}_{i'}\cdot\boldsymbol{e}_j. \tag{1.39b}$$

用直角坐标系来描述物理数学问题是十分方便的. 首先,坐标轴互相正交,于是坐标矢量也正交,即满足克罗内克尔关系式(1.34). 也满足叉乘的简单表达式:

$$\boldsymbol{e}_1=\boldsymbol{e}_2\times\boldsymbol{e}_3,\quad \boldsymbol{e}_2=\boldsymbol{e}_3\times\boldsymbol{e}_1,\quad \boldsymbol{e}_3=\boldsymbol{e}_1\times\boldsymbol{e}_2.$$

其次,坐标矢量为单位矢量,因而矢量的分量与矢量本身的量纲相同. 例如,力矢量 $\boldsymbol{F}$ 和它的分量 F_1,F_2,F_3 的单位都是 N(牛顿).

1.3.2　斜直线坐标系

当我们分析尖角的应力时,采用直角坐标系就会感到很不方便,微分方程的边界条件表现得比较复杂,这时候适宜采用与尖角形状相一致的斜直线坐标系.

图 1.9 表示平面斜直线坐标,坐标原点为 O,坐标线用 x^1 和 x^2 表示. 这里的上标仅表示序号,不表示幂次方. 例如,x^1 和 x^2 仅相当于坐标 x 和 y. 如果要表示坐标的幂次方,则应加上圆括号,如$(x^1)^2$. 至于坐标的序号为什么用上标表示,后面再作说明. 此外,坐标矢量用 $\boldsymbol{g}_1$ 和 $\boldsymbol{g}_2$ 表示,称为坐标基矢,简称基矢. 基矢的序号用下标表示. 一般来说,基矢是有量纲的,长度也不是单位长度. 也就是说,基矢往往是有量纲的非单位矢量. 有关基矢的问题后面还要进一步介绍.

矢量 $\boldsymbol{F}$ 在基矢 $\boldsymbol{g}_1$ 和 $\boldsymbol{g}_2$ 的分解式为

$$\boldsymbol{F}=F^1\boldsymbol{g}_1+F^2\boldsymbol{g}_2. \tag{1.40}$$

这里要注意两点：其一，对于斜坐标，矢量 $\boldsymbol{F}$ 在基矢 $\boldsymbol{g}_1$ 和 $\boldsymbol{g}_2$ 的分解应使用平行四边形法则，如图 1.9 所示；其二，分量用上标表示序号. 如果要表示矢量分量的幂次方，则需加圆括号. 至于分量为何用上标表示序号，后面将予以说明.

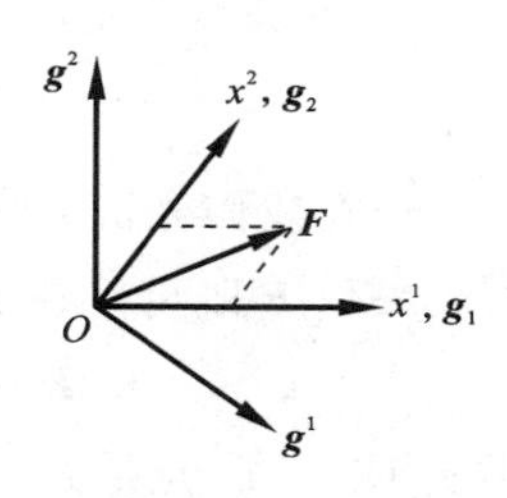

图 1.9 斜直线坐标

这里自然要问：如何求出分量 F^1 或 F^2？倘若采用直角坐标系的方法，用基矢 $\boldsymbol{g}_1$ 点乘式(1.40)的两边，则有

$$\boldsymbol{F}\cdot\boldsymbol{g}_1=F^1\boldsymbol{g}_1\cdot\boldsymbol{g}_1+F^2\boldsymbol{g}_2\cdot\boldsymbol{g}_1.$$

由于 $\boldsymbol{g}_1$ 和 $\boldsymbol{g}_2$ 不是单位矢量，也不正交，因此

$$\boldsymbol{g}_1\cdot\boldsymbol{g}_1\neq 1,\quad \boldsymbol{g}_2\cdot\boldsymbol{g}_1\neq 0,\quad F'\neq\boldsymbol{F}\cdot\boldsymbol{g}_1.$$

可见，对于斜直线坐标系 x^1 和 x^2，仅有基矢 $\boldsymbol{g}_1$ 和 $\boldsymbol{g}_2$ 是很不方便的. 为了使斜坐标系中的点乘运算也能具有类似于直角坐标系中点乘的简捷表达式，我们引入一组与 $\boldsymbol{g}_1$ 和 $\boldsymbol{g}_2$ 相对应的基矢 $\boldsymbol{g}^1$ 和 $\boldsymbol{g}^2$（序号为上标），这组基矢称为 $\boldsymbol{g}_1$ 和 $\boldsymbol{g}_2$ 的对偶基，又称伴生基.

对偶基的定义是

$$\boldsymbol{g}^i\cdot\boldsymbol{g}_j=\delta^i_j=\begin{cases}0, & i\neq j,\\ 1, & i=j,\end{cases} \tag{1.41}$$

式中，δ^i_j 为克罗内克尔符号.

图 1.9 画出了基矢 $\boldsymbol{g}_1$，$\boldsymbol{g}_2$ 及其对偶基. 容易看出，$\boldsymbol{g}^1\cdot\boldsymbol{g}_1=1$，$\boldsymbol{g}^1\cdot\boldsymbol{g}_2=0$. 即 $\boldsymbol{g}^1$ 与 $\boldsymbol{g}_2$ 垂直，$\boldsymbol{g}^1$ 与 $\boldsymbol{g}_1$ 不同向，而且 $\boldsymbol{g}^1\cdot\boldsymbol{g}_1=|\boldsymbol{g}^1|\cdot|\boldsymbol{g}_1|\cdot\cos\theta=1$. 也就是说，如果 $\boldsymbol{g}_1$ 有量纲，则 $\boldsymbol{g}^1$ 也有量纲. $\boldsymbol{g}_1$ 不是单位矢量，$\boldsymbol{g}^1$ 也不是单位矢量. 同样地，对偶基 $\boldsymbol{g}^2$ 也有相类似的性质.

用 $\boldsymbol{g}^1$ 和 $\boldsymbol{g}^2$ 点乘式(1.40)，则有

$$\boldsymbol{F}\cdot\boldsymbol{g}^1=F^1,\quad \boldsymbol{F}\cdot\boldsymbol{g}^2=F^2.$$

这样，求分量 F^1 和 F^2 的点乘运算变得非常简单.

以后，用下标表示序号的基矢 $\boldsymbol{g}_i$ 称为协变基矢，用上标表示序号的基矢 $\boldsymbol{g}^i$（对偶基）称为逆变基矢. 与此对应，矢量 $\boldsymbol{F}$ 的分量 F_i 称为协变分量，F^i 称为逆变分量.

值得注意的是，协变基矢对应于坐标 x^i，但是这个坐标不能称为逆变坐标. 逆变基 $\boldsymbol{g}^i$ 是人为引入的，其对应的坐标是不存在的.

对于三维斜坐标，则有三个协变基矢 $\boldsymbol{g}_i$，当然也引入三个逆变基矢 $\boldsymbol{g}^i$. 协变基矢和逆变基矢的点乘运算满足克罗内克尔关系式.

将矢量在协变基矢分解，得到

$$\boldsymbol{F}=F^1\boldsymbol{g}_1+F^2\boldsymbol{g}_2+F^3\boldsymbol{g}_3=\sum_{i=1}^{3}F^i\boldsymbol{g}_i=F^i\boldsymbol{g}_i. \tag{1.42}$$

这里，我们使用了求和约定：如果在同一项中，出现一对序号字母相同的指标，并且这对指标中，一个为上标（逆变），另一个为下标（协变），则这对指标遍取1，2，3，并求和. 如1.1节所述，这种约定称为爱因斯坦求和约定. 求和的标称为哑标(dumb index)，俗称跑标. 爱因斯坦求和约定内有三个含义：其一，哑标为一对相同的指标，不能出现两对或以上的相同指标；其二，对于斜直线坐标系，这对哑标中必须一个是上标，另一个是下标；其三，无论用什么字母表示这对哑标，含义都是相同的，都表示这对哑标遍取1，2，3，并求和. 例如，

$$F^i \boldsymbol{g}_i = F^m \boldsymbol{g}_m = F^1 \boldsymbol{g}_1 + F^2 \boldsymbol{g}_2 + F^3 \boldsymbol{g}_3,$$

$$a^i b_i = a^m b_m = a^1 b_1 + a^2 b_2 + a^3 b_3,$$

$$u_i v^i = u_m v^m = u_1 v^1 + u_2 v^2 + u_3 v^3.$$

在同一项中，只出现一次的指标（可以是上标，也可以是下标）称为自由标，其含义是：该自由标可取为1，也可以取为2或3. 例如，

$$F^1 = \boldsymbol{F} \cdot \boldsymbol{g}^1, \quad F^2 = \boldsymbol{F} \cdot \boldsymbol{g}^2, \quad F^3 = \boldsymbol{F} \cdot \boldsymbol{g}^3,$$

$$F^i = \boldsymbol{F} \cdot \boldsymbol{g}^i \quad (i=1,2,3).$$

坐标系有3个坐标轴，记为(x^1, x^2, x^3). 也可以采用类似于自由标的方法，坐标系记作x^i，该坐标系的协变基记为$\boldsymbol{g}_i$，相应的逆变基记为$\boldsymbol{g}^i$.

矢量$\boldsymbol{F}$的分解式也可以用求和约定法表示：

$$\boldsymbol{F} = F^1 \boldsymbol{g}_1 + F^2 \boldsymbol{g}_2 + F^3 \boldsymbol{g}_3 = F^m \boldsymbol{g}_m.$$

这个表达式中有基矢，有分量，全面反映了矢量的特性. 它使用分量和基矢的求和约定，我们把这个分解式称为矢量的实体记法.

1.3.3　曲线坐标系

很多数学物理变量在曲面上取值，描述这类变量的坐标系应该采用曲线坐标系.

对于空间坐标系，一个点的位置由三个独立参数(x^1, x^2, x^3)确定，点位置的矢径就可以表示为$\boldsymbol{r} = \boldsymbol{r}(x^1, x^2, x^3)$. 如果三个坐标参数中的两个保持不变，仅有一个坐标参数发生变化，则点的轨迹线就称为坐标线. 如果此坐标线为曲线，则称此坐标系为曲线坐标系. 常见的柱坐标系、球坐标系都是曲线坐标系. 通常，用$x^i (i=1,2,3)$表示一个曲线坐标系，指标i的取值范围的说明也可以省略.

对于任意曲线坐标系，两个邻点的矢径差可以表示为

$$\mathrm{d}\boldsymbol{r} = \frac{\partial \boldsymbol{r}}{\partial x^1} \mathrm{d}x^1 + \frac{\partial \boldsymbol{r}}{\partial x^2} \mathrm{d}x^2 + \frac{\partial \boldsymbol{r}}{\partial x^3} \mathrm{d}x^3.$$

现在，我们定义曲线坐标系的协变基矢如下：

$$\boldsymbol{g}_1 = \frac{\partial \boldsymbol{r}}{\partial x^1}, \quad \boldsymbol{g}_2 = \frac{\partial \boldsymbol{r}}{\partial x^2}, \quad \boldsymbol{g}_3 = \frac{\partial \boldsymbol{r}}{\partial x^3}, \quad 即 \quad \boldsymbol{g}_i = \frac{\partial \boldsymbol{r}}{\partial x^i}. \tag{1.43}$$

也就是说，协变基矢$\boldsymbol{g}_i$等于点矢径$\boldsymbol{r}$对于坐标x^i的偏导数（是一个矢量）. 或者

说，基矢 $\boldsymbol{g}_i$ 等于坐标线 x^i 上相邻两点坐标增量 $\mathrm{d}x^i=1$ 时，这两个点的矢径差. 基矢 $\boldsymbol{g}_i$ 沿坐标线 x^i 的切线方向. 对于曲线坐标系，基矢 $\boldsymbol{g}_i$ 的大小、方向都随点的位置的变化而变化. 因此，曲线坐标系的协变基矢也称为局部基矢或自然基矢. 一般地，三个协变基矢不共面，不互相垂直，也不是单位矢量，而且这些协变基矢还可能是有量纲的.

由于协变基矢不正交，为了运算方便，还需引入一组逆变基矢 $\boldsymbol{g}^i$，即协变基矢的对偶基矢，或称伴生基矢.

逆变基矢的定义式是式(1.41). 根据此定义式便可求出逆变基矢 $\boldsymbol{g}^i$，方法如下.

方法 1：

由于 $\boldsymbol{g}^1$ 与 $\boldsymbol{g}_2$ 和 $\boldsymbol{g}_3$ 都正交，不妨设

$$\boldsymbol{g}^1=\lambda\boldsymbol{g}_2\times\boldsymbol{g}_3.$$

为了确定待定系数 λ，上式两边点乘 $\boldsymbol{g}_1$，即

$$\lambda\boldsymbol{g}_1\cdot(\boldsymbol{g}_2\times\boldsymbol{g}_3)=1.$$

我们知道，$\boldsymbol{g}_1\cdot(\boldsymbol{g}_2\times\boldsymbol{g}_3)$表示以协变基矢 $\boldsymbol{g}_1,\boldsymbol{g}_2,\boldsymbol{g}_3$ 为棱边的平行六面体的体积. 由式(1.14)知，此平行六面体的体积可用协变基矢 $\boldsymbol{g}_i$ 的点积所构成的行列式表示出来，即

$$[\boldsymbol{g}_1\cdot(\boldsymbol{g}_2\times\boldsymbol{g}_3)]^2=\begin{vmatrix}\boldsymbol{g}_1\cdot\boldsymbol{g}_1 & \boldsymbol{g}_1\cdot\boldsymbol{g}_2 & \boldsymbol{g}_1\cdot\boldsymbol{g}_3\\ \boldsymbol{g}_2\cdot\boldsymbol{g}_1 & \boldsymbol{g}_2\cdot\boldsymbol{g}_2 & \boldsymbol{g}_2\cdot\boldsymbol{g}_3\\ \boldsymbol{g}_3\cdot\boldsymbol{g}_1 & \boldsymbol{g}_3\cdot\boldsymbol{g}_2 & \boldsymbol{g}_3\cdot\boldsymbol{g}_3\end{vmatrix}=g,$$

式中，g 是行列式的值.

记 $g_{ij}=\boldsymbol{g}_i\cdot\boldsymbol{g}_j$，则行列式可以写成

$$|g_{ij}|=\begin{vmatrix}g_{11} & g_{12} & g_{13}\\ g_{21} & g_{22} & g_{23}\\ g_{31} & g_{32} & g_{33}\end{vmatrix}=g, \tag{1.44}$$

$$\boldsymbol{g}_1\cdot(\boldsymbol{g}_2\times\boldsymbol{g}_3)=\boldsymbol{g}_2\cdot(\boldsymbol{g}_3\times\boldsymbol{g}_1)=\boldsymbol{g}_3\cdot(\boldsymbol{g}_1\times\boldsymbol{g}_2)=\sqrt{g}. \tag{1.45}$$

我们使 $\boldsymbol{g}_1,\boldsymbol{g}_2,\boldsymbol{g}_3$ 构成右手螺旋系，则 g 为正数，以协变基矢为棱边的平行六面体的体积为$\sqrt{g}$. 由此，我们得到逆变基矢的表达式：

$$\boldsymbol{g}^1=\frac{\boldsymbol{g}_2\times\boldsymbol{g}_3}{\boldsymbol{g}_1\cdot(\boldsymbol{g}_2\times\boldsymbol{g}_3)},\quad \boldsymbol{g}^2=\frac{\boldsymbol{g}_3\times\boldsymbol{g}_1}{\boldsymbol{g}_2\cdot(\boldsymbol{g}_3\times\boldsymbol{g}_1)},\quad \boldsymbol{g}^3=\frac{\boldsymbol{g}_1\times\boldsymbol{g}_2}{\boldsymbol{g}_3\cdot(\boldsymbol{g}_1\times\boldsymbol{g}_2)}. \tag{1.46}$$

方法 2：

对于任意矢量 $\boldsymbol{F}$，有

$$\boldsymbol{F}=F^i\boldsymbol{g}_i.$$

而 F^i 是矢量 $\boldsymbol{F}$ 与逆变基 g^i 的点积，$F^i=\boldsymbol{F}\cdot\boldsymbol{g}^i$，于是 $\boldsymbol{F}=(\boldsymbol{F}\cdot\boldsymbol{g}^i)\boldsymbol{g}_i$. $\boldsymbol{g}^i$ 也是矢量，因此有

$$\boldsymbol{g}^i=(\boldsymbol{g}^i\cdot\boldsymbol{g}^j)\boldsymbol{g}_j=g^{ij}\boldsymbol{g}_j. \tag{1.47}$$

这里，$g^{ij}=\boldsymbol{g}^i\cdot\boldsymbol{g}^j$. 此式说明，如果 g^{ij} 能够算出，则由 $\boldsymbol{g}_i$ 便可求得 $\boldsymbol{g}^i$. 也就是说，逆变基可以表示为协变基的线性组合，其系数就是 g^{ij}. 式(1.47)基矢的上标和下标通过 g^{ij} 实现相互转换，此式又称为基矢的指标升降关系式. 同样地，

$$\boldsymbol{g}_i=(\boldsymbol{g}_i\cdot\boldsymbol{g}_j)\boldsymbol{g}^j=g_{ij}\boldsymbol{g}^j, \tag{1.48}$$

此式表明，协变基表示为逆变基的线性组合，其系数是 g_{ij}.

g_{ij} 和 g^{ij} 存在着一定的依赖关系. 下面我们研究它们的关系.

$\boldsymbol{g}^i$ 和 $\boldsymbol{g}_j$ 满足克罗内克尔关系，即

$$\boldsymbol{g}^i\cdot\boldsymbol{g}_j=\delta^i_j.$$

以指标升降式 $\boldsymbol{g}^i=g^{im}\boldsymbol{g}_m$ 代入，则有

$$g^{im}g_{mj}=\delta^i_j. \tag{1.49}$$

这里，指标 i,j 是自由标，可取值 1,2,3. 一对上下标 m 是哑标，根据求和约定，式(1.49)可以写成

$$g^{i1}g_{1j}+g^{i2}g_{2j}+g^{i3}g_{3j}=\delta^i_j.$$

为方便起见，以 g^{im} 和 g_{mj} 作为 3×3 矩阵的元素，则有

$$\begin{bmatrix} g^{11} & g^{12} & g^{13} \\ g^{21} & g^{22} & g^{23} \\ g^{31} & g^{32} & g^{33} \end{bmatrix}\begin{bmatrix} g_{11} & g_{12} & g_{13} \\ g_{21} & g_{22} & g_{23} \\ g_{31} & g_{32} & g_{33} \end{bmatrix}=\begin{bmatrix} 1 & 0 & 0 \\ 0 & 1 & 0 \\ 0 & 0 & 1 \end{bmatrix}, \tag{1.50}$$

即

$$[g^{im}][g_{mj}]=\boldsymbol{I},\quad [g^{im}]=[g_{mj}]^{-1}. \tag{1.51}$$

式(1.51)表明，矩阵$[g^{im}]$和$[g_{mj}]$互为逆矩阵. 求出逆矩阵$[g_{mj}]^{-1}$，就得到$[g^{im}]$. 元素 g^{im} 一旦确定，就可以由指标升降式(1.47)求出逆变基 $\boldsymbol{g}^i$.

根据矩阵定理，两矩阵乘积的行列式等于两个矩阵的行列式的乘积. 由式(1.50)得到

$$\det(g^{im})\det(g_{mj})=1.$$

由式(1.44)看出，行列式 $\det(g_{mj})=g$，这里 g 是由 $\boldsymbol{g}_1,\boldsymbol{g}_2,\boldsymbol{g}_3$ 所构成的平行六面体的体积的平方. 由此我们又得到

$$\begin{vmatrix} g^{11} & g^{12} & g^{13} \\ g^{21} & g^{22} & g^{23} \\ g^{31} & g^{32} & g^{33} \end{vmatrix}=\frac{1}{g}, \tag{1.52}$$

也就是说，

$$\boldsymbol{g}^1\cdot(\boldsymbol{g}^2\times\boldsymbol{g}^3)=1/\sqrt{g}. \tag{1.53}$$

从上面的叙述中我们看到，对于任意曲线坐标系，可以根据式(1.43)确定该坐标系的协变基矢，然后再根据式(1.41)定义一组逆变基. 也就是说，对于任一曲线坐标

系 x^i，就可以定义一组协变基 $\boldsymbol{g}_i$ 和逆变基 $\boldsymbol{g}^i$，但是不能称坐标系 x^i 为逆变坐标. 事实上，坐标就是坐标，并无逆变坐标系、协变坐标系之分.

例 1.4 已知斜直线坐标系 x^i 与直角坐标系的关系是

$$x^1=\frac{1}{2}(-x+y+z),$$

$$x^2=\frac{1}{2}(x-y+z),$$

$$x^3=\frac{1}{2}(x+y-z).$$

求此斜直线坐标系的协变基矢 $\boldsymbol{g}_i$ 和逆变基矢 $\boldsymbol{g}^i$.

解 直角坐标系的单位坐标矢量为 $\boldsymbol{i},\boldsymbol{j},\boldsymbol{k}$.

容易求得直角坐标 x,y,z 与斜直线坐标 x^1,x^2,x^3 的关系式为

$$x=x^2+x^3,\quad y=x^3+x^1,\quad z=x^1+x^2,$$

斜直线坐标的三个协变基矢为

$$\boldsymbol{g}_1=\frac{\partial \boldsymbol{r}}{\partial x^1}=\frac{\partial}{\partial x^1}(x\boldsymbol{i}+y\boldsymbol{j}+z\boldsymbol{k})=\boldsymbol{j}+\boldsymbol{k},$$

$$\boldsymbol{g}_2=\frac{\partial \boldsymbol{r}}{\partial x^2}=\boldsymbol{i}+\boldsymbol{k},\quad \boldsymbol{g}_3=\frac{\partial \boldsymbol{r}}{\partial x^3}=\boldsymbol{i}+\boldsymbol{j}.$$

协变基矢的两两叉积以及三个协变基矢的混合积分别为

$$\boldsymbol{g}_1\times\boldsymbol{g}_2=\begin{vmatrix}\boldsymbol{i} & \boldsymbol{j} & \boldsymbol{k}\\ 0 & 1 & 1\\ 1 & 0 & 1\end{vmatrix}=\boldsymbol{i}+\boldsymbol{j}-\boldsymbol{k},$$

$$\boldsymbol{g}_2\times\boldsymbol{g}_3=\begin{vmatrix}\boldsymbol{i} & \boldsymbol{j} & \boldsymbol{k}\\ 1 & 0 & 1\\ 1 & 1 & 0\end{vmatrix}=-\boldsymbol{i}+\boldsymbol{j}+\boldsymbol{k},$$

$$\boldsymbol{g}_3\times\boldsymbol{g}_1=\begin{vmatrix}\boldsymbol{i} & \boldsymbol{j} & \boldsymbol{k}\\ 1 & 1 & 0\\ 0 & 1 & 1\end{vmatrix}=\boldsymbol{i}-\boldsymbol{j}+\boldsymbol{k},$$

$$\boldsymbol{g}_1\cdot(\boldsymbol{g}_2\times\boldsymbol{g}_3)=2,$$

根据式(1.46)就可以求出逆变基矢 $\boldsymbol{g}^i$：

$$\boldsymbol{g}^1=\frac{\boldsymbol{g}_2\times\boldsymbol{g}_3}{\boldsymbol{g}_1\cdot(\boldsymbol{g}_2\times\boldsymbol{g}_3)}=\frac{1}{2}(-\boldsymbol{i}+\boldsymbol{j}+\boldsymbol{k}),$$

$$\boldsymbol{g}^2=\frac{\boldsymbol{g}_3\times\boldsymbol{g}_1}{\boldsymbol{g}_2\cdot(\boldsymbol{g}_3\times\boldsymbol{g}_1)}=\frac{1}{2}(\boldsymbol{i}-\boldsymbol{j}+\boldsymbol{k}),$$

$$\boldsymbol{g}^3=\frac{\boldsymbol{g}_1\times\boldsymbol{g}_2}{\boldsymbol{g}_3\cdot(\boldsymbol{g}_1\times\boldsymbol{g}_2)}=\frac{1}{2}(\boldsymbol{i}+\boldsymbol{j}-\boldsymbol{k}).$$

例 1.5　试求圆柱坐标系和球坐标系的协变基 $\boldsymbol{g}_i$ 和逆变基 $\boldsymbol{g}^i$.

解　圆柱坐标 $x^1=r, x^2=\theta, x^3=z$(参见图 1.10(a))与直角坐标 x,y,z 的关系是

$$x=r\cos\theta,\quad y=r\sin\theta,\quad z=z.$$

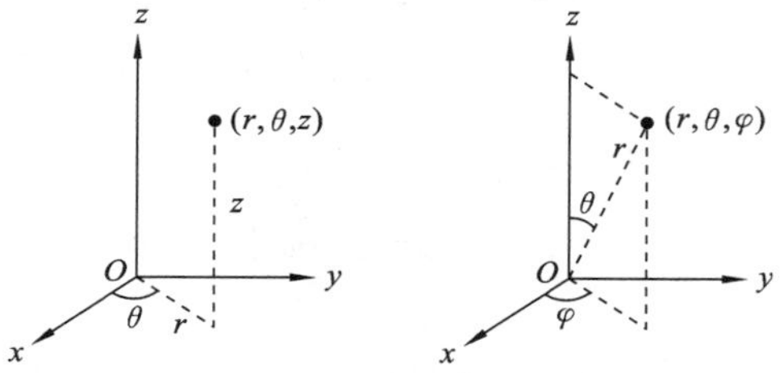

(a) 圆柱坐标　　(b) 球坐标

图 1.10　圆柱坐标和球坐标

根据定义求协变基矢：

$$\boldsymbol{g}_1=\frac{\partial \boldsymbol{r}}{\partial x^1}=\frac{\partial}{\partial r}(x\boldsymbol{i}+y\boldsymbol{j}+z\boldsymbol{k})=\boldsymbol{i}\cos\theta+\boldsymbol{j}\sin\theta,$$

$$\boldsymbol{g}_2=\frac{\partial \boldsymbol{r}}{\partial x^2}=\frac{\partial}{\partial \theta}(x\boldsymbol{i}+y\boldsymbol{j}+z\boldsymbol{k})=r(-\boldsymbol{i}\sin\theta+\boldsymbol{j}\cos\theta),$$

$$\boldsymbol{g}_3=\frac{\partial \boldsymbol{r}}{\partial x^3}=\frac{\partial}{\partial z}(x\boldsymbol{i}+y\boldsymbol{j}+z\boldsymbol{k})=\boldsymbol{k}.$$

根据式(1.46)求逆变基矢：

$$\boldsymbol{g}_1\times\boldsymbol{g}_2=(\boldsymbol{i}\cos\theta+\boldsymbol{j}\sin\theta)\times(-\boldsymbol{i}r\sin\theta+\boldsymbol{j}r\cos\theta)=r\boldsymbol{k},$$

$$\boldsymbol{g}_2\times\boldsymbol{g}_3=r(\boldsymbol{i}\cos\theta+\boldsymbol{j}\sin\theta),$$

$$\boldsymbol{g}_3\times\boldsymbol{g}_1=-\boldsymbol{i}\sin\theta+\boldsymbol{j}\cos\theta,$$

$$\boldsymbol{g}_1\cdot(\boldsymbol{g}_2\times\boldsymbol{g}_3)=\boldsymbol{g}_2\cdot(\boldsymbol{g}_3\times\boldsymbol{g}_1)=\boldsymbol{g}_3\cdot(\boldsymbol{g}_1\times\boldsymbol{g}_2)=r,$$

$$\boldsymbol{g}^1=\frac{\boldsymbol{g}_2\times\boldsymbol{g}_3}{\boldsymbol{g}_1\cdot(\boldsymbol{g}_2\times\boldsymbol{g}_3)}=\boldsymbol{i}\cos\theta+\boldsymbol{j}\sin\theta,$$

$$\boldsymbol{g}^2=\frac{\boldsymbol{g}_3\times\boldsymbol{g}_1}{\boldsymbol{g}_2\cdot(\boldsymbol{g}_3\times\boldsymbol{g}_1)}=\frac{1}{r}(-\boldsymbol{i}\sin\theta+\boldsymbol{j}\cos\theta),$$

$$\boldsymbol{g}^3=\boldsymbol{k}.$$

球坐标 $x^1=r, x^2=\theta, x^3=\varphi$(参见图 1.10(b))与直角坐标 x,y,z 的关系是

$$x=r\sin\theta\cos\varphi,\quad y=r\sin\theta\sin\varphi,\quad z=r\cos\theta.$$

球坐标的协变基矢是

$$\boldsymbol{g}_1=\frac{\partial \boldsymbol{r}}{\partial x^1}=\frac{\partial}{\partial r}(x\boldsymbol{i}+y\boldsymbol{j}+z\boldsymbol{k})=\boldsymbol{i}\sin\theta\cos\varphi+\boldsymbol{j}\sin\theta\sin\varphi+\boldsymbol{k}\cos\theta,$$

$$\boldsymbol{g}_2=\frac{\partial \boldsymbol{r}}{\partial x^2}=\frac{\partial}{\partial \theta}(x\boldsymbol{i}+y\boldsymbol{j}+z\boldsymbol{k})=r(\boldsymbol{i}\cos\theta\cos\varphi+\boldsymbol{j}\cos\theta\sin\varphi-\boldsymbol{k}\sin\theta),$$

$$\boldsymbol{g}_3=\frac{\partial \boldsymbol{r}}{\partial x^3}=\frac{\partial}{\partial \varphi}(x\boldsymbol{i}+y\boldsymbol{j}+z\boldsymbol{k})=r(-\boldsymbol{i}\sin\theta\sin\varphi+\boldsymbol{j}\sin\theta\cos\varphi),$$

根据式(1.46)求球坐标的逆变基矢 $\boldsymbol{g}^i$：

$$\boldsymbol{g}_1\times\boldsymbol{g}_2=r(-\boldsymbol{i}\sin\varphi+\boldsymbol{j}\cos\varphi),$$

$$\boldsymbol{g}_2\times\boldsymbol{g}_3=r^2\sin\theta(\boldsymbol{i}\sin\theta\cos\varphi+\boldsymbol{j}\sin\theta\sin\varphi+\boldsymbol{k}\cos\theta),$$

$$\boldsymbol{g}_3\times\boldsymbol{g}_1=r\sin\theta(\boldsymbol{i}\cos\theta\cos\varphi+\boldsymbol{j}\cos\theta\sin\varphi-\boldsymbol{k}\sin\theta),$$

$$\sqrt{g}=\boldsymbol{g}_1\cdot(\boldsymbol{g}_2\times\boldsymbol{g}_3)=r^2\sin\theta,$$

$$\boldsymbol{g}^1=\frac{\boldsymbol{g}_2\times\boldsymbol{g}_3}{\sqrt{g}}=\boldsymbol{i}\sin\theta\cos\varphi+\boldsymbol{j}\sin\theta\sin\varphi+\boldsymbol{k}\cos\theta,$$

$$\boldsymbol{g}^2=\frac{\boldsymbol{g}_3\times\boldsymbol{g}_1}{\sqrt{g}}=\frac{1}{r}(\boldsymbol{i}\cos\theta\cos\varphi+\boldsymbol{j}\cos\theta\sin\varphi-\boldsymbol{k}\sin\theta),$$

$$\boldsymbol{g}^3=\frac{\boldsymbol{g}_1\times\boldsymbol{g}_2}{\sqrt{g}}=\frac{1}{r\sin\theta}(-\boldsymbol{i}\sin\varphi+\boldsymbol{j}\cos\varphi).$$

1.4 坐标变换

不同的数学物理问题，常常需要不同的坐标系. 例如，许多场论方程在直角坐标系中具有最简捷的形式，而在其他坐标系中往往表现得很复杂. 因此，可先在直角坐标系中推导相关的场论方程，然后再转换到其他坐标系中去. 又如，有些数学物理问题具有尖角的边界条件，在这种情况下适宜采用斜坐标系. 于是我们必须把一般坐标系的相关方程转换到斜坐标系中去，这样就出现坐标转换问题.

坐标系是描述数学物理现象的工具. 同一种数学物理问题，在不同的坐标系中有不同的描述. 但不管描述的结果如何，描述的现象都是同一个，因而各种坐标系的描述结果应该有一定的联系.

1.4.1 坐标基矢的坐标变换关系

对于任意坐标系 $x^i(i=1,2,3)$三个坐标参数(x^1,x^2,x^3)就唯一地确定一个空间点，但在确定这个空间点的位置时，往往借助于直角坐标系. 直角坐标与任意坐标 x^i 存在一定的关系，以 $x^{1'},x^{2'},x^{3'}$ 表示直角坐标 x,y,z，则有

$$x^{1'}=x^{1'}(x^1,x^2,x^3),\quad x^{2'}=x^{2'}(x^1,x^2,x^3),\quad x^{3'}=x^{3'}(x^1,x^2,x^3),$$

或

$$x^{i'}=x^{i'}(x^k). \tag{1.54}$$

反过来，曲线坐标与直角坐标的关系为

$$x^k=x^k(x^{i'}). \tag{1.55}$$

高等数学告诉我们，只要坐标关系式(1.54)和(1.55)满足雅可比(Jacobian)行

列式不为零，即

$$\frac{\partial(x^{1'},x^{2'},x^{3'})}{\partial(x^1,x^2,x^3)}\neq 0,\quad \frac{\partial(x^1,x^2,x^3)}{\partial(x^{1'},x^{2'},x^{3'})}\neq 0, \tag{1.56}$$

则任意曲线坐标 x^i 与空间点一一对应的条件就会得到满足. 后面我们提及的坐标系，都满足 Jacobian 行列式不为零的条件.

设有老坐标系 x^i 和新坐标系 $x^{i'}$，新老坐标是相对而言，我们考察新老坐标基矢的关系.

空间点的矢径，可以用老坐标确定，也可以用新坐标确定.

$$\boldsymbol{r}=\boldsymbol{r}(x^1,x^2,x^3)=\boldsymbol{r}(x^{1'},x^{2'},x^{3'}),$$

$$x^i=x^i(x^{k'}),\quad x^{k'}=x^{k'}(x^i).$$

根据定义知，协变基矢等于矢径对坐标的偏导数，利用复合函数求导法则，得到

$$\boldsymbol{g}_i=\frac{\partial \boldsymbol{r}}{\partial x^i}=\frac{\partial \boldsymbol{r}}{\partial x^{j'}}\frac{\partial x^{j'}}{\partial x^i}=\frac{\partial x^{j'}}{\partial x^i}\boldsymbol{g}_{j'}=\beta_i^{j'}\boldsymbol{g}_{j'},\quad \beta_i^{j'}=\frac{\partial x^{j'}}{\partial x^i}, \tag{1.57}$$

式中，i 是自由标，j' 是哑标，遍取 1,2,3 并求和. 式(1.57)称为老坐标基矢的坐标变换关系式，$\beta_i^{j'}=\dfrac{\partial x^{j'}}{\partial x^i}$ 称为新坐标对于老坐标的变换系数. 式(1.57)表明，老坐标基矢等于新坐标基矢的线性组合，其系数就是坐标变换系数.

反过来，也可以求出新坐标基矢与老坐标基矢的变换关系：

$$\boldsymbol{g}_{i'}=\frac{\partial \boldsymbol{r}}{\partial x^{i'}}=\frac{\partial \boldsymbol{r}}{\partial x^{j}}\frac{\partial x^{j}}{\partial x^{i'}}=\frac{\partial x^{j}}{\partial x^{i'}}\boldsymbol{g}_{j}=\beta_{i'}^{j}\boldsymbol{g}_{j},\quad \beta_{i'}^{j}=\frac{\partial x^{j}}{\partial x^{i'}}. \tag{1.58}$$

逆变基矢不能定义为点的矢径对坐标的偏导数. 但是，借助于协变基矢，也可以证明逆变基也满足坐标变换关系：

$$\boldsymbol{g}^i=\beta_{j'}^{i}\boldsymbol{g}^{j'},\quad \boldsymbol{g}^{i'}=\beta_j^{i'}\boldsymbol{g}^j,\quad \beta_{j'}^{i}=\frac{\partial x^i}{\partial x^{j'}},\quad \beta_j^{i'}=\frac{\partial x^{i'}}{\partial x^j}. \tag{1.59}$$

证明如下：

将 $\boldsymbol{g}_i$ 在 $\boldsymbol{g}_{j'}$ 上分解，根据矢量 $\boldsymbol{F}$ 的分解法，$\boldsymbol{F}=F^i\boldsymbol{g}_i$，$F^i=\boldsymbol{F}\cdot\boldsymbol{g}^i$，$\boldsymbol{F}=(\boldsymbol{F}\cdot\boldsymbol{g}^i)\boldsymbol{g}_i$，因此

$$\boldsymbol{g}_i=(\boldsymbol{g}_i\cdot\boldsymbol{g}^{j'})\boldsymbol{g}_{j'}=\beta_i^{j'}\boldsymbol{g}_{j'},\quad \beta_i^{j'}=\boldsymbol{g}_i\cdot\boldsymbol{g}^{j'}. \tag{1.60}$$

由式(1.57)看出，坐标变换系数 $\beta_i^{j'}$ 也等于老坐标协变基矢 $\boldsymbol{g}_i$ 与新坐标逆变基矢 $\boldsymbol{g}^{j'}$ 的点积.

同理，可知

$$\boldsymbol{g}_{i'}=(\boldsymbol{g}_{i'}\cdot\boldsymbol{g}^{j})\boldsymbol{g}_{j}=\beta_{i'}^{j}\boldsymbol{g}_{j},\quad \beta_{i'}^{j}=\boldsymbol{g}_{i'}\cdot\boldsymbol{g}^{j}, \tag{1.61}$$

推广至逆变基矢，则有

$$\boldsymbol{g}^{i'}=(\boldsymbol{g}^{i'}\cdot\boldsymbol{g}_{j})\boldsymbol{g}^{j}=\beta_j^{i'}\boldsymbol{g}^{j},\quad \boldsymbol{g}^{i}=(\boldsymbol{g}^{i}\cdot\boldsymbol{g}_{j'})\boldsymbol{g}^{j'}=\beta_{j'}^{i}\boldsymbol{g}^{j'}. \tag{1.62}$$

1.4.2 协变变换系数和逆变变换系数

前面谈到，新坐标的协变基矢是老坐标协变基矢的线性组合，逆变基矢也存在同

类型的坐标变换关系：

$$\boldsymbol{g}_{i'}=\beta^{j}_{i'}\boldsymbol{g}_{j},\quad \boldsymbol{g}^{i'}=\beta^{i'}_{j}\boldsymbol{g}^{j},$$

其中，$\beta^{j}_{i'}$称为协变变换系数，$\beta^{i'}_{j}$称为逆变变换系数. 这两种变换系数存在相互依赖的变化关系.

新老坐标中，协变基和逆变基都存在正交性，即

$$\delta^{i}_{j}=\boldsymbol{g}^{i}\cdot\boldsymbol{g}_{j}=\beta^{i}_{m'}\boldsymbol{g}^{m'}\cdot\beta^{n'}_{j}\boldsymbol{g}_{n'}=\beta^{i}_{m'}\beta^{n'}_{j}\delta^{m'}_{n'}=\beta^{i}_{m'}\beta^{m'}_{j},$$

$$\delta^{i'}_{j'}=\boldsymbol{g}^{i'}\cdot\boldsymbol{g}_{j'}=\beta^{i'}_{m}\boldsymbol{g}^{m}\cdot\beta^{n}_{j'}\boldsymbol{g}_{n}=\beta^{i'}_{m}\beta^{n}_{j'}\delta^{m}_{n}=\beta^{i'}_{m}\beta^{m}_{j'}.$$

用$\beta^{i}_{j'}$和$\beta^{i'}_{j}$作为矩阵元素，上面的式子可用矩阵表示出来，即

$$\begin{bmatrix}\beta^{1}_{1'} & \beta^{1}_{2'} & \beta^{1}_{3'}\\ \beta^{2}_{1'} & \beta^{2}_{2'} & \beta^{2}_{3'}\\ \beta^{3}_{1'} & \beta^{3}_{2'} & \beta^{3}_{3'}\end{bmatrix}\begin{bmatrix}\beta^{1'}_{1} & \beta^{1'}_{2} & \beta^{1'}_{3}\\ \beta^{2'}_{1} & \beta^{2'}_{2} & \beta^{2'}_{3}\\ \beta^{3'}_{1} & \beta^{3'}_{2} & \beta^{3'}_{3}\end{bmatrix}=\begin{bmatrix}1 & 0 & 0\\ 0 & 1 & 0\\ 0 & 0 & 1\end{bmatrix},$$

$$\begin{bmatrix}\beta^{1'}_{1} & \beta^{1'}_{2} & \beta^{1'}_{3}\\ \beta^{2'}_{1} & \beta^{2'}_{2} & \beta^{2'}_{3}\\ \beta^{3'}_{1} & \beta^{3'}_{2} & \beta^{3'}_{3}\end{bmatrix}\begin{bmatrix}\beta^{1}_{1'} & \beta^{1}_{2'} & \beta^{1}_{3'}\\ \beta^{2}_{1'} & \beta^{2}_{2'} & \beta^{2}_{3'}\\ \beta^{3}_{1'} & \beta^{3}_{2'} & \beta^{3}_{3'}\end{bmatrix}=\begin{bmatrix}1 & 0 & 0\\ 0 & 1 & 0\\ 1 & 0 & 1\end{bmatrix}.$$

也就是说，两个矩阵互为逆矩阵.

$$[\beta^{i}_{m'}]=[\beta^{m'}_{j}]^{-1},\quad [\beta^{m'}_{j}]=[\beta^{i}_{m'}]^{-1}. \tag{1.63}$$

1.4.3 矢量的分量的变换关系

在新老坐标系中，矢量 $\boldsymbol{F}$ 可以在协变基矢中分解，也可以在逆变基矢中分解.

$$\boldsymbol{F}=F^{i'}\boldsymbol{g}_{i'}=F^{j}\boldsymbol{g}_{j}=F^{j}\beta^{i'}_{j}\boldsymbol{g}_{i'},$$

$$F^{i'}=\beta^{i'}_{j}F^{j}, \tag{1.64}$$

式中，i'为自由标，j 为哑标，遍取 1 至 3 并求和. 式(1.64)表明，新坐标的逆变分量等于逆变变换系数乘以老坐标的逆变分量. 或者说，新坐标的逆变分量等于老坐标逆变分量的线性组合，其系数为逆变变换系数.

同样地，

$$\boldsymbol{F}=F_{i'}\boldsymbol{g}^{i'}=F_{j}\boldsymbol{g}^{j}=F_{j}\beta^{j}_{i'}\boldsymbol{g}^{i'},$$

$$F_{i'}=\beta^{j}_{i'}F_{j}. \tag{1.65}$$

从式(1.64)和(1.65)看出，基矢的坐标变换关系决定了矢量分量的变换关系. $\beta^{j}_{i'}$称为协变变换系数.

1.5 张　　量

前面提到，只有大小属性的量称为标量. 既有大小属性，又有方向属性的量称为矢量. 张量是矢量的推广. 张量和矢量一样，既有大小属性，也有方向属性. 与矢量相

比，张量的属性更为复杂．例如，描述矢量的方向性，用三个不共面的三个矢量（如坐标基矢）就足够了．但是，要描述张量的方向性，仅用三个坐标基矢远远不够，因而张量表现出远比矢量复杂的性质．

1.5.1　一阶张量

如果一个量 $\boldsymbol{F}$ 有 3 个分量 F^i（或 F_i），当坐标变换时，分量 F^i 具有如下的变换规律：

$$F^{i'}=\beta^{i'}_{j}F^{j},\quad F^{i}=\beta^{i}_{j'}F^{j'},\quad \beta^{i'}_{j}=\frac{\partial x^{i'}}{\partial x^{j}},\quad \beta^{i}_{j'}=\frac{\partial x^{i}}{\partial x^{j'}},\tag{1.66}$$

则 $\boldsymbol{F}$ 称为一阶张量，或称为矢量，F^i 称为一阶张量的逆变分量，F_i 称为一阶张量的协变分量．逆变分量 F^i 有 3 个，协变分量 F_i 也有 3 个．也就是说，一阶张量共有 6 个分量．但其中只有 3 个分量是独立的，逆变分量和协变分量存在函数关系．关于这个问题后面将作介绍．

1.5.2　二阶张量

如果一个量 $\boldsymbol{T}$ 有 9 个分量，当坐标变换时，其分量满足下面的关系：

$$T^{i'}_{\cdot j'}=\beta^{i'}_{m}\beta^{n}_{j'}T^{m}_{\cdot n},\quad \beta^{i'}_{m}=\frac{\partial x^{i'}}{\partial x^{m}},\quad \beta^{n}_{j'}=\frac{\partial x^{n}}{\partial x^{j'}},\tag{1.67}$$

则称 $\boldsymbol{T}$ 为二阶张量．

这里介绍二阶张量分量的表示方法．二阶张量有 2 个指标（Index），都标注在分量符号的右方．其中，靠近分量符号的指标称为第 1 指标，第 1 指标可以为上标（逆变），也可以为下标（协变）．位于第 1 指标右侧的指标称为第 2 指标，第 2 指标可以是上标，也可以是下标．但每一个指标只能是上标或下标中的一种，不能同时为上下标．如果该处指标为上标，则其下标用小圆点表示空缺位置，但最右侧的小圆点没有必要标出．例如，$T^{i'}_{\cdot j'}$ 表示二阶张量的分量，第 1 指标为上标（逆变），指标为 i'，第 1 指标的下标用小圆点标示，它说明第 1 指标是上标，不是下标．第 2 指标 j' 为下标（协变），第 2 指标的上标没有必要再标示小圆点．$T^{i'}_{\cdot j'}$ 称为混变分量，其中第 1 指标为逆变指标，第 2 指标为协变指标，混变分量由此得名．$T_{i}^{\cdot j}$ 也是混变分量．只有在混变分量中才使用小圆点表明这个指标是上标还是下标．T^{ij} 称为逆变分量，T_{ij} 称为协变分量．逆变分量和协变分量的上下标已经区分得很清楚，无需再添加小圆点标注．

二阶张量有第 1 指标和第 2 指标，每种指标既可能为上标，也可能为下标，因此二阶张量共有 $6\times6=36$ 个分量，但只有 9 个分量是独立的．

1.5.3　n 阶张量

如果一个量 $\boldsymbol{T}$ 有 3^n 个分量，当坐标变换时，其分量满足坐标变换规律，例如，

$$T^{i'_1 i'_2 \cdots i'_n} = \beta^{i'_1}_{j_1} \beta^{i'_2}_{j_2} \cdots \beta^{i'_n}_{j_n} T^{j_1 j_2 \cdots j_n}, \tag{1.68}$$

则称 $\boldsymbol{T}$ 为 n 阶张量，$T^{i_1 i_2 \cdots i_n}$ 称为 n 阶张量 $\boldsymbol{T}$ 的逆变分量. n 阶张量共有 n 种指标，每种指标既可以为上标，也可以为下标，因而共有 6^n 个分量，但只有 3^n 个分量是独立的.

1.5.4 并矢

设 $\boldsymbol{a}$，$\boldsymbol{b}$ 为矢量，将 $\boldsymbol{a}$，$\boldsymbol{b}$ 并排在一起的运算称为并乘，并乘的结果称为并矢. 令

$$\boldsymbol{T} = \boldsymbol{ab}, \tag{1.69}$$

则称 $\boldsymbol{T}$ 为 $\boldsymbol{a}$，$\boldsymbol{b}$ 的并矢. $\boldsymbol{a}$，$\boldsymbol{b}$ 有分量，$\boldsymbol{T}$ 当然也有分量，$\boldsymbol{T}$ 的分量等于矢量 $\boldsymbol{a}$，$\boldsymbol{b}$ 的分量乘积. 矢量分量有上下标之分，$\boldsymbol{T}$ 的分量就有逆变分量、协变分量和混变分量，即

$$T^{ij} = a^i b^j, \quad T_{ij} = a_i b_j, \quad T^{i}_{\cdot j} = a^i b_j, \quad T_{i}^{\cdot j} = a_i b^j.$$

当坐标变换时，矢量 $\boldsymbol{a}$ 和 $\boldsymbol{b}$ 的分量满足坐标变换关系，例如，

$$T^{i'}_{\cdot j'} = a^{i'} b_{j'} = \beta^{i'}_{m} \beta^{n}_{j'} a^m b_n = \beta^{i'}_{m} \beta^{n}_{j'} T^{m}_{\cdot n},$$

因此，$T^{i'}_{\cdot j'}$ 是混变分量，$\boldsymbol{T} = \boldsymbol{ab}$ 是二阶张量.

矢量不同的并矢表示不同的张量，根据定义知，$\boldsymbol{ab} \neq \boldsymbol{ba}$.

1.5.5 张量的实体记法

矢量 $\boldsymbol{a}$ 和 $\boldsymbol{b}$ 的并矢是二阶张量. 二阶张量的方向性比矢量更为复杂. 为了表示张量的复杂的方向性，我们将矢量的分量和基矢一并写出，例如，

$$\boldsymbol{T} = \boldsymbol{ab} = a^i \boldsymbol{g}_i b_j \boldsymbol{g}^j = T^{i}_{\cdot j} \boldsymbol{g}_i \boldsymbol{g}^j. \tag{1.70}$$

矢量 $\boldsymbol{a}$ 和 $\boldsymbol{b}$ 都有逆变分量和协变分量，于是二阶张量也有逆变分量、协变分量和混变分量，例如，

$$\boldsymbol{T} = T^{i}_{\cdot j} \boldsymbol{g}_i \boldsymbol{g}^j = T_{i}^{\cdot j} \boldsymbol{g}^i \boldsymbol{g}_j = T^{ij} \boldsymbol{g}_i \boldsymbol{g}_j = T_{ij} \boldsymbol{g}^i \boldsymbol{g}^j. \tag{1.71}$$

式(1.71)称为二阶张量的实体写法.

张量的实体写法表明，张量可以表示为二重并基矢的线性组合，其系数就是张量的相应分量.

对于张量的实体记法，下面要强调以下三点：

(1) 式(1.71)中的指标 i 和 j 都是哑标，该式表示 9 项之和.

(2) 分量和基矢的上下标互相对应，逆变分量对应协变基矢，协变分量对应逆变基矢. 不容许两个相同的指标都是上标或都是下标.

(3) 并矢的顺序不可随意改变，张量实体记法中的并基矢不可随意改变，$\boldsymbol{ab} \neq \boldsymbol{ba}$，$T_{ij} \boldsymbol{g}^i \boldsymbol{g}^j \neq T_{ij} \boldsymbol{g}^j \boldsymbol{g}^i$.

二阶张量的实体记法可推广至 n 阶张量，即 n 阶张量可以表示为 n 重并基矢的线性组合，其系数就是相应的张量分量. 例如，5 阶张量的实体记法为

$$\boldsymbol{T}=T^{ijk}_{\cdot\cdot\cdot mn}\boldsymbol{g}_i\boldsymbol{g}_j\boldsymbol{g}_k\boldsymbol{g}^m\boldsymbol{g}^n.$$

注意下标的前3位用小圆点标示.

1.5.6　张量分量的指标升降关系

张量的方向性与基矢密切相关.

我们先研究逆变基矢、协变基矢的关系.我们知道,矢量 $\boldsymbol{F}$ 的逆变分量等于矢量与逆变基矢的点积,即

$$F^i=\boldsymbol{F}\cdot\boldsymbol{g}^i,\quad \boldsymbol{F}=F^i\boldsymbol{g}_i=(\boldsymbol{F}\cdot\boldsymbol{g}^i)\boldsymbol{g}_i.$$

类似地,有

$$\boldsymbol{F}=(\boldsymbol{F}\cdot\boldsymbol{g}_i)\boldsymbol{g}^i.$$

矢量的实体写法是逆变分量配上协变基矢,协变分量配上逆变基矢.

协变基矢是矢量,在逆变基矢中分解,有

$$\boldsymbol{g}_i=(\boldsymbol{g}_i\cdot\boldsymbol{g}_j)\boldsymbol{g}^j=g_{ij}\boldsymbol{g}^j. \tag{1.72a}$$

同样地,逆变基矢在协变基矢中分解,即

$$\boldsymbol{g}^i=(\boldsymbol{g}^i\cdot\boldsymbol{g}^j)\boldsymbol{g}_j=g^{ij}\boldsymbol{g}_j. \tag{1.72b}$$

式(1.72a)和式(1.72b)称为基矢的指标升降关系,它表明协变基和逆变基存在一定的关系.正如例1.3和例1.4表明的那样,一旦协变基矢 $\boldsymbol{g}_i$ 确定了,逆变基矢也就随之确定下来.

式(1.72a)和式(1.72b)中 g^{ij} 和 g_{ij} 的指标可以互换,这是因为

$$g^{ij}=\boldsymbol{g}^i\cdot\boldsymbol{g}^j=\boldsymbol{g}^j\cdot\boldsymbol{g}^i=g^{ji}, \tag{1.73a}$$

$$g_{ij}=\boldsymbol{g}_i\cdot\boldsymbol{g}_j=\boldsymbol{g}_j\cdot\boldsymbol{g}_i=g_{ji}. \tag{1.73b}$$

后面将要看到,g_{ij} 和 g^{ij} 称为度量张量.

需要指出的是,基矢的指标升降关系是指在同一坐标(可以是同一新坐标,也可以是同一老坐标)中的指标升降关系,并非是不同坐标中基矢的指标升降关系.

下面研究矢量分量的指标升降关系.矢量 $\boldsymbol{F}$ 可以在协变基矢中分解,也可以在逆变基矢中分解.在同一种坐标中,基矢满足指标升降关系:

$$\boldsymbol{F}=F^i\boldsymbol{g}_i=F_j\boldsymbol{g}^j=F_jg^{ji}\boldsymbol{g}_i,\quad F^i=g^{ij}F_j, \tag{1.74a}$$

$$\boldsymbol{F}=F_i\boldsymbol{g}^i=F^j\boldsymbol{g}_j=F^jg_{ji}\boldsymbol{g}^i,\quad F_i=g_{ij}F^j. \tag{1.74b}$$

式(1.74a)和式(1.74b)称为矢量分量的指标升降关系.由此我们看到,矢量有3个逆变分量和3个协变分量,共有6个分量.但由于存在指标升降关系,因而矢量只有3个独立分量.

对于二阶张量,其实体记法是分量配上二重并基矢.基矢存在指标升降关系,例如,

$$\boldsymbol{T}=T^{i}_{\cdot j}\boldsymbol{g}_i\boldsymbol{g}^j=T_m^{\cdot n}\boldsymbol{g}^m\boldsymbol{g}_n=T_m^{\cdot n}g^{mi}\boldsymbol{g}_ig_{nj}\boldsymbol{g}^j,\quad T^{i}_{\cdot j}=g^{im}g_{nj}T_m^{\cdot n}. \tag{1.75a}$$

式(1.75a)称为二阶张量 $\boldsymbol{T}$ 的混变分量的指标升降关系. 同样地,其他分量的指标升降关系是

$$T_{i}^{\cdot j}=g_{im}g^{nj}T_{\cdot n}^{m},\quad T^{ij}=g^{im}g^{nj}T_{mn},\quad T_{ij}=g_{im}g_{nj}T^{mn}. \tag{1.75b}$$

1.6 度量张量

在任意坐标系中,空间两个邻点的矢径可表示为

$$\mathrm{d}\boldsymbol{r}=\mathrm{d}x^{1}\boldsymbol{g}_{1}+\mathrm{d}x^{2}\boldsymbol{g}_{2}+\mathrm{d}x^{3}\boldsymbol{g}_{3}=\mathrm{d}x^{i}\boldsymbol{g}_{i}, \tag{1.76}$$

其中 i 是哑标. 以 $\mathrm{d}s$ 表示这两个邻点之间的距离,则有

$$\mathrm{d}s^{2}=\mathrm{d}\boldsymbol{r}\cdot\mathrm{d}\boldsymbol{r}=\mathrm{d}x^{i}\boldsymbol{g}_{i}\cdot\mathrm{d}x^{j}\boldsymbol{g}_{j}=g_{ij}\mathrm{d}x^{i}\mathrm{d}x^{j}. \tag{1.77}$$

由式(1.77)看出,g_{ij} 对确定两邻点之间的距离起着至关重要的作用,g_{ij} 是某个张量的协变分量. 下面加以证明.

$$g_{i'j'}=\boldsymbol{g}_{i'}\cdot\boldsymbol{g}_{j'}=\beta_{i'}^{m}\boldsymbol{g}_{m}\cdot\beta_{j'}^{n}\boldsymbol{g}_{n}=\beta_{i'}^{m}\beta_{j'}^{n}g_{mn}.$$

可以看出,$g_{i'j'}$ 满足二阶张量的坐标变换关系,因此它是一个二阶张量,称为度量张量,记作 $\boldsymbol{G}$. 度量张量的实体记法是

$$\boldsymbol{G}=g_{ij}\boldsymbol{g}^{i}\boldsymbol{g}^{j}=g^{ij}\boldsymbol{g}_{i}\boldsymbol{g}_{j}=g_{\cdot j}^{i}\boldsymbol{g}_{i}\boldsymbol{g}^{j}=g_{i}^{\cdot j}\boldsymbol{g}^{i}\boldsymbol{g}_{j}. \tag{1.78}$$

上式的 4 种形式是等效的,都表示同一个度量张量.

度量张量是一个重要的张量,它将频繁出现于后面的分析中,现在有必要介绍度量张量的若干特性.

(1) 度量张量的分量是协变基矢和逆变基矢的点积. 例如,

$$g_{ij}=\boldsymbol{g}_{i}\cdot\boldsymbol{g}_{j},\quad g^{ij}=\boldsymbol{g}^{i}\cdot\boldsymbol{g}^{j},\quad g_{\cdot j}^{i}=\boldsymbol{g}^{i}\cdot\boldsymbol{g}_{j}=\delta_{j}^{i}. \tag{1.79a}$$

(2) 度量张量的协变分量和逆变分量具有指标升降的作用. 例如,

$$\boldsymbol{g}^{i}=g^{im}\boldsymbol{g}_{m},\quad \boldsymbol{g}_{i}=g_{im}\boldsymbol{g}^{m},\quad a^{i}=g^{im}a_{m}. \tag{1.79b}$$

(3) 度量张量的分量组成的行列式具有特定的含义. 例如,

$$\begin{vmatrix} g_{11} & g_{12} & g_{13} \\ g_{21} & g_{22} & g_{23} \\ g_{31} & g_{32} & g_{33} \end{vmatrix}=[\boldsymbol{g}_{1}\cdot(\boldsymbol{g}_{2}\times\boldsymbol{g}_{3})]^{2}=g,$$

$$\begin{vmatrix} g^{11} & g^{12} & g^{13} \\ g^{21} & g^{22} & g^{23} \\ g^{31} & g^{32} & g^{33} \end{vmatrix}=[\boldsymbol{g}^{1}\cdot(\boldsymbol{g}^{2}\times\boldsymbol{g}^{3})]^{2}=\frac{1}{g},$$

$$\det(g_{\cdot j}^{i})=1,\quad \det(g_{i}^{\cdot j})=1.$$

例 1.6 圆球坐标系 $x^{1}=r, x^{2}=\theta, x^{3}=\varphi$(参见图 1.10(b))和直角坐标系 $x^{1'}=x, x^{2'}=y, x^{3'}=z$ 的关系为

$$x=r\sin\theta\cos\varphi,\quad y=r\sin\theta\sin\varphi,\quad z=r\cos\theta,$$

$$r=\sqrt{x^2+y^2+z^2},\quad \tan\theta=\frac{\sqrt{x^2+y^2}}{z},\quad \tan\varphi=\frac{y}{x}.$$

试求坐标变换系数 $\beta_j^{i'}$ 和 $\beta_{j'}^{i}$.

解　方法 1：

$$\beta_j^{i'}=\frac{\partial x^{i'}}{\partial x^j},\quad \beta_{j'}^{i}=\frac{\partial x^i}{\partial x^{j'}},$$

$$\beta_1^{1'}=\frac{\partial x}{\partial r}=\sin\theta\cos\varphi,\quad \beta_2^{1'}=\frac{\partial x}{\partial \theta}=r\cos\theta\cos\varphi,\quad \beta_3^{1'}=\frac{\partial x}{\partial \varphi}=-r\sin\theta\sin\varphi,$$

$$\beta_1^{2'}=\frac{\partial y}{\partial r}=\sin\theta\sin\varphi,\quad \beta_2^{2'}=\frac{\partial y}{\partial \theta}=r\cos\theta\sin\varphi,\quad \beta_3^{2'}=\frac{\partial y}{\partial \varphi}=r\sin\theta\cos\varphi,$$

$$\beta_1^{3'}=\frac{\partial z}{\partial r}=\cos\theta,\quad \beta_2^{3'}=\frac{\partial z}{\partial \theta}=-r\sin\theta,\quad \beta_3^{3'}=\frac{\partial z}{\partial \varphi}=0.$$

$$\beta_{1'}^{1}=\frac{\partial r}{\partial x}=\frac{x}{r}=\sin\theta\cos\varphi,\quad \beta_{2'}^{1}=\frac{\partial r}{\partial y}=\frac{y}{r}=\sin\theta\sin\varphi,\quad \beta_{3'}^{1}=\frac{\partial r}{\partial z}=\frac{z}{r}=\cos\theta,$$

$$\beta_{1'}^{2}=\frac{\partial \theta}{\partial x}=\frac{1}{r}\cos\theta\cos\varphi,\quad \beta_{2'}^{2}=\frac{\partial \theta}{\partial y}=\frac{1}{r}\cos\theta\sin\varphi,\quad \beta_{3'}^{2}=\frac{\partial \theta}{\partial z}=-\frac{1}{r}\sin\theta,$$

$$\beta_{1'}^{3}=\frac{\partial \varphi}{\partial x}=-\frac{\sin\varphi}{r\sin\theta},\quad \beta_{2'}^{3}=\frac{\partial \varphi}{\partial y}=\frac{\cos\varphi}{r\sin\theta},\quad \beta_{3'}^{3}=0.$$

方法 2：

坐标变换系数等于度量张量的混变分量.

$$\beta_j^{i'}=\boldsymbol{g}^{i'}\cdot\boldsymbol{g}_j,\quad \beta_{j'}^{i}=\boldsymbol{g}^{i}\cdot\boldsymbol{g}_{j'}.$$

直角坐标系,基矢不分上下标，

$$\boldsymbol{g}_{1'}=\boldsymbol{g}^{1'}=\boldsymbol{i},\quad \boldsymbol{g}_{2'}=\boldsymbol{g}^{2'}=\boldsymbol{j},\quad \boldsymbol{g}_{3'}=\boldsymbol{g}^{3'}=\boldsymbol{k}.$$

球坐标系,利用例 1.4 的结果,有

$$\boldsymbol{g}_1=\boldsymbol{i}\sin\theta\cos\varphi+\boldsymbol{j}\sin\theta\sin\varphi+\boldsymbol{k}\cos\theta,$$
$$\boldsymbol{g}_2=r(\boldsymbol{i}\cos\theta\cos\varphi+\boldsymbol{j}\cos\theta\sin\varphi-\boldsymbol{k}\sin\theta),$$
$$\boldsymbol{g}_3=r(-\boldsymbol{i}\sin\theta\sin\varphi+\boldsymbol{j}\sin\theta\cos\varphi).$$

$$\boldsymbol{g}^1=\boldsymbol{g}_1,\quad \boldsymbol{g}^2=\frac{1}{r^2}\boldsymbol{g}_2,\quad \boldsymbol{g}^3=\frac{1}{(r\sin\theta)^2}\boldsymbol{g}_3,$$

$$\beta_1^{1'}=\boldsymbol{i}\cdot\boldsymbol{g}_1,\quad \beta_2^{1'}=\boldsymbol{i}\cdot\boldsymbol{g}_2,\quad \beta_3^{1'}=\boldsymbol{i}\cdot\boldsymbol{g}_3,$$
$$\beta_1^{2'}=\boldsymbol{j}\cdot\boldsymbol{g}_1,\quad \beta_2^{2'}=\boldsymbol{j}\cdot\boldsymbol{g}_2,\quad \beta_3^{2'}=\boldsymbol{j}\cdot\boldsymbol{g}_3,$$
$$\beta_1^{3'}=\boldsymbol{k}\cdot\boldsymbol{g}_1,\quad \beta_2^{3'}=\boldsymbol{k}\cdot\boldsymbol{g}_2,\quad \beta_3^{3'}=\boldsymbol{k}\cdot\boldsymbol{g}_3,$$
$$\beta_{1'}^{1}=\boldsymbol{g}^1\cdot\boldsymbol{i},\quad \beta_{2'}^{1}=\boldsymbol{g}^1\cdot\boldsymbol{j},\quad \beta_{3'}^{1}=\boldsymbol{g}^1\cdot\boldsymbol{k},$$
$$\beta_{1'}^{2}=\boldsymbol{g}^2\cdot\boldsymbol{i},\quad \beta_{2'}^{2}=\boldsymbol{g}^2\cdot\boldsymbol{j},\quad \beta_{3'}^{2}=\boldsymbol{g}^2\cdot\boldsymbol{k},$$
$$\beta_{1'}^{3}=\boldsymbol{g}^3\cdot\boldsymbol{i},\quad \beta_{2'}^{3}=\boldsymbol{g}^3\cdot\boldsymbol{j},\quad \beta_{3'}^{3}=\boldsymbol{g}^3\cdot\boldsymbol{k}.$$

将 $\boldsymbol{g}_i,\boldsymbol{g}^i$ 代入,就得到与方法 1 相同的结果.

例 1.7　设有斜直线平面坐标 x^1, x^2，协变基矢 $\boldsymbol{g}_1, \boldsymbol{g}_2$. $|\boldsymbol{g}_1|=a, |\boldsymbol{g}_2|=b$，坐标轴 x^1 和 x^2 的夹角为 α. 将此坐标系统绕原点 O 旋转一个角度 θ 得到一个新坐标系 $x^{1'}$，$x^{2'}$，如图 1.11 所示. 试求坐标变换系数 $\beta^{i}_{j'}$ 和 $\beta^{i'}_{j}$.

解

$$\beta^{i}_{j'}=\boldsymbol{g}^i\cdot\boldsymbol{g}_{j'},\quad \beta^{i'}_{j}=\boldsymbol{g}^{i'}\cdot\boldsymbol{g}_{j},$$

$$\boldsymbol{g}^1\cdot\boldsymbol{g}_1=|\boldsymbol{g}^1|a\cos\left(\frac{\pi}{2}-\alpha\right)=1,\quad |\boldsymbol{g}^1|=\frac{1}{a\sin\alpha}.$$

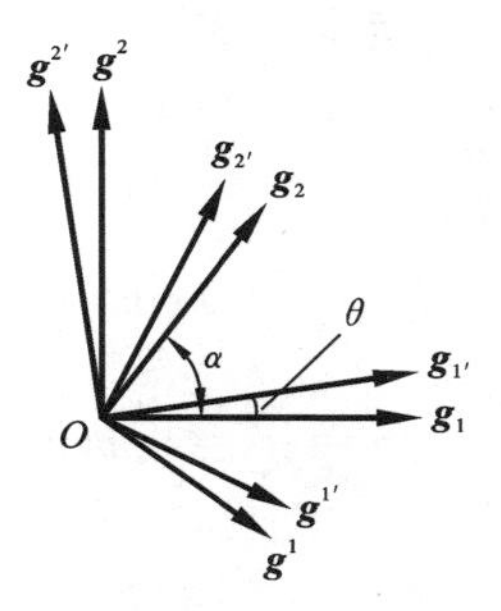

图 1.11　坐标旋转

同理，可得

$$|\boldsymbol{g}^2|=\frac{1}{b\sin\alpha}.$$

此外，

$$|\boldsymbol{g}_{1'}|=|\boldsymbol{g}_1|,\quad |\boldsymbol{g}_{2'}|=|\boldsymbol{g}_2|,\quad |\boldsymbol{g}^{1'}|=|\boldsymbol{g}^1|,\quad |\boldsymbol{g}^{2'}|=|\boldsymbol{g}^2|.$$

$$\beta^{1'}_{1}=\boldsymbol{g}^{1'}\cdot\boldsymbol{g}_1=\frac{1}{a\sin\alpha}a\cos\left(\frac{\pi}{2}-\alpha-\theta\right)=\frac{\sin(\alpha+\theta)}{\sin\alpha},$$

$$\beta^{1'}_{2}=\boldsymbol{g}^{1'}\cdot\boldsymbol{g}_2=\frac{1}{a\sin\alpha}b\cos\left(\frac{\pi}{2}-\theta\right)=\frac{b\sin\theta}{a\sin\alpha},$$

$$\beta^{2'}_{1}=\boldsymbol{g}^{2'}\cdot\boldsymbol{g}_1=\frac{1}{b\sin\alpha}a\cos\left(\frac{\pi}{2}+\theta\right)=-\frac{a\sin\theta}{b\sin\alpha},$$

$$\beta^{2'}_{2}=\boldsymbol{g}^{2'}\cdot\boldsymbol{g}_2=\frac{1}{b\sin\alpha}b\cos\left(\frac{\pi}{2}-\alpha+\theta\right)=\frac{\sin(\alpha-\theta)}{\sin\alpha},$$

$$\beta^{1}_{1'}=\boldsymbol{g}^{1}\cdot\boldsymbol{g}_{1'}=\frac{1}{a\sin\alpha}a\cos\left(\frac{\pi}{2}-\alpha+\theta\right)=\frac{\sin(\alpha-\theta)}{\sin\alpha},$$

$$\beta^{1}_{2'}=\boldsymbol{g}^{1}\cdot\boldsymbol{g}_{2'}=\frac{1}{a\sin\alpha}b\cos\left(\frac{\pi}{2}+\theta\right)=-\frac{b\sin\theta}{a\sin\alpha},$$

$$\beta^{2}_{1'}=\boldsymbol{g}^{2}\cdot\boldsymbol{g}_{1'}=\frac{1}{b\sin\alpha}a\cos\left(\frac{\pi}{2}-\theta\right)=\frac{a\sin\theta}{b\sin\alpha},$$

$$\beta^{2}_{2'}=\boldsymbol{g}^{2}\cdot\boldsymbol{g}_{2'}=\frac{1}{b\sin\alpha}b\cos\left(\frac{\pi}{2}-\alpha-\theta\right)=\frac{\sin(\alpha+\theta)}{\sin\alpha}.$$

可以验证，矩阵$[\beta^{i'}_{j}]$和矩阵$[\beta^{i}_{j'}]$互逆.

1.7　张量代数

张量的代数运算包括加法、减法、乘法.

1.7.1　张量的相等

设有两个 n 阶张量，它们的同种类分量(逆变分量、协变分量、混变分量)都相等，则这两个张量相等.

例如，二阶张量 $\boldsymbol{A}$ 和 $\boldsymbol{B}$，如果其混变分量相等，$A^{i}_{\cdot j}=B^{i}_{\cdot j}$，则两张量相等，$\boldsymbol{A}=\boldsymbol{B}$.

关于两个张量的相等，这里要强调两点：

(1) 如果两个张量的某种类型的分量相等，则其他种类的分量也必然相等，这点可由指标的升降关系看出.

(2) 两个张量在某个坐标系中相等，则在其他坐标系中也必然相等，这点可由坐标变换关系看出.

只有同阶张量才能相等.

1.7.2　张量的和

设有两个 n 阶张量 $\boldsymbol{A}$ 和 $\boldsymbol{B}$，将它们的同种类分量(逆变分量、协变分量、混变分量)相加，所得的数组构成一个同类张量 $\boldsymbol{C}$，则称张量 $\boldsymbol{C}$ 是张量 $\boldsymbol{A}$ 与 $\boldsymbol{B}$ 的和，即

$$\boldsymbol{C}=\boldsymbol{A}+\boldsymbol{B}.$$

例如，如果 $\boldsymbol{A}$ 和 $\boldsymbol{B}$ 都是二阶张量，则它们的和也是二阶张量，和张量的混变分量为

$$C^{i}_{\cdot j}=A^{i}_{\cdot j}+B^{i}_{\cdot j}.$$

差是和的逆运算；同阶张量才能加减.

1.7.3　张量积

设 $\boldsymbol{A}$ 为 m 阶张量，$\boldsymbol{B}$ 为 n 阶张量，如果有一个 $m+n$ 阶张量 $\boldsymbol{C}$，其分量等于 $\boldsymbol{A}$、$\boldsymbol{B}$ 相应分量的乘积，其并基矢等于 $\boldsymbol{A}$、$\boldsymbol{B}$ 的并基矢的并乘，则张量 $\boldsymbol{C}$ 称为 $\boldsymbol{A}$ 和 $\boldsymbol{B}$ 的张量积，这种运算称为并乘. 记作

$$\boldsymbol{C}=\boldsymbol{A}\boldsymbol{B}.$$

例如，

$$\boldsymbol{A}=A^{ijk}\boldsymbol{g}_i\boldsymbol{g}_j\boldsymbol{g}_k,\quad \boldsymbol{B}=B_{mn}\boldsymbol{g}^m\boldsymbol{g}^n,$$

则它们的张量积为

$$\boldsymbol{C}=A^{ijk}B_{mn}\boldsymbol{g}_i\boldsymbol{g}_j\boldsymbol{g}_k\boldsymbol{g}^m\boldsymbol{g}^n.$$

1.7.4　张量的缩并

一个 n 阶张量，如果其分量的某对指标变成哑标，则这个张量的阶数由 n 阶变为 $n-2$ 阶，称为张量的缩并.

例如，$A^{ijk}_{\cdots mn}\boldsymbol{g}_i\boldsymbol{g}_j\boldsymbol{g}_k\boldsymbol{g}^m\boldsymbol{g}^n$ 为五阶张量，如果第1指标和第4指标进行缩并，则得到一个新的3阶张量 $A^{mjk}_{\cdots mn}\boldsymbol{g}_j\boldsymbol{g}_k\boldsymbol{g}^n$. 本例中，缩并的实质是五阶并基矢中的第1基矢和第4基矢进行点乘. 此时，缩并的这对指标变成哑标，缩并后的分量按爱因斯坦求和约定法计算，即

$$A^{mjk}_{\cdots mn}=A^{1jk}_{\cdots 1n}+A^{2jk}_{\cdots 2n}+A^{3jk}_{\cdots 3n}.$$

显然，经过缩并得到一个3阶张量.

综并运算必须指明被缩并的这对指标.

张量缩并的实质是该张量的并基矢中的某对基矢(一个为逆变基矢,另一个为协变基矢)进行点乘运算,通常用点乘符号·连接这对指标,例如,

$$A^{ijk}{}_{\cdots mn}\boldsymbol{g}_i\boldsymbol{g}_j\boldsymbol{g}_k\boldsymbol{g}^m\boldsymbol{g}^n=A^{mjk}{}_{\cdots mn}\boldsymbol{g}_j\boldsymbol{g}_k\boldsymbol{g}^n.$$

1.7.5 张量的点积

两个张量先并乘后缩并,所得到的张量称为此两张量的点积.求点积的运算称为点乘.

点积运算必须指明被点乘的指标.点乘的指标对,一个为上标,另一个为下标.

设张量 $\boldsymbol{A}$ 为三阶,张量 $\boldsymbol{B}$ 为二阶,则

$$A^{ijk}\boldsymbol{g}_i\boldsymbol{g}_j\boldsymbol{g}_kB_{mn}\boldsymbol{g}^m\boldsymbol{g}^n=A^{mjk}B_{mn}\boldsymbol{g}_j\boldsymbol{g}_k\boldsymbol{g}^n$$

表示张量 $\boldsymbol{A}$ 的第 1 个指标与张量 $\boldsymbol{B}$ 的第 1 个指标点乘.而

$$A^{ijk}\boldsymbol{g}_i\boldsymbol{g}_j\boldsymbol{g}_kB_{mn}\boldsymbol{g}^m\boldsymbol{g}^n=A^{imk}B_{mn}\boldsymbol{g}_i\boldsymbol{g}_k\boldsymbol{g}^n$$

则表示张量 $\boldsymbol{A}$ 的第 2 个指标与张量 $\boldsymbol{B}$ 的第 1 个指标点乘.

两个张量点乘的实质是这两个张量的某对基矢进行点积运算.

如果前张量的最后一个基矢与后张量的首个基矢点积,则不需指明进行点积运算的基矢对,这种情况下就把点积符号(圆点)写在两张量之间,例如,

$$\boldsymbol{A}\cdot\boldsymbol{B}=A^{ijk}\boldsymbol{g}_i\boldsymbol{g}_j\boldsymbol{g}_k\cdot B_{mn}\boldsymbol{g}^m\boldsymbol{g}^n=A^{ijm}B_{mn}\boldsymbol{g}_i\boldsymbol{g}_j\boldsymbol{g}^n.$$

1.7.6 张量的双点积

张量的双点积是两个张量的两对基矢进行点乘运算.张量的双点积有并联式和串联式两种形式,分别用下面的双点积符号表示:

并联式,$\boldsymbol{A}:\boldsymbol{B}=A^{ijk}\boldsymbol{g}_i\boldsymbol{g}_j\boldsymbol{g}_k:B_{mnl}\boldsymbol{g}^m\boldsymbol{g}^n\boldsymbol{g}^l=A^{imn}B_{mnl}\boldsymbol{g}_i\boldsymbol{g}^l$;

串联式,$\boldsymbol{A}\cdot\cdot\boldsymbol{B}=A^{ijk}\boldsymbol{g}_i\boldsymbol{g}_j\boldsymbol{g}_k\cdot\cdot B_{mnl}\boldsymbol{g}^m\boldsymbol{g}^n\boldsymbol{g}^l=A^{inm}B_{mnl}\boldsymbol{g}_i\boldsymbol{g}^l$.

两个张量双点积运算时,与双点积符号相邻的两对基矢进行点乘.在并联式双点积运算中,两对基矢呈现前前后后式分布.在串联式双点积运算中,两对基矢呈现内内外外式分布.

1.7.7 张量的转置

如果张量的并基矢的排列顺序不变,调换张量分量的某对指标顺序(但指标的上下位置保持不变),这样得到的张量称为原张量关于这对指标的转置张量.转置张量用上角符号 * 表示.例如,5 阶张量关于 2,4 指标的转置可表示为

$$\boldsymbol{A}=A^{ijk}{}_{\cdots mn}\boldsymbol{g}_i\boldsymbol{g}_j\boldsymbol{g}_k\boldsymbol{g}^m\boldsymbol{g}^n,$$

$$\boldsymbol{A}^{*}=A^{*ijk}{}_{\cdots mn}\boldsymbol{g}_{i}\boldsymbol{g}_{j}\boldsymbol{g}_{k}\boldsymbol{g}^{m}\boldsymbol{g}^{n}=A^{i\cdot kj}{}_{\cdot m\cdot\cdot n}\boldsymbol{g}_{i}\boldsymbol{g}_{j}\boldsymbol{g}_{k}\boldsymbol{g}^{m}\boldsymbol{g}^{n}.$$

张量的转置也可以这样定义：如果张量分量的指标顺序保持不变，调换某对并基矢的位置，这样得到的张量称为原张量关于该对指标的转置. 现以上例加以说明.

$$\boldsymbol{A}^{*}=A^{*ijk}{}_{\cdots mn}\boldsymbol{g}_{i}\boldsymbol{g}_{j}\boldsymbol{g}_{k}\boldsymbol{g}^{m}\boldsymbol{g}^{n}=A^{ijk}{}_{\cdots mn}\boldsymbol{g}_{i}\boldsymbol{g}^{m}\boldsymbol{g}_{k}\boldsymbol{g}_{j}\boldsymbol{g}^{n}.$$

交换哑标 j,m 的标记，爱因斯坦求和的结果将保持不变，因而有

$$A^{ijk}{}_{\cdots mn}\boldsymbol{g}_{i}\boldsymbol{g}^{m}\boldsymbol{g}_{k}\boldsymbol{g}_{j}\boldsymbol{g}^{n}=A^{imk}{}_{\cdots jn}\boldsymbol{g}_{i}\boldsymbol{g}^{j}\boldsymbol{g}_{k}\boldsymbol{g}_{m}\boldsymbol{g}^{n}=A^{*i\cdot km}{}_{\cdot j\cdot\cdot n}\boldsymbol{g}_{i}\boldsymbol{g}^{j}\boldsymbol{g}_{k}\boldsymbol{g}_{m}\boldsymbol{g}^{n}.$$

这个式也表示，转置时，并基矢的顺序保持不变，而对调张量分量中的一对指示顺序.

可见，两种方法定义的转置是等价的.

二阶张量只有一对指标，转置的指标对无需指明.

由张量的转置还可以引出对称张量和反对称张量的定义.

设张量 $\boldsymbol{A}$ 关于某对指标的转置张量为 $\boldsymbol{A}^{*}$.

如果 $\boldsymbol{A}^{*}=\boldsymbol{A}$，则称张量 $\boldsymbol{A}$ 关于该对指标对称.

如果 $\boldsymbol{A}^{*}=-\boldsymbol{A}$，则称张量 $\boldsymbol{A}$ 关于该对指标反对称.

1.7.8　商定律

数的代数运算有加、减、乘、除四种，上面介绍的张量的代数运算有加、减、乘三种，张量没有除法运算. 下面介绍一个与除法运算类似的张量商定律. 现以一阶、二阶、三阶张量为例加以说明.

设 $A_{(i,j)}$ 有 9 个分量，$\boldsymbol{B}$ 为任意矢量，$\boldsymbol{C}$ 为三阶张量，在任意坐标中，恒有

$$A_{(i,j)}B^{k}=C^{ijk}.$$

则 $A_{(i,j)}$ 必为张量的逆变分量.

证明　考察坐标变换关系. 在新坐标 $x^{i'}$ 中，

$$\begin{aligned}A_{(i',j')}B^{k'}&=C^{i'j'k'}=\beta^{i'}_{r}\beta^{j'}_{s}\beta^{k'}_{t}C^{rst}=\beta^{i'}_{r}\beta^{j'}_{s}\beta^{k'}_{t}A_{(r,s)}B^{t}=\beta^{i'}_{r}\beta^{j'}_{s}\beta^{k'}_{t}A_{(r,s)}\beta^{t}_{m'}B^{m'}\\&=\beta^{i'}_{r}\beta^{j'}_{s}\delta^{k'}_{m'}A_{(r,s)}B^{m'}=\beta^{i'}_{r}\beta^{j'}_{s}A_{(r,s)}B^{k'},\end{aligned}$$

$$A_{(i',j')}=A_{(r,s)}\beta^{i'}_{r}\beta^{j'}_{s}.$$

$\beta^{i'}_{r}$ 和 $\beta^{j'}_{s}$ 都是逆变换系数，于是 $A_{(i',j')}$ 是二阶张量的逆变分量.

商定律还有其他表述形式. 例如，下面也是商定律.

设 $A_{(i,j)}$ 有 9 个分量，$\boldsymbol{B}$ 为任意矢量，$\boldsymbol{C}$ 为一阶张量，在任意坐标中，恒有

$$A_{(i,j)}B^{k}=C^{j},$$

则 $A_{(i,j)}$ 必为二阶张量 $\boldsymbol{A}$ 的逆变分量，张量 $\boldsymbol{C}$ 是 $\boldsymbol{A}$ 和 $\boldsymbol{B}$ 的点积，$\boldsymbol{A}\cdot\boldsymbol{B}=\boldsymbol{C}$.

1.8　置换符号和置换张量

在 1.1.3 节中我们曾介绍过矢量在直角坐标系中的叉乘运算，在任意坐标系中

的叉乘运算具有什么特点？这是一个有待解决的问题.后面我们将看到,张量也有叉乘运算,叉乘运算应该具有与坐标系没有关联的特性.本节内容将为叉乘运算提供相关的张量知识.

设有一个三元数组 1,2,3,定义这个三元数组中的数字的基本排列是从小到大的顺序排列 123.任意互换一对数字称为对该数组的一次置换,互换 N 对,称为 N 次置换.如果 N 为偶数,则称偶次置换.如果 N 为奇数,就称为奇次置换.基本排列经过一次置换,所得的排列共有三种,即 132,213,321.奇次置换所得的排列也是这三种.基本排列经过两次置换,所得的排列共有三种:123,231,321.偶次置换所得的排列也是这三种.于是我们称 132,213,321 为奇排列,123,231,321 为偶排列.

将 1,2,3 这三个数字按顺时针方向摆放在一个圆周上,我们从其中任何一个数字开始,按顺时针方向读取这三个数字,所得到顺序就是偶排列.反之,按逆时针方向读取这三个数字,所得到的顺序就是奇排列.

现在我们定义置换符号 e_{ijk},e^{ijk}:

$$e^{ijk}=e_{ijk}=\begin{cases}1, & i,j,k\text{ 为偶排列},\\ -1, & i,j,k\text{ 为奇排列},\\ 0, & i,j,k\text{ 有相同},\end{cases}$$

式中的指标 i,j,k 的取值都是 1,2,3 中的任何一个.容易看出,这样定义的置换符号 e^{ijk} 和 e_{ijk} 虽然有上、下标,但它们不是张量,不满足坐标变换关系.也就是说,有指标的量不一定是张量.例如,矩阵元素虽然有指标,但通常不是张量.判断一个量是否为张量,就是看它是否满足坐标变换关系.

利用置换符号,可以使行列式的计算变得很简洁.

$$\begin{vmatrix} a^1_{\cdot 1} & a^1_{\cdot 2} & a^1_{\cdot 3}\\ a^2_{\cdot 1} & a^2_{\cdot 2} & a^2_{\cdot 3}\\ a^3_{\cdot 1} & a^3_{\cdot 2} & a^3_{\cdot 3}\end{vmatrix}$$

$$=a^1_{\cdot 1}a^2_{\cdot 2}a^3_{\cdot 3}+a^1_{\cdot 2}a^2_{\cdot 3}a^3_{\cdot 1}+a^1_{\cdot 3}a^2_{\cdot 1}a^3_{\cdot 2}-a^1_{\cdot 1}a^2_{\cdot 3}a^3_{\cdot 2}-a^1_{\cdot 2}a^2_{\cdot 1}a^3_{\cdot 3}-a^1_{\cdot 3}a^2_{\cdot 2}a^3_{\cdot 1}$$

$$=a^1_{\cdot i}a^2_{\cdot j}a^3_{\cdot k}e^{ijk}=a^i_{\cdot 1}a^j_{\cdot 2}a^k_{\cdot 3}e_{ijk}. \tag{1.80}$$

$$\boldsymbol{a}\times\boldsymbol{b}=\begin{vmatrix}\boldsymbol{e}_1 & \boldsymbol{e}_2 & \boldsymbol{e}_3\\ a_1 & a_2 & a_3\\ b_1 & b_2 & b_3\end{vmatrix}=(a_2b_3-a_3b_2)\boldsymbol{e}_1+(a_3b_1-a_1b_3)\boldsymbol{e}_2+(a_1b_2-a_2b_1)\boldsymbol{e}_3$$

$$=e^{ijk}a_ib_j\boldsymbol{e}_k. \tag{1.81}$$

当坐标系的协变基矢 $\boldsymbol{g}_1$,$\boldsymbol{g}_2$,$\boldsymbol{g}_3$ 构成右手螺旋系时,以这三个基矢构成的平行六面体的体积为正数,记为$\sqrt{g}$,即

$$\boldsymbol{g}_1\cdot(\boldsymbol{g}_2\times\boldsymbol{g}_3)=\sqrt{g}.$$

同样地,当逆变基矢 $\boldsymbol{g}^1$,$\boldsymbol{g}^2$,$\boldsymbol{g}^3$ 构成右手螺旋系时,这三个逆变基矢的混合积等于

$1/\sqrt{g}$,即

$$\boldsymbol{g}^1\cdot(\boldsymbol{g}^2\times\boldsymbol{g}^3)=\frac{1}{\sqrt{g}}.$$

数值 g 由式(1.44)和式(1.52)计算.

根据混合积的性质,有

$$\begin{aligned}\sqrt{g}&=\boldsymbol{g}_1\cdot(\boldsymbol{g}_2\times\boldsymbol{g}_3)=\boldsymbol{g}_2\cdot(\boldsymbol{g}_3\times\boldsymbol{g}_1)=\boldsymbol{g}_3\cdot(\boldsymbol{g}_1\times\boldsymbol{g}_2)\\&=-\boldsymbol{g}_1\cdot(\boldsymbol{g}_3\times\boldsymbol{g}_2)=-\boldsymbol{g}_2\cdot(\boldsymbol{g}_1\times\boldsymbol{g}_3)=-\boldsymbol{g}_3\cdot(\boldsymbol{g}_2\times\boldsymbol{g}_1),\\\frac{1}{\sqrt{g}}&=\boldsymbol{g}^1\cdot(\boldsymbol{g}^2\times\boldsymbol{g}^3)=\boldsymbol{g}^2\cdot(\boldsymbol{g}^3\times\boldsymbol{g}^1)=\boldsymbol{g}^3\cdot(\boldsymbol{g}^1\times\boldsymbol{g}^2)\\&=-\boldsymbol{g}^1\cdot(\boldsymbol{g}^3\times\boldsymbol{g}^2)=-\boldsymbol{g}^2\cdot(\boldsymbol{g}^1\times\boldsymbol{g}^3)=-\boldsymbol{g}^3\cdot(\boldsymbol{g}^2\times\boldsymbol{g}^1).\end{aligned}$$

用置换符号表示,则有

$$\boldsymbol{g}_i\cdot(\boldsymbol{g}_j\times\boldsymbol{g}_k)=\sqrt{g}e_{ijk},\quad \boldsymbol{g}^i\cdot(\boldsymbol{g}^j\times\boldsymbol{g}^k)=\frac{1}{\sqrt{g}}e^{ijk}.$$

令

$$\varepsilon_{ijk}=\boldsymbol{g}_i\cdot(\boldsymbol{g}_j\times\boldsymbol{g}_k)=\sqrt{g}e_{ijk},\quad \varepsilon^{ijk}=\boldsymbol{g}^i\cdot(\boldsymbol{g}^j\times\boldsymbol{g}^k)=\frac{1}{\sqrt{g}}e^{ijk}.\tag{1.82}$$

可以证明,ε_{ijk} 和 ε^{ijk} 是三阶张量的协变分量和逆变分量,这是因为

$$\begin{aligned}\varepsilon_{i'j'k'}&=\boldsymbol{g}_{i'}\cdot(\boldsymbol{g}_{j'}\times\boldsymbol{g}_{k'})=\beta^r_{i'}\boldsymbol{g}_r\cdot(\beta^s_{j'}\boldsymbol{g}_s\times\beta^t_{k'}\boldsymbol{g}_t)=\beta^r_{i'}\beta^s_{j'}\beta^t_{k'}\varepsilon_{rst},\\\varepsilon^{i'j'k'}&=\boldsymbol{g}^{i'}\cdot(\boldsymbol{g}^{j'}\times\boldsymbol{g}^{k'})=\beta^{i'}_r\boldsymbol{g}^r\cdot(\beta^{j'}_s\boldsymbol{g}^s\times\beta^{k'}_t\boldsymbol{g}^t)=\beta^{i'}_r\beta^{j'}_s\beta^{k'}_t\varepsilon^{rst}.\end{aligned}$$

可见 ε_{ijk} 和 ε^{ijk} 确实是张量分量.将分量配上并基矢,就得到用实体表示的张量.

$$\boldsymbol{\varepsilon}=\varepsilon_{ijk}\boldsymbol{g}^i\boldsymbol{g}^j\boldsymbol{g}^k=\varepsilon^{ijk}\boldsymbol{g}_i\boldsymbol{g}_j\boldsymbol{g}_k,\tag{1.83}$$

称为置换张量,或称 Eddington 张量.通常不使用置换张量的混变分量.

置换张量也满足指标升降关系.

$$\varepsilon_{ijk}=\boldsymbol{g}_i\cdot(\boldsymbol{g}_j\times\boldsymbol{g}_k)=g_{ir}\boldsymbol{g}^r\cdot(g_{js}\boldsymbol{g}^s\times g_{kt}\boldsymbol{g}^t)=g_{ir}g_{js}g_{kt}\varepsilon^{rst}.$$

用置换张量表示基矢的叉乘非常方便.

式(1.46)给定了逆变基矢的计算式,即

$$\boldsymbol{g}^1=\frac{\boldsymbol{g}_2\times\boldsymbol{g}_3}{\boldsymbol{g}_1\cdot(\boldsymbol{g}_2\times\boldsymbol{g}_3)},\quad \boldsymbol{g}^2=\frac{\boldsymbol{g}_3\times\boldsymbol{g}_1}{\boldsymbol{g}_2\cdot(\boldsymbol{g}_3\times\boldsymbol{g}_1)},\quad \boldsymbol{g}^3=\frac{\boldsymbol{g}_1\times\boldsymbol{g}_2}{\boldsymbol{g}_3\cdot(\boldsymbol{g}_1\times\boldsymbol{g}_2)}.$$

用置换张量表示,则有

$$\boldsymbol{g}_1\times\boldsymbol{g}_2=\varepsilon_{312}\boldsymbol{g}^3,\quad \boldsymbol{g}_2\times\boldsymbol{g}_3=\varepsilon_{123}\boldsymbol{g}^1,\quad \boldsymbol{g}_3\times\boldsymbol{g}_1=\varepsilon_{231}\boldsymbol{g}^2.$$

这三个式可用通式表示为

$$\boldsymbol{g}_i\times\boldsymbol{g}_j=\varepsilon_{kij}\boldsymbol{g}^k=\varepsilon_{ijk}\boldsymbol{g}^k.\tag{1.84a}$$

同样地,

$$\boldsymbol{g}^i\times\boldsymbol{g}^j=\varepsilon^{kij}\boldsymbol{g}_k=\varepsilon^{ijk}\boldsymbol{g}_k.\tag{1.84b}$$

这是因为 $\boldsymbol{g}^i\times\boldsymbol{g}^j$ 是一个矢量,将此矢量在协变基矢上分解,得到

$$\boldsymbol{g}^i\times\boldsymbol{g}^j=[(\boldsymbol{g}^i\times\boldsymbol{g}^j)\cdot\boldsymbol{g}^k]\boldsymbol{g}_k=[\boldsymbol{g}^k\cdot(\boldsymbol{g}^i\times\boldsymbol{g}^j)]\boldsymbol{g}_k=\varepsilon^{kij}\boldsymbol{g}_k.$$

下面介绍置换张量与广义克罗内克尔符号的关系.

三阶广义克罗内克尔符号的定义是 δ^i_j 的 3×3 行列式:

$$\delta^{ijk}_{rst}=\delta^i_r\delta^j_s\delta^k_t+\delta^i_s\delta^j_t\delta^k_r+\delta^i_t\delta^j_r\delta^k_s-\delta^i_r\delta^j_t\delta^k_s-\delta^i_s\delta^j_r\delta^k_t-\delta^i_t\delta^j_s\delta^k_r$$

$$=\begin{vmatrix}\delta^i_r & \delta^i_s & \delta^i_t\\ \delta^j_r & \delta^j_s & \delta^j_t\\ \delta^k_r & \delta^k_s & \delta^k_t\end{vmatrix}. \tag{1.85}$$

二阶广义克罗内克尔符号的定义是 δ^i_j 的 2×2 行列式:

$$\delta^{ij}_{rs}=\delta^i_r\delta^j_s-\delta^i_s\delta^j_r=\begin{vmatrix}\delta^i_r & \delta^i_s\\ \delta^j_r & \delta^j_s\end{vmatrix}.$$

由 ε^{ijk} 和 ε_{ijk} 的定义式(1.82),以及混合积公式(1.13),则有

$$\varepsilon^{ijk}\varepsilon_{rst}=[\boldsymbol{g}^i\cdot(\boldsymbol{g}^j\times\boldsymbol{g}^k)][\boldsymbol{g}_r\cdot(\boldsymbol{g}_s\times\boldsymbol{g}_t)]=\begin{vmatrix}\boldsymbol{g}^i\cdot\boldsymbol{g}_r & \boldsymbol{g}^i\cdot\boldsymbol{g}_s & \boldsymbol{g}^i\cdot\boldsymbol{g}_t\\ \boldsymbol{g}^j\cdot\boldsymbol{g}_r & \boldsymbol{g}^j\cdot\boldsymbol{g}_s & \boldsymbol{g}^j\cdot\boldsymbol{g}_t\\ \boldsymbol{g}^k\cdot\boldsymbol{g}_r & \boldsymbol{g}^k\cdot\boldsymbol{g}_s & \boldsymbol{g}^k\cdot\boldsymbol{g}_t\end{vmatrix}$$

$$=\begin{vmatrix}\delta^i_r & \delta^i_s & \delta^i_t\\ \delta^j_r & \delta^j_s & \delta^j_t\\ \delta^k_r & \delta^k_s & \delta^k_t\end{vmatrix},$$

即

$$\varepsilon^{ijk}\varepsilon_{rst}=\delta^{ijk}_{rst}. \tag{1.86a}$$

ε^{ijk} 和 ε_{rst} 都是三阶张量,于是 δ^{ijk}_{rst} 是六阶张量,准确的写法应该是 $\delta^{ijk}_{\cdots rst}$. 式(1.86a)称为三维的 ε-δ 恒等式.

将六阶 δ 张量进行一次缩并,得到二维的 ε-δ 恒等式:

$$\varepsilon^{ijm}\varepsilon_{rsm}=\delta^{ij}_{rs}. \tag{1.86b}$$

证明如下:

$$\varepsilon^{ijm}\varepsilon_{rsm}=\delta^i_r\delta^j_s\delta^m_m+\delta^i_s\delta^j_m\delta^m_r+\delta^i_m\delta^j_r\delta^m_s-\delta^i_r\delta^j_m\delta^m_s-\delta^i_s\delta^j_r\delta^m_m-\delta^i_m\delta^j_s\delta^m_r.$$

注意到

$$\delta^i_m\delta^m_s=\delta^i_1\delta^1_s+\delta^i_2\delta^2_s+\delta^i_3\delta^3_s=\delta^i_s,$$

$$\delta^m_m=\delta^1_1+\delta^2_2+\delta^3_3=3,$$

则得到式(1.86b).

利用 ε_{ijk} 和 ε^{ijk} 的定义及 ε-δ 恒等式,矢量叉乘的运算变得很简捷. 下面用 4 个算例或公式加以说明.

(1) $\boldsymbol{a}\times\boldsymbol{b}=a^i\boldsymbol{g}_i\times b^j\boldsymbol{g}_j=a^ib^j\varepsilon_{ijk}\boldsymbol{g}^k=\sqrt{g}a^ib^je_{ijk}\boldsymbol{g}^k=\sqrt{g}\begin{vmatrix}\boldsymbol{g}^1 & \boldsymbol{g}^2 & \boldsymbol{g}^3\\ a^1 & a^2 & a^3\\ b^1 & b^2 & b^3\end{vmatrix}.$

(2) $\boldsymbol{a}\times\boldsymbol{b}=\boldsymbol{ab}:\boldsymbol{\varepsilon}=\boldsymbol{\varepsilon}:\boldsymbol{ab}$.

证明　$\boldsymbol{ab}:\boldsymbol{\varepsilon}=a^ib^j\boldsymbol{g}_i\boldsymbol{g}_j:\varepsilon_{rst}\boldsymbol{g}^r\boldsymbol{g}^s\boldsymbol{g}^t=a^ib^j\varepsilon_{ijt}\boldsymbol{g}^t=a^ib^j\boldsymbol{g}_i\times\boldsymbol{g}_j=\boldsymbol{a}\times\boldsymbol{b}$,

$$\boldsymbol{\varepsilon}:\boldsymbol{ab}=\varepsilon^{ijk}\boldsymbol{g}_i\boldsymbol{g}_j\boldsymbol{g}_k:a_rb_s\boldsymbol{g}^r\boldsymbol{g}^s=\varepsilon^{ijk}\boldsymbol{g}_ia_jb_k=\boldsymbol{g}^j\times\boldsymbol{g}^ka_jb_k=\boldsymbol{a}\times\boldsymbol{b}.$$

(3) $\boldsymbol{a}\cdot(\boldsymbol{b}\times\boldsymbol{c})=\boldsymbol{b}\cdot(\boldsymbol{c}\times\boldsymbol{a})=\boldsymbol{c}\cdot(\boldsymbol{a}\times\boldsymbol{b})$.

证明　$\boldsymbol{g}_i\cdot(\boldsymbol{g}_j\times\boldsymbol{g}_k)=\boldsymbol{g}_j\cdot(\boldsymbol{g}_k\times\boldsymbol{g}_i)=\boldsymbol{g}_k\cdot(\boldsymbol{g}_i\times\boldsymbol{g}_j)$,

$$\varepsilon_{ijk}=\varepsilon_{jki}=\varepsilon_{kij},$$

$$\boldsymbol{a}\cdot(\boldsymbol{b}\times\boldsymbol{c})=a^ib^jc^k\boldsymbol{g}_i\cdot(\boldsymbol{g}_j\times\boldsymbol{g}_k)=a^ib^jc^k\varepsilon_{ijk}=a^kb^ic^j\varepsilon_{kij}=a^jb^kc^i\varepsilon_{jki}=b^ic^ja^k\varepsilon_{ijk}$$
$$=c^ia^jb^k\varepsilon_{ijk}=\boldsymbol{b}\cdot(\boldsymbol{c}\times\boldsymbol{a})=\boldsymbol{c}\cdot(\boldsymbol{a}\times\boldsymbol{b}).$$

(4) $\boldsymbol{a}\times(\boldsymbol{b}\times\boldsymbol{c})=(\boldsymbol{a}\cdot\boldsymbol{c})\boldsymbol{b}-(\boldsymbol{a}\cdot\boldsymbol{b})\boldsymbol{c}$.

证明　$\boldsymbol{a}\times(\boldsymbol{b}\times\boldsymbol{c})=\boldsymbol{a}\times(b^j\boldsymbol{g}_j\times c^k\boldsymbol{g}_k)=a_i\boldsymbol{g}^i\times(b^jc^k\varepsilon_{jkt}\boldsymbol{g}^t)=a_ib^jc^k\varepsilon_{jkt}\varepsilon^{its}\boldsymbol{g}_s$

$$=a_ib^jc^k\delta^{tsi}_{tjk}\boldsymbol{g}_s=a_ib^jc^k(\delta^s_j\delta^i_k-\delta^s_k\delta^i_j)\boldsymbol{g}_s=a_kb^jc^k\boldsymbol{g}_j-a_jb^jc^k\boldsymbol{g}_k$$
$$=(\boldsymbol{a}\cdot\boldsymbol{c})\boldsymbol{b}-(\boldsymbol{a}\cdot\boldsymbol{b})\boldsymbol{c}.$$

至此，我们学习了一些张量的基础知识. 我们已经看到，张量的性质、运算特点都源于基矢. 现将基矢、张量的有关概念、性质、公式总结如下. 这些都属于本章小结，其内容对于初涉张量，不无裨益.

定义　基矢：　$\boldsymbol{g}_i=\dfrac{\partial\boldsymbol{r}}{\partial x^i}$，　$\boldsymbol{g}^i\cdot\boldsymbol{g}_j=\delta^i_j$；

张量：　$\boldsymbol{T}=T^i_{\cdot j}\boldsymbol{g}_i\boldsymbol{g}^j$.

指标升降　基矢：　$\boldsymbol{g}_i=g_{ij}\boldsymbol{g}^j$，　$\boldsymbol{g}^i=g^{ij}\boldsymbol{g}_j$；

张量：　$T^i_{\cdot j}=g^{im}T_{mj}$.

坐标变换　基矢：　$\boldsymbol{g}_{i'}=\beta^j_{i'}\boldsymbol{g}_j$，　$\boldsymbol{g}^{i'}=\beta^{i'}_j\boldsymbol{g}^j$；

张量：　$T^{i'}_{\cdot j'}=\beta^{i'}_m\beta^n_{j'}T^m_{\cdot n}$.

变换系数　$\beta^{i'}_j=\dfrac{\partial x^{i'}}{\partial x^j}$，　$\beta^i_{j'}=\dfrac{\partial x^i}{\partial x^{j'}}$，　$\beta^i_{m'}\beta^{m'}_j=\delta^i_j$，　$\beta^{i'}_m\beta^m_{j'}=\delta^{i'}_{j'}$.

度量张量　$\boldsymbol{G}=g^{ij}\boldsymbol{g}_i\boldsymbol{g}_j$，　$g^{ij}=\boldsymbol{g}^i\cdot\boldsymbol{g}^j$，　$g_{ij}=\boldsymbol{g}_i\cdot\boldsymbol{g}_j$，　$g^i_{\cdot j}=\boldsymbol{g}^i\cdot\boldsymbol{g}_j$，　$g^{im}g_{mj}=\delta^i_j$.

置换张量　$\varepsilon_{ijk}=\boldsymbol{g}_i\cdot(\boldsymbol{g}_j\times\boldsymbol{g}_k)$，　$\varepsilon^{ijk}=\boldsymbol{g}^i\cdot(\boldsymbol{g}^j\times\boldsymbol{g}^k)$，　$\boldsymbol{g}_i\times\boldsymbol{g}_j=\varepsilon_{ijk}\boldsymbol{g}^k$，　$\boldsymbol{g}^i\times\boldsymbol{g}^j=\varepsilon^{ijk}\boldsymbol{g}_k$.

例 1.8　求证：$\delta^i_r\delta^j_s-\delta^i_s\delta^j_r=\varepsilon^{ijm}\varepsilon_{rsm}$.

证明　$\delta^i_r\delta^j_s-\delta^i_s\delta^j_r=(\boldsymbol{g}^i\cdot\boldsymbol{g}_r)(\boldsymbol{g}^j\cdot\boldsymbol{g}_s)-(\boldsymbol{g}^i\cdot\boldsymbol{g}_s)(\boldsymbol{g}^j\cdot\boldsymbol{g}_r)$

$$=\boldsymbol{g}^i\cdot[(\boldsymbol{g}^j\cdot\boldsymbol{g}_s)\boldsymbol{g}_r-(\boldsymbol{g}^j\cdot\boldsymbol{g}_r)\boldsymbol{g}_s]=\boldsymbol{g}^i\cdot[\boldsymbol{g}^j\times(\boldsymbol{g}_r\times\boldsymbol{g}_s)]$$
$$=\boldsymbol{g}^i\cdot[\boldsymbol{g}^j\times\varepsilon_{rsm}\boldsymbol{g}^m]=\boldsymbol{g}^i\cdot\varepsilon_{rsm}\varepsilon^{jmn}\boldsymbol{g}_n=\varepsilon_{rsm}\varepsilon^{jmn}\delta^i_n=\varepsilon_{rsm}\varepsilon^{jmi}$$
$$=\varepsilon^{ijm}\varepsilon_{rsm}.$$

例 1.9　定义四阶转换张量 $\mathbf{A}$：

$$\mathbf{A}=\delta^{ij}_{rs}\boldsymbol{g}_i\boldsymbol{g}_j\boldsymbol{g}^r\boldsymbol{g}^s.$$

设 $\boldsymbol{B}$ 为任意二阶张量，求证：$A : B = B : A = (B^{ij} - B^{ji})\boldsymbol{g}_i\boldsymbol{g}_j$.

证明 $\boldsymbol{A} : \boldsymbol{B} = \delta^{ij}_{rs}\boldsymbol{g}_i\boldsymbol{g}_j\boldsymbol{g}^r\boldsymbol{g}^s : B^{mn}\boldsymbol{g}_m\boldsymbol{g}_n = \delta^{ij}_{rs}B^{rs}\boldsymbol{g}_i\boldsymbol{g}_j$

$$= (\delta^i_r\delta^j_s - \delta^i_s\delta^j_r)B^{rs}\boldsymbol{g}_i\boldsymbol{g}_j = (B^{ij} - B^{ji})\boldsymbol{g}_i\boldsymbol{g}_j.$$

例 1.10 $\boldsymbol{a},\boldsymbol{b},\boldsymbol{c}$ 是矢量，求证 $\boldsymbol{a}\times(\boldsymbol{b}\times\boldsymbol{c}) = \boldsymbol{a}(\boldsymbol{\varepsilon} : \boldsymbol{bc}) : \boldsymbol{\varepsilon}$.

证明 $\boldsymbol{\varepsilon} : \boldsymbol{bc} = \varepsilon_{ijk}\boldsymbol{g}^i\boldsymbol{g}^j\boldsymbol{g}^k : b^m c^n\boldsymbol{g}_m\boldsymbol{g}_n = b^j c^k\varepsilon_{ijk}\boldsymbol{g}^i$.

$$\boldsymbol{a}(\boldsymbol{\varepsilon} : \boldsymbol{bc}) : \boldsymbol{\varepsilon} = a_r\boldsymbol{g}^r b^j c^k\varepsilon_{ijk}\boldsymbol{g}^i : \varepsilon^{mnl}\boldsymbol{g}_m\boldsymbol{g}_n\boldsymbol{g}_l = a_r b^j c^k\varepsilon_{ijk}\varepsilon^{ril}\boldsymbol{g}_l$$

$$= a_r b^j c^k\varepsilon_{ijk}\boldsymbol{g}^r\times\boldsymbol{g}^i = \boldsymbol{a}\times(b^j c^k\varepsilon_{ijk}\boldsymbol{g}^i) = \boldsymbol{a}\times(\boldsymbol{b}\times\boldsymbol{c}).$$

习　题　1

1.1 已知 $\boldsymbol{a} = \boldsymbol{i} + 2\boldsymbol{j} + 3\boldsymbol{k}$，$\boldsymbol{b} = 4\boldsymbol{i} + \boldsymbol{j} + \boldsymbol{k}$，计算 $\boldsymbol{a}\cdot\boldsymbol{b}$，$\boldsymbol{a}\times\boldsymbol{b}$.

1.2 在直角坐标系中，三个点的坐标分别为 $A(2,4,1)$，$B(-2,3,2)$，$C(-1,-1,4)$. 求四面体 $OABC$ 的体积.

1.3 三个空间点的直角坐标分别是 $A(6,-4,4)$，$B(2,1,2)$，$C(3,-1,4)$，求点 A 到直线 BC 的距离.

1.4 点 A,B,C 在直角坐标系中的坐标分别为 $A(3,-2,-1)$，$B(1,3,4)$，$C(2,1,2)$，求点 A 到平面 OBC 的距离.

1.5 设 $\boldsymbol{r}_1 = 2\boldsymbol{i} - 3\boldsymbol{j} + 4\boldsymbol{k}$，$\boldsymbol{r}_2 = 3\boldsymbol{i} - \boldsymbol{j} + 2\boldsymbol{k}$，$\boldsymbol{r}_3 = \boldsymbol{i} + 3\boldsymbol{j} - \boldsymbol{k}$，求这三个矢量为棱边的六面体的体积.

1.6 证明下列矢量运算式.

(1) $(\boldsymbol{a}\times\boldsymbol{b})\cdot[(\boldsymbol{b}\times\boldsymbol{c})\times(\boldsymbol{c}\times\boldsymbol{a})] = [\boldsymbol{a}\cdot(\boldsymbol{b}\times\boldsymbol{c})]^2$；

(2) $(\boldsymbol{a}+\boldsymbol{b})\cdot[(\boldsymbol{b}+\boldsymbol{c})\times(\boldsymbol{c}+\boldsymbol{a})] = 2\boldsymbol{a}\cdot(\boldsymbol{b}\times\boldsymbol{c})$；

(3) $\boldsymbol{a}\times(\boldsymbol{b}\times\boldsymbol{c}) + \boldsymbol{b}\times(\boldsymbol{c}\times\boldsymbol{a}) + \boldsymbol{c}\times(\boldsymbol{a}\times\boldsymbol{b}) = 0$；

(4) $(\boldsymbol{a}\times\boldsymbol{b})\times(\boldsymbol{c}\times\boldsymbol{d}) = [\boldsymbol{a}\cdot(\boldsymbol{c}\times\boldsymbol{d})]\boldsymbol{b} - [\boldsymbol{b}\cdot(\boldsymbol{c}\times\boldsymbol{d})]\boldsymbol{a}$；

(5) $(\boldsymbol{a}\times\boldsymbol{b})\cdot(\boldsymbol{c}\times\boldsymbol{d}) = (\boldsymbol{a}\cdot\boldsymbol{c})(\boldsymbol{b}\cdot\boldsymbol{d}) - (\boldsymbol{a}\cdot\boldsymbol{d})(\boldsymbol{b}\cdot\boldsymbol{c})$；

(6) $\boldsymbol{\nabla}\times(\boldsymbol{u}\times\boldsymbol{v}) = (\boldsymbol{v}\cdot\boldsymbol{\nabla})\boldsymbol{u} - (\boldsymbol{u}\cdot\boldsymbol{\nabla})\boldsymbol{v} + (\boldsymbol{\nabla}\cdot\boldsymbol{v})\boldsymbol{u} - (\boldsymbol{\nabla}\cdot\boldsymbol{u})\boldsymbol{v}$；

(7) $\boldsymbol{\nabla}\cdot[\boldsymbol{a}\times(\boldsymbol{b}\times\boldsymbol{c})] = (\boldsymbol{b}\times\boldsymbol{c})\cdot(\boldsymbol{\nabla}\times\boldsymbol{a}) + (\boldsymbol{a}\cdot\boldsymbol{c})\boldsymbol{\nabla}\cdot\boldsymbol{b} - (\boldsymbol{a}\cdot\boldsymbol{b})\boldsymbol{\nabla}\cdot\boldsymbol{c} + \boldsymbol{a}\cdot[(\boldsymbol{b}\cdot\boldsymbol{\nabla})\boldsymbol{c}] - \boldsymbol{a}\cdot[(\boldsymbol{c}\cdot\boldsymbol{\nabla})\boldsymbol{b}]$.

1.7 已知斜坐标系的基矢 $\boldsymbol{g}_1 = 2\boldsymbol{i} + \boldsymbol{k}$，$\boldsymbol{g}_2 = \boldsymbol{i} + 2\boldsymbol{j} + 2\boldsymbol{k}$，$\boldsymbol{g}_3 = \boldsymbol{i} + \boldsymbol{j} + \boldsymbol{k}$，其中 $\boldsymbol{i},\boldsymbol{j},\boldsymbol{k}$ 是直角坐标矢量. 试求 $\boldsymbol{g}^1,\boldsymbol{g}^2,\boldsymbol{g}^3$ 和 g^{ij}.

1.8 已知斜坐标 x^1,x^2,x^3 与直角坐标 x,y,z 的关系为 $x^1 = x + 2y - z$，$x^2 = 2x + y + 3z$，$x^3 = x + y + z$，求斜坐标系的基矢 $\boldsymbol{g}_i$ 和 $\boldsymbol{g}^i$.

1.9 已知斜坐标 x^1,x^2,x^3 与直角坐标的关系为

$$x^1 = x + z, \quad x^2 = z, \quad x^3 = -\frac{1}{2}y.$$

(1) 求斜坐标系的度量张量 g_{ij} 和 g^{ij}；

(2) 已知矢量 $\boldsymbol{a}$ 在斜坐标系中的协变分量为 $a_1=1, a_2=2, a_3=3$，试求逆变分量 a^1, a^2, a^3.

1.10　已知平面曲线坐标 ζ,η 与直角坐标 x,y 的关系为

$$x=\frac{1}{2}(\zeta^2-\eta^2),\quad y=\zeta\eta.$$

试求曲线坐标系的基矢 $\boldsymbol{g}_i$ 和 $\boldsymbol{g}^i$.

1.11　试求球坐标 r,θ,φ 与直角坐标 x,y,z 的坐标转换系数 $\beta^{i}_{j'}$ 和 $\beta^{i'}_{j}$(参见图1.10(b)).

1.12　试求圆柱坐标 $x^1=\rho, x^2=\theta, x^3=z$ 与球坐标 $x^{1'}=r, x^{2'}=\Theta, x^{3'}=\varphi$ 的坐标变换系数 $\beta^{i'}_{j}$ 和 $\beta^{i}_{j'}$(参见图 1.10(a)).

1.13　斜直线坐标系的基矢 $\boldsymbol{g}_1,\boldsymbol{g}_2,\boldsymbol{g}_3$ 与直角坐标系的坐标矢量的关系为

$$\boldsymbol{g}_1=\boldsymbol{i}+2\boldsymbol{j}+\boldsymbol{k},\quad \boldsymbol{g}_2=\boldsymbol{j}+2\boldsymbol{k},\quad \boldsymbol{g}_3=\boldsymbol{i}-\boldsymbol{j}+2\boldsymbol{k},$$

矢量 $\boldsymbol{F}$ 和 $\boldsymbol{u}$ 在斜坐标系的逆变分量分别为 $(F^1,F^2,F^3)=(2,3,1)$，$(u^1,u^2,u^3)=(1,-2,1)$.

(1) 求斜坐标系的度量张量 g_{ij} 和 g^{ij}；

(2) 求点积 $\boldsymbol{F}\cdot\boldsymbol{u}$.

1.14　设集合 $P_{(i,j)}$ 有 9 个分量，$\boldsymbol{F}$ 为矢量，$\boldsymbol{u}$ 为任意矢量，在任何坐标中，恒有 $F^i=P_{(i,j)}u_j$，求证 $P_{(i,j)}$ 是二阶张量.

1.15　设有矢量 $\boldsymbol{u}=u_i\boldsymbol{g}^i$，证明 $T_{ij}=\dfrac{\partial u_i}{\partial x^j}-\dfrac{\partial u_j}{\partial x^i}$ 是二阶张量.

1.16　已知 $\boldsymbol{S}$ 为二阶对称张量，$\boldsymbol{\Omega}$ 为二阶反对称张量，$\boldsymbol{u},\boldsymbol{v}$ 为任意矢量，求证：

(1) $\boldsymbol{u}\cdot\boldsymbol{S}=\boldsymbol{S}\cdot\boldsymbol{u}$，$\boldsymbol{u}\cdot\boldsymbol{S}\cdot\boldsymbol{v}=\boldsymbol{v}\cdot\boldsymbol{S}\cdot\boldsymbol{u}$；

(2) $\boldsymbol{u}\cdot\Omega=-\Omega\cdot\boldsymbol{u}$，$\boldsymbol{u}\cdot\boldsymbol{\Omega}\cdot\boldsymbol{v}=-\boldsymbol{v}\cdot\boldsymbol{\Omega}\cdot\boldsymbol{u}$.

1.17　$\boldsymbol{A},\boldsymbol{B}$ 为二阶张量，A^* 和 B^* 为它们的转置张量，求证：

(1) $(\boldsymbol{A}\cdot\boldsymbol{B})^*=B^*\cdot A^*$；

(2) $\boldsymbol{A}:\boldsymbol{B}=A^*:B^*=B^*:A^*$.

1.18　$\boldsymbol{\varepsilon}$ 为置换张量，$\boldsymbol{S}$ 为二阶对称张量，求证：$\boldsymbol{\varepsilon}:\boldsymbol{S}=0$.

1.19　$\boldsymbol{\varepsilon}$ 为置换张量，$\boldsymbol{u},\boldsymbol{v},\boldsymbol{w}$ 为矢量，求证：

(1) $\boldsymbol{u}\cdot\boldsymbol{\varepsilon}\cdot\boldsymbol{v}=\boldsymbol{v}\times\boldsymbol{u}$；

(2) $\boldsymbol{u}\cdot\boldsymbol{\varepsilon}\cdot\boldsymbol{v}+\boldsymbol{v}\cdot\boldsymbol{\varepsilon}\cdot\boldsymbol{u}=0$；

(3) $\boldsymbol{uv}:(\boldsymbol{\varepsilon}\cdot\boldsymbol{w})=\boldsymbol{u}\cdot(\boldsymbol{v}\times\boldsymbol{w})$.

第2章　二阶张量

常见的张量，如应力张量、应变张量、度量张量都是二阶张量. 在各类张量中，二阶张量最先得到研究，二阶张量的研究最成熟. 张量的许多特性，如对称性、反对称性、张量的主值和主方向在二阶张量中体现得最充分. 二阶张量与力学现象、物理现象有直接关联，因而二阶张量最有研究价值.

本章研究二阶张量的特性.

2.1　二阶张量的描述

本节介绍对于二阶张量基本属性的描述，或者说，二阶张量的定义. 下面我们从坐标变换、实体记法、线性变换、矩阵及行列式等几方面描述二阶张量的特性.

2.1.1　二阶张量的定义

二阶张量 $\boldsymbol{T}$ 的定义有如下两种表达方式.

定义1　二阶张量有9个独立的分量，其中任一种分量，例如，混变分量满足坐标变换式

$$T^{i'}_{\cdot j'}=\beta^{i'}_{m}\beta^{n}_{j'}T^{m}_{\cdot n},$$

式中，$\beta^{i'}_{m}$ 是逆变坐标变换系数，$\beta^{n}_{j'}$ 是协变坐标变换系数，它们都是两个坐标变量之间的雅可比导数. 也就是说，满足这种坐标变换式的张量是二阶张量.

定义2　如果张量 $\boldsymbol{T}$ 可以表示为二重并基矢的线性组合(其系数就是张量分量)

$$\boldsymbol{T}=T^{i}_{\cdot j}\boldsymbol{g}_{i}\boldsymbol{g}^{j},$$

则该张量为二阶张量.

以上两种定义是等价的.

2.1.2　二阶张量与线性变换

如果张量 $\boldsymbol{T}$ 与矢量 $\boldsymbol{u}$ 的点积仍为矢量，记作 $\tilde{\boldsymbol{u}}$，则 $\boldsymbol{T}$ 必定是二阶张量.

矢量 $\tilde{\boldsymbol{u}}$ 与 $\boldsymbol{u}$ 相比较，长度、方向都发生了变化. 我们称 $\tilde{\boldsymbol{u}}$ 是 $\boldsymbol{u}$ 关于 $\boldsymbol{T}$ 的线性变换. $\boldsymbol{u}$ 称为线性变换的原，$\tilde{\boldsymbol{u}}$ 称为线性变换的象.

容易验证，

$$\boldsymbol{T}\cdot\boldsymbol{u}=\boldsymbol{u}\cdot\boldsymbol{T}^{*}.$$

这是因为

$$\boldsymbol{u}\cdot\boldsymbol{T}^{*}=u^{i}\boldsymbol{g}_{i}\cdot T^{*}{}_{mn}\boldsymbol{g}^{m}\boldsymbol{g}^{n}=u^{i}T^{*}{}_{in}\boldsymbol{g}^{n}=T_{ni}u^{i}\boldsymbol{g}^{n}=T_{nm}\boldsymbol{g}^{n}\boldsymbol{g}^{m}\cdot u^{i}\boldsymbol{g}_{i}=\boldsymbol{T}\cdot\boldsymbol{u}.$$

经过线性变换后得到的矢量 $\tilde{\boldsymbol{u}}$ 的模为

$$|\tilde{\boldsymbol{u}}|^{2}=\tilde{\boldsymbol{u}}\cdot\tilde{\boldsymbol{u}}=(\boldsymbol{T}\cdot\boldsymbol{u})\cdot(\boldsymbol{T}\cdot\boldsymbol{u})=\boldsymbol{u}\cdot(\boldsymbol{T}^{*}\cdot\boldsymbol{T})\cdot\boldsymbol{u}.$$

这是因为

$$\begin{aligned}\tilde{\boldsymbol{u}}\cdot\tilde{\boldsymbol{u}}&=(\boldsymbol{T}\cdot\boldsymbol{u})\cdot(\boldsymbol{T}\cdot\boldsymbol{u})=T^{rs}u_{s}\boldsymbol{g}_{r}\cdot T_{mn}u^{n}\boldsymbol{g}^{m}=T^{rs}u_{s}T_{rn}u^{n}=u_{s}T^{*sr}T_{rn}u^{n}\\&=u_{i}\boldsymbol{g}^{i}\cdot(T^{*sr}\boldsymbol{g}_{s}\boldsymbol{g}_{r}\cdot T_{mn}\boldsymbol{g}^{m}\boldsymbol{g}^{n})\cdot u^{j}\boldsymbol{g}_{j}\\&=\boldsymbol{u}\cdot(\boldsymbol{T}^{*}\cdot\boldsymbol{T})\cdot\boldsymbol{u}.\end{aligned}$$

2.1.3　二阶张量的转置

二阶张量只有两个指标，转置运算无需指明转置的指标对. 转置运算的表达式为

$$\begin{aligned}\boldsymbol{T}^{*}&=T^{*i}{}_{\cdot j}\boldsymbol{g}_{i}\boldsymbol{g}^{j}=T^{*ij}\boldsymbol{g}_{i}\boldsymbol{g}_{j}=T^{*}{}_{ij}\boldsymbol{g}^{i}\boldsymbol{g}^{j}\\&=T_{j}{}^{\cdot i}\boldsymbol{g}_{i}\boldsymbol{g}^{j}=T^{ji}\boldsymbol{g}_{i}\boldsymbol{g}_{j}=T_{ji}\boldsymbol{g}^{i}\boldsymbol{g}^{j}.\end{aligned}$$

二阶张量的转置具有下列性质：

$$(\boldsymbol{S}+\boldsymbol{T})^{*}=\boldsymbol{S}^{*}+\boldsymbol{T}^{*},$$

$$(\boldsymbol{S}\cdot\boldsymbol{T})^{*}=\boldsymbol{T}^{*}\cdot\boldsymbol{S}^{*}.$$

2.1.4　二阶张量的行列式

矩阵的元素含有指标. 但是，一般矩阵的元素不是张量的分量，不满足坐标变换关系.

如果用二阶张量的分量作为矩阵元素，就可以得到 3×3 矩阵. 二阶张量有 4 种分量：两种混变、一种逆变、一种协变. 对应的矩阵也有 4 种. 每种 3×3 矩阵对应于一个行列式，于是，一个二阶张量也有 4 个行列式，分别记作：

$$(\det\boldsymbol{T})_{1}=\det(T^{i}{}_{\cdot j})=\begin{vmatrix}T^{1}{}_{\cdot 1}&T^{1}{}_{\cdot 2}&T^{1}{}_{\cdot 3}\\T^{2}{}_{\cdot 1}&T^{2}{}_{\cdot 2}&T^{2}{}_{\cdot 3}\\T^{3}{}_{\cdot 1}&T^{3}{}_{\cdot 2}&T^{3}{}_{\cdot 3}\end{vmatrix},$$

$$(\det\boldsymbol{T})_{2}=\det(T_{i}{}^{\cdot j})=\begin{vmatrix}T_{1}{}^{\cdot 1}&T_{1}{}^{\cdot 2}&T_{1}{}^{\cdot 3}\\T_{2}{}^{\cdot 1}&T_{2}{}^{\cdot 2}&T_{2}{}^{\cdot 3}\\T_{3}{}^{\cdot 1}&T_{3}{}^{\cdot 2}&T_{3}{}^{\cdot 3}\end{vmatrix},$$

$$(\det\boldsymbol{T})_{3}=\det(T^{ij})=\begin{vmatrix}T^{11}&T^{12}&T^{13}\\T^{21}&T^{22}&T^{23}\\T^{31}&T^{32}&T^{33}\end{vmatrix},$$

$$(\det\boldsymbol{T})_4=\det(T_{ij})=\begin{vmatrix} T_{11} & T_{12} & T_{13} \\ T_{21} & T_{22} & T_{23} \\ T_{31} & T_{32} & T_{33} \end{vmatrix}.$$

由于有指标升降关系，

$$T_{ij}=g_{im}T^{m}_{\cdot j}=T_{i}^{\cdot m}g_{mj}=g_{im}T^{mn}g_{nj},$$

因而有下列的矩阵关系：

$$[T_{ij}]=[g_{im}][T^{m}_{\cdot j}]=[T_{i}^{\cdot m}][g_{mj}]=[g_{im}][T^{mn}][g_{nj}].$$

度量张量的行列式为 g，即 $\det(g_{ij})=g$，因而

$$\det(T_{ij})=g\det(T^{i}_{\cdot j})=g\det(T_{i}^{\cdot j})=g^2\det(T^{ij}).$$

在直角坐标系中，$g=1$，这四种行列式的值相等. 但在一般坐标系中，这四种行列式不相等.

2.2 应力张量

应力张量是人们研究得最早的一种张量.

物体受到的外力有两种，一种是某种力场作用在物体上的力，这种力的大小与物体的质量成正比，称为质量力，例如重力. 单位质量的物体受到的力场作用力称为单位质量力，用 $\boldsymbol{f}$ 表示. 重力场的单位质量力的大小等于重力加速度 g. 另一种是表面力，是周围的介质（固体、液体、气体）通过表面施加给物体的力. 单位面积上的表面力称为应力.

空间中某点的表面力分布情况用点的应力状态来描述. 所谓点的应力状态，就是点的微分体的六个坐标微分面的应力.

点的微分体有六个微分面，每个微分面上受到的表面力可以投影到 3 个坐标方向，因而表面应力用两个指标 P^{ij} 表示，其中 P 表示某个坐标微分面的表面应力的大小值. 现在以直角坐标系为例说明应力指标的含义.

设直角坐标 x^1,x^2,x^3 的坐标单位矢量为 $\boldsymbol{e}_1,\boldsymbol{e}_2,\boldsymbol{e}_3$. 在空间某点的邻域取一个边长分别为 $\mathrm{d}x^1,\mathrm{d}x^2,\mathrm{d}x^3$ 的微分体. 微分体的六个表面都有应力作用. 图 2.1 是这个六面体的正视图，其中的边长 $\mathrm{d}x^3$ 垂直于纸面. 图中画出了四个表面的应力.

应力用 P^{ij} 表示. 其中，第 1 个指标 i 表示应力作用面的外法线与 x^i 轴平行. 例如，图 2.1 中左、右两个侧面的外法线与 x^1 轴平行，这两个侧面上的应力的第 1 个指标都是 1. 上、下两个面的外法线与 x^2 轴平行，这两个面上的应力的第 1 个指标是 2. 应力 P^{ij} 的第 2 个指标 j 表示应力的方向. 应力的正方向是这样规定的：如果应力作用面的外法线方向为坐标轴 x^i 的正方向，则应力 P^{ij} 的正方向就规定为坐标轴 x^j 的正方向. 反之，如果应力作用面的外法线方向指向 x^i 轴的负方向，则应力 P^{ij} 的正方

向规定为坐标轴 x^j 的负方向. 应力图标示应力的正方向. 图 2.1 的右侧面,其外法线指向 x^1 轴的正向,于是 P^{11} 和 P^{12} 都指向坐标轴的正方向. 在右侧面上还有一个应力 P^{13} 没有标示出来,P^{13} 指向坐标轴 x^3 的正方向. 图 2.1 的左侧面,其外法线指向 x^1 轴的负向,P^{11} 和 P^{12} 都标示为坐标轴的负方向. 该面的应力 P^{13} 也没有标示出来.

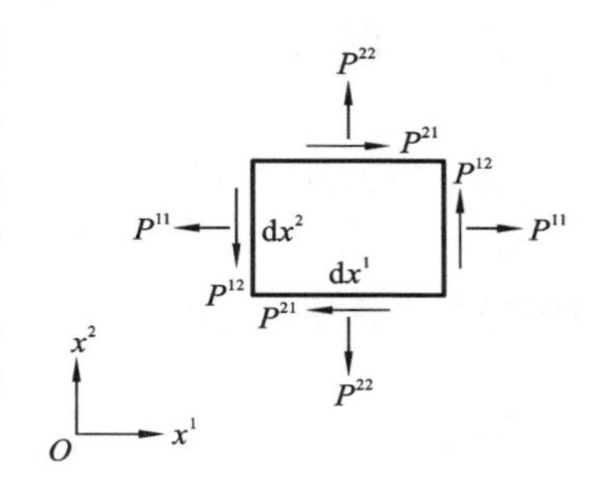

图 2.1　应力

空间点的应力用微元体六个坐标微元面的应力来描述. 六个面共有 9 种类型的应力. 将这 9 种应力用矩阵表示,则有

$$[P^{ij}]=\begin{bmatrix}P^{11} & P^{12} & P^{13}\\ P^{21} & P^{22} & P^{23}\\ P^{31} & P^{32} & P^{33}\end{bmatrix}. \tag{2.1}$$

式(2.1)称为点的应力状态.

已知应力 P^{ij},就可以计算任一斜面上的应力. 方法如下:

图 2.2 所示的微元体是五面体. 三条棱边分别为 dx^1,dx^2 和 dx^3,其中 dx^3 垂直于纸面,斜面为 dS. 斜面上外法线单位矢量为 $\boldsymbol{n}$,$\boldsymbol{n}$ 在 x^1 和 x^2 轴的投影值为 n^1 和 n^2,于是外法线矢量可表示为 $\boldsymbol{n}=n^1\boldsymbol{e}_1+n^2\boldsymbol{e}_2$.

为简单起见,仅考虑平面应力状态,即没有 x^3 方向的应力,P^{13},P^{23} 和 P^{33} 皆为零. 图 2.2 中的棱长 dx^3 为单位 1.

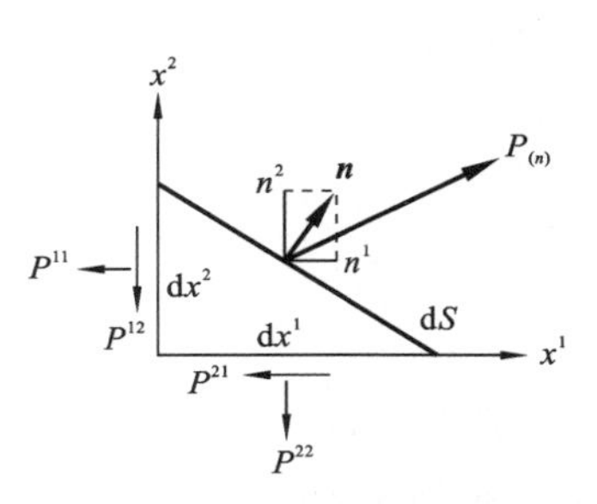

图 2.2　斜面上的应力

考虑微元体的受力平衡. 忽略质量力的影响,静力平衡方程为

$$\boldsymbol{P}_{(n)}dS-(P^{11}\boldsymbol{e}_1+P^{12}\boldsymbol{e}_2)dx^2-(P^{21}\boldsymbol{e}_1+P^{22}\boldsymbol{e}_2)dx^1=0.$$

考虑到

$$\frac{dx^1}{dS}=\cos(x^2,n)=n^2=\boldsymbol{n}\cdot\boldsymbol{e}^2=\boldsymbol{n}\cdot\boldsymbol{e}_2,$$

$$\frac{dx^2}{dS}=\cos(x^1,n)=n^1=\boldsymbol{n}\cdot\boldsymbol{e}^1=\boldsymbol{n}\cdot\boldsymbol{e}_1.$$

直角坐标系的基矢不分上、下标.

$$\boldsymbol{P}_{(n)}=\boldsymbol{n}\cdot(P^{11}\boldsymbol{e}_1\boldsymbol{e}_1+P^{12}\boldsymbol{e}_1\boldsymbol{e}_2+P^{21}\boldsymbol{e}_2\boldsymbol{e}_1+P^{22}\boldsymbol{e}_2\boldsymbol{e}_2)=\boldsymbol{n}\cdot\boldsymbol{P}.$$

式中,$\boldsymbol{P}=P^{ij}\boldsymbol{e}_i\boldsymbol{e}_j$ 称为应力张量.

应力具有对称性:$P^{ij}=P^{ji}$. 证明如下:

图 2.1 所示的微元体的表面力对左下角点的合力矩为零,

$$P^{12}dx^2dx^1-P^{21}dx^1dx^2=0,\quad P^{12}=P^{21}.$$

同理,$P^{23}=P^{32}$,$P^{31}=P^{13}$,于是有

$$P^{ij}=P^{ji}.$$

由于应力的对称性,斜面上的应力可以表示为

$$\boldsymbol{P}_{(n)}=\boldsymbol{n}\cdot P=P\cdot\boldsymbol{n}. \tag{2.2}$$

对于任意坐标系,上述结论仍然成立.其中,应力张量和外法矢的表达式是

$$\boldsymbol{P}=P^{ij}\boldsymbol{g}_i\boldsymbol{g}_j,\quad \boldsymbol{n}=n^i\boldsymbol{g}_i.$$

根据商定律,式(2.2)中的 P 确实是张量.

2.3 主应力和主应力方向

一般来说,如图 2.2 所示的斜面上既有正应力,也有切应力,其合力 $\boldsymbol{P}_{(n)}$ 与斜面上的外法矢 $\boldsymbol{n}$ 不同向.如果有这样的一个斜面,其上只有正应力,切应力为零,则 $\boldsymbol{P}_{(n)}$ 与法矢 $\boldsymbol{n}$ 同方向.这样的面称为主应力面,主应力面上的应力称为主应力,主应力的方向称为主方向.

设主应力的值为 λ,主方向为 $\boldsymbol{n}$,则有

$$\boldsymbol{P}\cdot\boldsymbol{n}=\lambda\boldsymbol{n}. \tag{2.3}$$

如果一点的应力 P^{ij} 已知,由式(2.3)就可以求出主应力 λ 和主方向 $\boldsymbol{n}$.方法如下:

式(2.3)可以写成:

$$P^i_{\cdot j}n^j=\lambda n^i,$$

$$\begin{cases}(P^1_{\cdot 1}-\lambda)n^1+P^1_{\cdot 2}n^2+P^1_{\cdot 3}n^3=0,\\ P^2_{\cdot 1}n^1+(P^2_{\cdot 2}-\lambda)n^2+P^2_{\cdot 3}n^3=0,\\ P^3_{\cdot 1}n^1+P^3_{\cdot 2}n^2+(P^3_{\cdot 3}-\lambda)n^3=0.\end{cases} \tag{2.4}$$

这是关于 n^1,n^2,n^3 的三元一次方程组.如果齐次方程组存在非零解,则方程组的系数行列式必为零,

$$\begin{vmatrix}P^1_{\cdot 1}-\lambda & P^1_{\cdot 2} & P^1_{\cdot 3}\\ P^2_{\cdot 1} & P^2_{\cdot 2}-\lambda & P^2_{\cdot 3}\\ P^3_{\cdot 1} & P^3_{\cdot 2} & P^3_{\cdot 3}-\lambda\end{vmatrix}=0,$$

展开得

$$\lambda^3-I_1\lambda^2+I_2\lambda-I_3=0, \tag{2.5}$$

式中

$$I_1=P^1_{\cdot 1}+P^2_{\cdot 2}+P^3_{\cdot 3}, \tag{2.6a}$$

$$I_2=\begin{vmatrix}P^1_{\cdot 1} & P^1_{\cdot 2}\\ P^2_{\cdot 1} & P^2_{\cdot 2}\end{vmatrix}+\begin{vmatrix}P^2_{\cdot 2} & P^2_{\cdot 3}\\ P^3_{\cdot 2} & P^3_{\cdot 3}\end{vmatrix}+\begin{vmatrix}P^3_{\cdot 3} & P^3_{\cdot 1}\\ P^1_{\cdot 3} & P^1_{\cdot 1}\end{vmatrix}, \tag{2.6b}$$

$$I_3=\begin{vmatrix} P^{1}_{\cdot 1} & P^{1}_{\cdot 2} & P^{1}_{\cdot 3} \\ P^{2}_{\cdot 1} & P^{2}_{\cdot 2} & P^{2}_{\cdot 3} \\ P^{3}_{\cdot 1} & P^{3}_{\cdot 2} & P^{3}_{\cdot 3} \end{vmatrix}. \tag{2.6c}$$

对于不同的坐标系，I_1，I_2 和 I_3 的值保持不变，称为张量 P 的三个不变量.

三个量为不变量的证明如下：

$$I_1=P^{1}_{\cdot 1}+P^{2}_{\cdot 2}+P^{3}_{\cdot 3}=P^{i}_{\cdot i}=\beta^{i}_{m'}\beta^{n'}_{i}P^{m'}_{\cdot n'}=\delta^{n'}_{m'}P^{m'}_{\cdot n'}=P^{m'}_{\cdot m'}=I'_1,$$

$$\begin{aligned} I_2 &=P^{1}_{\cdot 1}P^{2}_{\cdot 2}+P^{2}_{\cdot 2}P^{3}_{\cdot 3}+P^{3}_{\cdot 3}P^{1}_{\cdot 1}-(P^{1}_{\cdot 2}P^{2}_{\cdot 1}+P^{2}_{\cdot 3}P^{3}_{\cdot 2}+P^{3}_{\cdot 1}P^{1}_{\cdot 3}) \\ &=\frac{1}{2}[P^{i}_{\cdot i}P^{j}_{\cdot j}-(P^{1}_{\cdot 1}P^{1}_{\cdot 1}+P^{2}_{\cdot 2}P^{2}_{\cdot 2}+P^{3}_{\cdot 3}P^{3}_{\cdot 3})] \\ &\quad -\frac{1}{2}[P^{i}_{\cdot j}P^{j}_{\cdot i}-(P^{1}_{\cdot 1}P^{1}_{\cdot 1}+P^{2}_{\cdot 2}P^{2}_{\cdot 2}+P^{3}_{\cdot 3}P^{3}_{\cdot 3})] \\ &=\frac{1}{2}(P^{i}_{\cdot i}P^{j}_{\cdot j}-P^{i}_{\cdot j}P^{j}_{\cdot i}), \end{aligned}$$

$$\begin{aligned} P^{i}_{\cdot i}P^{j}_{\cdot j}-P^{i}_{\cdot j}P^{j}_{\cdot i} &=\beta^{i}_{m'}\beta^{n'}_{i}P^{m'}_{\cdot n'}\beta^{j}_{r'}\beta^{s'}_{j}P^{r'}_{\cdot s'}-\beta^{i}_{m'}\beta^{n'}_{j}P^{m'}_{\cdot n'}\beta^{j}_{r'}\beta^{s'}_{i}P^{r'}_{\cdot s'} \\ &=\delta^{n'}_{m'}P^{m'}_{\cdot n'}\delta^{s'}_{r'}P^{r'}_{\cdot s'}-\delta^{s'}_{m'}\delta^{n'}_{r'}P^{m'}_{\cdot n'}P^{r'}_{\cdot s'} \\ &=P^{m'}_{\cdot m'}P^{r'}_{\cdot r'}-P^{m'}_{\cdot n'}P^{n'}_{\cdot m'} \end{aligned}$$

因而有 $I_2=I'_2$.

$$P^{i}_{\cdot j}=\beta^{i}_{m'}P^{m'}_{\cdot n'}\beta^{n'}_{j},$$

$$[P^{i}_{\cdot j}]=[\beta^{i}_{m'}][P^{m'}_{\cdot n'}][\beta^{n'}_{j}].$$

根据式(1.63)，$[\beta^{i}_{m'}]$和$[\beta^{n'}_{j}]$互逆，于是

$$I_3=\det(P^{i}_{\cdot j})=\det(P^{m'}_{\cdot n'})=I'_3.$$

由式(2.5)求出主应力 λ 后，代入式(2.4)，求出 n^1，n^2，n^3 的比例，

$$\frac{n^1}{n^2}=\frac{(P^{2}_{\cdot 2}-\lambda)P^{1}_{\cdot 3}-P^{1}_{\cdot 2}P^{2}_{\cdot 3}}{(P^{1}_{\cdot 1}-\lambda)P^{2}_{\cdot 3}-P^{2}_{\cdot 1}P^{1}_{\cdot 3}},\quad \frac{n^2}{n^3}=\frac{(P^{3}_{\cdot 3}-\lambda)P^{2}_{\cdot 1}-P^{2}_{\cdot 3}P^{3}_{\cdot 1}}{(P^{2}_{\cdot 2}-\lambda)P^{3}_{\cdot 1}-P^{3}_{\cdot 2}P^{2}_{\cdot 1}}.$$

2.4　二阶张量的主值和主方向

对于二阶张量 $\boldsymbol{T}$，如果存在一个矢量 $\boldsymbol{a}$，满足

$$\boldsymbol{T}\cdot\boldsymbol{a}=\lambda\boldsymbol{a}, \tag{2.7}$$

则称 $\boldsymbol{a}$ 为张量 $\boldsymbol{T}$ 的主方向，λ 为 $\boldsymbol{T}$ 的主值(也称为特征值).

式(2.7)的分量式为

$$T^{i}_{\cdot j}a^{j}=\lambda a^{i}.$$

上式的展开式与式(2.4)相同. 这是一组齐次方程组，存在非零解的条件是系数行列式为零，

$$\det(T^{i}_{\cdot j}-\lambda\delta^{i}_{j})=0 \quad 或 \quad \begin{vmatrix} T^{1}_{\cdot 1}-\lambda & T^{1}_{\cdot 2} & T^{1}_{\cdot 3} \\ T^{2}_{\cdot 1} & T^{2}_{\cdot 2}-\lambda & T^{2}_{\cdot 3} \\ T^{3}_{\cdot 1} & T^{3}_{\cdot 2} & T^{3}_{\cdot 3}-\lambda \end{vmatrix}=0,$$

展开得到张量 $\boldsymbol{T}$ 的特征方程

$$\lambda^{3}-I_{1}\lambda^{2}+I_{2}\lambda-I_{3}=0. \tag{2.8}$$

式中，I_1，I_2 和 I_3 是张量 $\boldsymbol{T}$ 的三个不变量，其表达式与式(2.6c)相同. 求出 λ 以后，就可以求出主方向.

我们只研究实数张量，即张量的所有分量都是实数. 式(2.8)中的三个张量不变量也是实数，λ 是一元三次方程的三个根. 一元三次方程的根有三种情况，即有三个不同的实根，或者一个实根一对共轭根，或者有重根，可以是一个实根，一对实重根，也可以是三个实重根. 下面我们分这三种情况讨论任意二阶张量的主值和主方向.

(1) 二阶张量的特征方程(2.8)有三个不同的实数根，$\lambda_1\neq\lambda_2\neq\lambda_3$. 这种情况下，三个主方向 $\boldsymbol{a}_1$，$\boldsymbol{a}_2$，$\boldsymbol{a}_3$ 必定不共面，或称这三个主方向线性无关. 现用反证法证明这个结论.

设三个主方向共面(或线性相关)：

$$\boldsymbol{a}_3=c_1\boldsymbol{a}_1+c_2\boldsymbol{a}_2,$$

式中，c_1 和 c_2 是待定常数.

根据主方向的定义，则有

$$\boldsymbol{T}\cdot\boldsymbol{a}_3=\lambda_3(c_1\boldsymbol{a}_1+c_2\boldsymbol{a}_2),$$

$$\boldsymbol{T}\cdot\boldsymbol{a}_3=\boldsymbol{T}\cdot(c_1\boldsymbol{a}_1+c_2\boldsymbol{a}_2)=c_1\lambda_1\boldsymbol{a}_1+c_2\lambda_2\boldsymbol{a}_2.$$

比较这两个式子，可以得到

$$c_1(\lambda_1-\lambda_3)\boldsymbol{a}_1+c_2(\lambda_2-\lambda_3)\boldsymbol{a}_2=0,$$

这就要求

$$c_1(\lambda_1-\lambda_3)=0, \quad c_2(\lambda_2-\lambda_3)=0.$$

待定系数 c_1 和 c_2 至少有一个不为零. 例如 $c_1\neq 0$，则必有 $\lambda_1=\lambda_3$，这与题设矛盾，线性相关不成立，故三个主方向不共面.

现选一组基矢量，其协变基矢就是上述的三个主方向：$\boldsymbol{g}_1=\boldsymbol{a}_1$，$\boldsymbol{g}_2=\boldsymbol{a}_2$，$\boldsymbol{g}_3=\boldsymbol{a}_3$，另外，再由定义确定相应的逆变基矢 $\boldsymbol{g}^1$，$\boldsymbol{g}^2$，$\boldsymbol{g}^3$，将任意二阶张量在这组基矢分解，得到

$$\boldsymbol{T}=\lambda_1\boldsymbol{g}_1\boldsymbol{g}^1+\lambda_2\boldsymbol{g}_2\boldsymbol{g}^2+\lambda_3\boldsymbol{g}_3\boldsymbol{g}^3,$$

$$[T^{i}_{\cdot j}]=\begin{bmatrix}\lambda_1 & 0 & 0\\ 0 & \lambda_2 & 0\\ 0 & 0 & \lambda_3\end{bmatrix}. \tag{2.9}$$

在这组基矢中，二阶张量的矩阵最简洁.

(2) 二阶张量的特征方程(2.8)有一个实数根 λ_3，一对共轭复根，$\lambda_1=m+n\mathrm{i}$，$\lambda_2=m-n\mathrm{i}$. 这时，二阶张量虽然也可以在这三个主方向上分解，即

$$\boldsymbol{T}\cdot\boldsymbol{a}_1=\lambda_1\boldsymbol{a}_1,\quad \boldsymbol{T}\cdot\boldsymbol{a}_2=\lambda_2\boldsymbol{a}_2,\quad \boldsymbol{T}\cdot\boldsymbol{a}_3=\lambda_3\boldsymbol{a}_3,$$

但是，λ_1 和 λ_2 是复数，$\boldsymbol{a}_1$ 和 $\boldsymbol{a}_2$ 是复矢量，复矢量是没有明确的几何意义的. 为此，我们可以定义一组实数矢量 $\boldsymbol{g}_i$，将二阶张量在这组实数矢量上分解.

这组实数矢量与主方向有关. 其构造为

$$\boldsymbol{g}_1=\boldsymbol{a}_1+\boldsymbol{a}_2,\quad \boldsymbol{g}_2=\mathrm{i}(\boldsymbol{a}_1-\boldsymbol{a}_2),\quad \boldsymbol{g}_3=\boldsymbol{a}_3.$$

张量对于这三个矢量的线性变换是

$$\begin{aligned}\boldsymbol{T}\cdot\boldsymbol{g}_1&=\boldsymbol{T}\cdot(\boldsymbol{a}_1+\boldsymbol{a}_2)=\lambda_1\boldsymbol{a}_1+\lambda_2\boldsymbol{a}_2=(m+n\mathrm{i})\boldsymbol{a}_1+(m-n\mathrm{i})\boldsymbol{a}_2\\&=m(\boldsymbol{a}_1+\boldsymbol{a}_2)+n\mathrm{i}(\boldsymbol{a}_1-\boldsymbol{a}_2)=m\boldsymbol{g}_1+n\boldsymbol{g}_2,\\\boldsymbol{T}\cdot\boldsymbol{g}_2&=\mathrm{i}\boldsymbol{T}\cdot(\boldsymbol{a}_1-\boldsymbol{a}_2)=\mathrm{i}(\lambda_1\boldsymbol{a}_1-\lambda_2\boldsymbol{a}_2)=\mathrm{i}[(m+n\mathrm{i})\boldsymbol{a}_1-(m-n\mathrm{i})\boldsymbol{a}_2]\\&=m\mathrm{i}(\boldsymbol{a}_1-\boldsymbol{a}_2)-n(\boldsymbol{a}_1+\boldsymbol{a}_2)=-n\boldsymbol{g}_1+m\boldsymbol{g}_2,\end{aligned}$$

$$\boldsymbol{T}\cdot\boldsymbol{g}_3=\lambda_3\boldsymbol{g}_3.$$

将二阶张量在此组基矢上分解，

$$\begin{aligned}\boldsymbol{T}&=(\boldsymbol{T}\cdot\boldsymbol{g}_1)\boldsymbol{g}^1+(\boldsymbol{T}\cdot\boldsymbol{g}_2)\boldsymbol{g}^2+(\boldsymbol{T}\cdot\boldsymbol{g}_3)\boldsymbol{g}^3\\&=(m\boldsymbol{g}_1+n\boldsymbol{g}_2)\boldsymbol{g}^1+(-n\boldsymbol{g}_1+m\boldsymbol{g}_2)\boldsymbol{g}^2+\lambda_3\boldsymbol{g}_3\boldsymbol{g}^3,\end{aligned}$$

$$[T^{i}_{\cdot j}]=\begin{bmatrix}m & -n & 0\\ n & m & 0\\ 0 & 0 & \lambda_3\end{bmatrix}. \tag{2.10}$$

在这组基矢中分解，二阶张量的矩阵不如式(2.9)简洁，但也算是最简洁的了.

(3) 二阶张量的特征方程(2.8)有实数重根. 可以是一个实数根，一对二重实数根，也可以是一组三重实数根.

如果特征方程(2.8)有一个实数根 λ_3，一对二重实数根 $\lambda_1=\lambda_2$，则二阶张量只有两个明确的主方向 $\boldsymbol{a}_1$ 和 $\boldsymbol{a}_3$，另一个主方向 $\boldsymbol{a}_2$ 尚不明确. 可以用约当(Jordan)链的方法或其他方法构造 $\boldsymbol{a}_2$. 这部分内容已超出本书范围，有兴趣者可参阅文献[1].

如果特征方程(2.8)有三重实数根，则只有一个主方向 $\boldsymbol{a}_1$ 是明确的，其他两个主方向 $\boldsymbol{a}_2$ 和 $\boldsymbol{a}_3$ 是不明确的，也就是不唯一的. 通常也可以用约当链的方法构造余下的两个主方向.

2.5　对称张量

在物理学和力学中，出现许多二阶对称张量，例如前面介绍过的应力张量就是二阶对称张量.

二阶对称张量的定义是 $S^{ij}=S^{ji}$，或 $\boldsymbol{S}^*=\boldsymbol{S}$. 其他阶的张量也可能有对称性，但只有二阶张量的对称性具有明确的物理意义.

下面我们将会提到二阶张量的分解定理：任意非对称张量 $\boldsymbol{T}$ 可以分解为对称张量与反对称张量的和，

$$\boldsymbol{T}=\frac{1}{2}(\boldsymbol{T}+\boldsymbol{T}^*)+\frac{1}{2}(\boldsymbol{T}-\boldsymbol{T}^*)=\boldsymbol{S}+\boldsymbol{\Omega},$$

容易验证

$$\boldsymbol{S}=\frac{1}{2}(\boldsymbol{T}+\boldsymbol{T}^*)=\boldsymbol{S}^*,\quad \boldsymbol{\Omega}=\frac{1}{2}(\boldsymbol{T}-\boldsymbol{T}^*)=-\boldsymbol{\Omega}^*.$$

我们称 $\boldsymbol{S}$ 为张量 $\boldsymbol{T}$ 的对称部分，$\boldsymbol{\Omega}$ 为张量 $\boldsymbol{T}$ 的反对称部分. 张量的对称部分和反对称部分的特性研究清楚了，张量的特性也就清楚了.

力学中出现的张量都是实数张量，下面只研究实数张量.

1. 实对称张量的主值是实数

对于二阶对称张量 $\boldsymbol{S}$，如果存在一个矢量 $\boldsymbol{a}$，满足

$$\boldsymbol{S}\cdot\boldsymbol{a}=\lambda\boldsymbol{a},$$

则称 $\boldsymbol{a}$ 为 $\boldsymbol{S}$ 的主方向，λ 为 $\boldsymbol{S}$ 的主值. 对于给定的坐标系 x^i，上式的分解式为

$$S^i_{\cdot j}a^j=\lambda a^i,\quad 或\quad (S^i_{\cdot j}-\lambda\delta^i_j)a^j=0.$$

这是一组关于 a^1,a^2,a^3 的三元一次齐次方程组，存在非零解的条件是系数行列式为零.

$$|S^i_{\cdot j}-\lambda\delta^i_j|=0,$$

展开行列式，得到主值 λ 的一元三次方程，

$$\lambda^3-I_1\lambda^2+I_2\lambda-I_3=0,$$

上式是 $\boldsymbol{S}$ 的特征方程，I_1,I_2,I_3 是 $\boldsymbol{S}$ 的三个不变量.

实数对称张量 $\boldsymbol{S}$ 的三个主值（也称作特征值）λ_1,λ_2 和 λ_3 都是实数. 下面我们证明这个结论.

设主值 λ 是复数，其共轭复数记作 $\tilde{\lambda}$，特征方程是

$$S^i_{\cdot j}a^j=\lambda a^i,\tag{2.11a}$$

两边取共轭，注意到 $\boldsymbol{S}$ 是实数张量，于是有

$$S^i_{\cdot j}\tilde{a}^j=\tilde{\lambda}\tilde{a}^i.\tag{2.11b}$$

式(2.11a)两边乘以 $\tilde{a}_i$，式(2.11b)两边乘以 a_i，则有

$$\tilde{a}_iS^i_{\cdot j}a^j=\lambda\tilde{a}_ia^i,\quad 或\quad \tilde{\boldsymbol{a}}\cdot\boldsymbol{S}\cdot\boldsymbol{a}=\lambda\tilde{\boldsymbol{a}}\cdot\boldsymbol{a},$$

$$a_iS^i_{\cdot j}\tilde{a}^j=\tilde{\lambda}a_i\tilde{a}^i,\quad 或\quad \boldsymbol{a}\cdot\boldsymbol{S}\cdot\tilde{\boldsymbol{a}}=\tilde{\lambda}\boldsymbol{a}\cdot\tilde{\boldsymbol{a}}.$$

$\boldsymbol{S}$ 为二阶对称张量，$\tilde{\boldsymbol{a}}\cdot\boldsymbol{S}\cdot\boldsymbol{a}=\boldsymbol{a}\cdot\boldsymbol{S}\cdot\tilde{\boldsymbol{a}}$，因此

$$(\lambda-\tilde{\lambda})\boldsymbol{a}\cdot\tilde{\boldsymbol{a}}=0.\tag{2.11c}$$

$\boldsymbol{a}\cdot\tilde{\boldsymbol{a}}\neq0$，必有 $\lambda-\tilde{\lambda}=0$，$\lambda=\tilde{\lambda}$，$\lambda$ 必为实数.

2. 实对称张量的主方向相互垂直

设 λ_1 和 λ_2 都是对称张量 $\boldsymbol{S}$ 的主值,其对应的主方向分别是 $\boldsymbol{a}_1$ 和 $\boldsymbol{a}_2$.

$$\boldsymbol{S}\cdot\boldsymbol{a}_1=\lambda_1\boldsymbol{a}_1, \tag{2.12a}$$

$$\boldsymbol{S}\cdot\boldsymbol{a}_2=\lambda_2\boldsymbol{a}_2. \tag{2.12b}$$

式(2.12a)两边左点乘 $\boldsymbol{a}_2$,式(2.12b)两边左点乘 $\boldsymbol{a}_1$,则有

$$\boldsymbol{a}_2\cdot\boldsymbol{S}\cdot\boldsymbol{a}_1=\lambda_1\boldsymbol{a}_2\cdot\boldsymbol{a}_1,$$

$$\boldsymbol{a}_1\cdot\boldsymbol{S}\cdot\boldsymbol{a}_2=\lambda_2\boldsymbol{a}_1\cdot\boldsymbol{a}_2.$$

$\boldsymbol{S}$ 为二阶对称张量,$\boldsymbol{a}_2\cdot\boldsymbol{S}\cdot\boldsymbol{a}_1=\boldsymbol{a}_1\cdot\boldsymbol{S}\cdot\boldsymbol{a}_2$,因此

$$(\lambda_1-\lambda_2)\boldsymbol{a}_1\cdot\boldsymbol{a}_2=0.$$

由于 $\lambda_1\neq\lambda_2$,故 $\boldsymbol{a}_1\cdot\boldsymbol{a}_2=0$,即 $\boldsymbol{a}_1$ 和 $\boldsymbol{a}_2$ 垂直.

当特征方程有重根时,出现方向不确定的主方向. 这种情况下,可以按照主方向相互垂直的原则确定对称张量特征方程有重根时的待定主方向.

如果对称张量 $\boldsymbol{S}$ 的特征方程有一对二重根,其特征值设为 $\lambda_1=\lambda_2$ 和 λ_3. 这时,主方向 $\boldsymbol{a}_1$ 和 $\boldsymbol{a}_3$ 是确定的,主方向 $\boldsymbol{a}_2$ 可以这样确定:

$$\boldsymbol{a}_2=\boldsymbol{a}_1\times\boldsymbol{a}_3.$$

如果对称张量 $\boldsymbol{S}$ 的特征方程有三重根,$\lambda_1=\lambda_2=\lambda_3$,则只有一个主方向 $\boldsymbol{a}_1$ 是确定的. 这种情况下,可任意选定两个与 $\boldsymbol{a}_1$ 垂直的矢量 $\boldsymbol{a}_2$ 和 $\boldsymbol{a}_3$ 为余下的两个主方向,并且使 $\boldsymbol{a}_1$,$\boldsymbol{a}_2$ 和 $\boldsymbol{a}_3$ 构成右手螺旋系.

3. 二阶对称张量的主坐标和标准形

二阶对称张量的三个主方向相互正交,于是这三个主方向的单位矢量 $\boldsymbol{e}_1$,$\boldsymbol{e}_2$,$\boldsymbol{e}_3$ 就构成一个正交坐标架,称为对称张量 $\boldsymbol{S}$ 的主坐标. 将对称张量在主坐标中分解,

$$\boldsymbol{S}=\lambda_1\boldsymbol{e}_1\boldsymbol{e}_1+\lambda_2\boldsymbol{e}_2\boldsymbol{e}_2+\lambda_3\boldsymbol{e}_3\boldsymbol{e}_3, \tag{2.13a}$$

式(2.13a)称为对称张量的标准形.

主坐标是正交坐标,主坐标基矢属于正交规一化基矢,在这种坐标中,张量分量以及坐标基矢无逆变、协变之分. 在主坐标中,$\boldsymbol{S}$ 只有三个分量,其矩阵为

$$[S_{ij}]=\begin{bmatrix}\lambda_1 & 0 & 0\\ 0 & \lambda_2 & 0\\ 0 & 0 & \lambda_3\end{bmatrix}. \tag{2.13b}$$

此式是对称张量 $\boldsymbol{S}$ 的标准形.

2.6　反对称张量

如果二阶张量 $\boldsymbol{\Omega}$ 及其转置满足

$$\boldsymbol{\Omega}=-\boldsymbol{\Omega}^*,$$

或

$$\boldsymbol{\Omega}^* = \Omega^{*i}_{\cdot j}\boldsymbol{g}_i\boldsymbol{g}^j = \Omega^{*ij}\boldsymbol{g}_i\boldsymbol{g}_j = \Omega^*_{ij}\boldsymbol{g}^i\boldsymbol{g}^j$$
$$= -\Omega_j^{\cdot i}\boldsymbol{g}_i\boldsymbol{g}^j = -\Omega^{ji}\boldsymbol{g}_i\boldsymbol{g}_j = -\Omega_{ji}\boldsymbol{g}^i\boldsymbol{g}^j,$$

则称 $\boldsymbol{\Omega}$ 为二阶反对称张量.

下面介绍二阶反对称张量的性质.

(1) 二阶反对称张量只有 3 个独立分量.

例如,在直角坐标系中

$$[\Omega_{ij}] = \begin{bmatrix} 0 & -\Omega_{21} & \Omega_{13} \\ \Omega_{21} & 0 & -\Omega_{32} \\ -\Omega_{13} & \Omega_{32} & 0 \end{bmatrix} = \begin{bmatrix} 0 & -\omega_3 & \omega_2 \\ \omega_3 & 0 & -\omega_1 \\ -\omega_2 & \omega_1 & 0 \end{bmatrix}, \tag{2.14a}$$

其中,$\omega_1 = \Omega_{32} = -\Omega_{23}$,$\omega_2 = \Omega_{13} = -\Omega_{31}$,$\omega_3 = \Omega_{21} = -\Omega_{12}$,于是有

$$\Omega_{ij} = -e_{ijk}\omega_k.$$

(2) 任何一个二阶反对称张量 $\boldsymbol{\Omega}$ 都有一个矢量 $\boldsymbol{\omega}$ 与之对应,即

$$\boldsymbol{\Omega} = -\boldsymbol{\varepsilon}\cdot\boldsymbol{\omega}, \tag{2.14b}$$

$$\boldsymbol{\omega} = -\frac{1}{2}\boldsymbol{\varepsilon} : \boldsymbol{\Omega}, \tag{2.14c}$$

式中,$\boldsymbol{\varepsilon}$ 为置换张量,$\boldsymbol{\omega}$ 称为二阶反对称张量 $\boldsymbol{\Omega}$ 的反偶矢量. 下面的运算可以印证这个称呼.

$$\boldsymbol{\varepsilon} : \boldsymbol{\Omega} = \varepsilon_{ijk}\Omega^{jk}\boldsymbol{g}^i,$$

由式(2.14b)得到

$$\Omega^{jk} = -\varepsilon^{jkm}\omega_m,$$

于是

$$\boldsymbol{\varepsilon} : \boldsymbol{\Omega} = \varepsilon_{ijk}(-\varepsilon^{jkm}\omega_m)\boldsymbol{g}^i.$$

因为

$$\varepsilon_{ijk}\varepsilon^{jkm} = \delta^{jkm}_{jki} = \delta^k_k\delta^m_i - \delta^k_i\delta^m_k = 3\delta^m_i - \delta^m_i = 2\delta^m_i$$

所以

$$\boldsymbol{\varepsilon} : \boldsymbol{\Omega} = -2\delta^m_i\omega_m\boldsymbol{g}^i = -2\omega_i\boldsymbol{g}^i = -2\boldsymbol{\omega},$$

$$\boldsymbol{\omega} = -\frac{1}{2}\boldsymbol{\varepsilon} : \boldsymbol{\Omega},$$

此即式(2.14c). 也可以由式(2.14c)验证式(2.14b),

$$\boldsymbol{\varepsilon}\cdot\boldsymbol{\omega} = \varepsilon^{ijk}\omega_k\boldsymbol{g}_i\boldsymbol{g}_j = \varepsilon^{ijk}\left(-\frac{1}{2}\varepsilon_{kmn}\Omega^{mn}\right)\boldsymbol{g}_i\boldsymbol{g}_j = -\frac{1}{2}\delta^{kij}_{kmn}\Omega^{mn}\boldsymbol{g}_i\boldsymbol{g}_j$$
$$= -\frac{1}{2}(\delta^i_m\delta^j_n - \delta^i_n\delta^j_m)\Omega^{mn}\boldsymbol{g}_i\boldsymbol{g}_j = -\frac{1}{2}(\Omega^{ij} - \Omega^{ji})\boldsymbol{g}_i\boldsymbol{g}_j$$
$$= -\Omega^{ij}\boldsymbol{g}_i\boldsymbol{g}_j.$$

对于任意矢量 $\boldsymbol{a}$，二阶反对称张量 $\boldsymbol{\Omega}$ 及其反偶矢量 $\boldsymbol{\omega}$ 满足：

$$\boldsymbol{\Omega}\cdot\boldsymbol{a}=\boldsymbol{\omega}\times\boldsymbol{a}. \tag{2.15}$$

证明如下：

$$\begin{aligned}\boldsymbol{\omega}\times\boldsymbol{\alpha}&=\omega^i\boldsymbol{g}_i\times a^j\boldsymbol{g}_j=\omega^i a^j\varepsilon_{ijk}\boldsymbol{g}^k=\left(-\frac{1}{2}\varepsilon^{imn}\Omega_{mn}\right)a^j\varepsilon_{ijk}\boldsymbol{g}^k\\&=-\frac{1}{2}(\delta_j^m\delta_k^n-\delta_k^m\delta_j^n)\Omega_{mn}a^j\boldsymbol{g}^k=-\frac{1}{2}(\Omega_{jk}-\Omega_{kj})a^j\boldsymbol{g}^k\\&=\Omega_{kj}a^j\boldsymbol{g}^k=\boldsymbol{\Omega}\cdot\boldsymbol{a}.\end{aligned}$$

(3) 二阶反对称张量只有一个实数特征值 $\lambda=0$.

由式(2.14a)看出，二阶反对称张量 $\boldsymbol{\Omega}$ 的三个不变量为

$$I_1=0,\quad I_3=0,$$

$$\begin{aligned}I_2&=\begin{vmatrix}0&-\Omega_{21}\\\Omega_{21}&0\end{vmatrix}+\begin{vmatrix}0&-\Omega_{32}\\\Omega_{32}&0\end{vmatrix}+\begin{vmatrix}0&-\Omega_{13}\\\Omega_{13}&0\end{vmatrix}\\&=(\Omega_{21})^2+(\Omega_{32})^2+(\Omega_{13})^2=k^2>0.\end{aligned}$$

特征方程为

$$\lambda^3+k^2\lambda=0,$$

特征方程的根为 $\lambda_1=0,\lambda_2=k\mathrm{i},\lambda_3=-k\mathrm{i}$. 复数特征值对应于复数主方向. 复数主方向无直观的几何意义. 二阶反对称张量没有主方向.

例 2.1 在直角坐标中，张量 $\boldsymbol{T}$ 的矩阵是

$$[T_{ij}]=\begin{bmatrix}5&7&-5\\0&4&-1\\2&8&-3\end{bmatrix},$$

试求 $\boldsymbol{T}$ 的主值和主方向.

解 张量 $\boldsymbol{T}$ 的特征方程为

$$\begin{cases}(5-\lambda)a_1+7a_2-5a_3=0,\\(4-\lambda)a_2-a_3=0,\\2a_1+8a_2-(3+\lambda)a_3=0,\end{cases}$$

三个不变量为 $I_1=6,I_2=11,I_3=6$，于是

$$\lambda^3-6\lambda^2+11\lambda-6=0,$$

$$\lambda_1=1,\quad\lambda_2=2,\quad\lambda_3=3.$$

当 $\lambda_1=1$ 时

$$\begin{cases}4a_1+7a_2-5a_3=0,\\3a_2-a_3=0,\\2a_1+8a_2-4a_3=0,\end{cases}$$

$$a_1 : a_2 : a_3 = 2 : 1 : 3,$$

$$\boldsymbol{g}_1 = 2\boldsymbol{e}_1 + \boldsymbol{e}_2 + 3\boldsymbol{e}_3.$$

同理得：

当 $\lambda_2 = 2$ 时 $\boldsymbol{g}_2 = \boldsymbol{e}_1 + \boldsymbol{e}_2 + 2\boldsymbol{e}_3$，

当 $\lambda_3 = 3$ 时 $\boldsymbol{g}_3 = -\boldsymbol{e}_1 + \boldsymbol{e}_2 + \boldsymbol{e}_3$.

以 $\boldsymbol{g}_1$，$\boldsymbol{g}_2$ 和 $\boldsymbol{g}_3$ 作为协变基矢，并用待定系数法求逆变基矢.

$$\boldsymbol{g}^1 = a\boldsymbol{e}_1 + b\boldsymbol{e}_2 + c\boldsymbol{e}_3$$

$$\begin{cases} 2a+b+3c=1, & \boldsymbol{g}^1 \cdot \boldsymbol{g}_1 = 1 \\ a+b+2c=0, & \boldsymbol{g}^1 \cdot \boldsymbol{g}_2 = 0. \\ -a+b+c=0, & \boldsymbol{g}^1 \cdot \boldsymbol{g}_3 = 0 \end{cases}$$

解得 $a=-1, b=-3, c=2, \boldsymbol{g}^1 = -\boldsymbol{e}_1 - 3\boldsymbol{e}_2 + 2\boldsymbol{e}_3$.

同理可得：

$$\boldsymbol{g}^2 = 2\boldsymbol{e}_1 + 5\boldsymbol{e}_2 - 3\boldsymbol{e}_3, \quad \boldsymbol{g}^3 = -\boldsymbol{e}_1 - \boldsymbol{e}_2 + \boldsymbol{e}_3.$$

张量在基矢 $\boldsymbol{g}_i$ 和 $\boldsymbol{g}^i$ 的分解式为

$$\boldsymbol{T} = \boldsymbol{g}_1\boldsymbol{g}^1 + 2\boldsymbol{g}_2\boldsymbol{g}^2 + 3\boldsymbol{g}_3\boldsymbol{g}^3.$$

可以验算，将 $\boldsymbol{g}_i$ 和 $\boldsymbol{g}^i$ 在直角坐标系中的分解式代入，则得到题设.

$$\boldsymbol{T} = (2\boldsymbol{e}_1 + \boldsymbol{e}_2 + 3\boldsymbol{e}_3)(-\boldsymbol{e}_1 - 3\boldsymbol{e}_2 + 2\boldsymbol{e}_3) + 2(\boldsymbol{e}_1 + \boldsymbol{e}_2 + 2\boldsymbol{e}_3)(2\boldsymbol{e}_1 + 5\boldsymbol{e}_2 - 3\boldsymbol{e}_3) + 3(-\boldsymbol{e}_1 + \boldsymbol{e}_2 + \boldsymbol{e}_3)(-\boldsymbol{e}_1 - \boldsymbol{e}_2 + \boldsymbol{e}_3).$$

例如，并基矢 $\boldsymbol{e}_1\boldsymbol{e}_2$ 的系数为 $-6+10+3=7$，$\boldsymbol{e}_3\boldsymbol{e}_2$ 的系数为 $-9+20-3=8$，与题设数据相等.

例 2.2 试证明，在任何坐标系中，张量 $\boldsymbol{T}$ 的特征行列式皆为零：$\det(T^{i}_{\cdot j} - \lambda\delta^i_j) = 0$.

证明 在老坐标系中，

$$|T^{i}_{\cdot j} - \lambda\delta^i_j| = 0.$$

在新坐标系中，

$$T^{i'}_{\cdot j'} = \beta^{i'}_m T^{m}_{\cdot n} \beta^n_{j'},$$

$$[T^{i'}_{\cdot j'}] = [\beta^{i'}_m][T^{m}_{\cdot n}][\beta^n_{j'}].$$

由于 $\beta^{i'}_m \beta^m_{j'} = \delta^{i'}_{j'}$，矩阵 $[\beta^{i'}_j]$ 与 $[\beta^i_{j'}]$ 互逆，由此得到

$$[\delta^{i'}_{j'}] = \begin{bmatrix} 1 & 0 & 0 \\ 0 & 1 & 0 \\ 0 & 0 & 1 \end{bmatrix} = [\beta^{i'}_m][\delta^m_n][\beta^n_{j'}],$$

$$[T^{i'}_{\cdot j'} - \lambda\delta^{i'}_{j'}] = [\beta^{i'}_m][T^{m}_{\cdot n}][\beta^n_{j'}] - \lambda[\beta^{i'}_m][\delta^m_n][\beta^n_{j'}] = [\beta^{i'}_m][T^{m}_{\cdot n} - \lambda\delta^m_n][\beta^n_{j'}],$$

$$\det(T^{i'}_{\cdot j'} - \lambda\delta^{i'}_{j'}) = \det(T^{m}_{\cdot n} - \lambda\delta^m_n).$$

例 2.3 如果一个张量具有下列形式：

$$\boldsymbol{S}=\sum_{i=1}^{3}\lambda_i\boldsymbol{e}_i\boldsymbol{e}_i=\lambda_1\boldsymbol{e}_1\boldsymbol{e}_1+\lambda_2\boldsymbol{e}_2\boldsymbol{e}_2+\lambda_3\boldsymbol{e}_3\boldsymbol{e}_3.$$

式中，$\boldsymbol{e}_i$ 是 $\boldsymbol{S}$ 的正交单位主方向矢量，则 $\boldsymbol{S}$ 必为对称张量.

证明 设 $\boldsymbol{g}_i$ 为任意基矢，则

$$\boldsymbol{S}=S^{i}_{\cdot j}\boldsymbol{g}_i\boldsymbol{g}^j,\quad S^{i}_{\cdot j}=\boldsymbol{g}^i\cdot\boldsymbol{S}\cdot\boldsymbol{g}_j.$$

如果 $\boldsymbol{g}_j$ 是 $\boldsymbol{S}$ 的第 j 个主方向，则

$$\boldsymbol{S}\cdot\boldsymbol{g}_j=\lambda_j\boldsymbol{g}_j.$$

如果主方向正交，则

$$\boldsymbol{S}=S_{ij}\boldsymbol{e}_i\boldsymbol{e}_j,\quad S_{ij}=\boldsymbol{e}_i\cdot\boldsymbol{S}\cdot\boldsymbol{e}_j=\boldsymbol{e}_i\cdot\lambda_j\boldsymbol{e}_j,$$

由于基矢 $\boldsymbol{e}_i$ 正交，故有

$$S_{ij}=\begin{cases}\lambda_i, & i=j,\\ 0, & i\neq j,\end{cases}$$

交换 i,j，则有

$$S_{ji}=\boldsymbol{e}_j\cdot\boldsymbol{S}\cdot\boldsymbol{e}_i=\boldsymbol{e}_j\cdot\lambda_i\boldsymbol{e}_i,$$

$$S_{ji}=\begin{cases}\lambda_i, & i=j,\\ 0, & i\neq j.\end{cases}$$

必有 $S_{ij}=S_{ji}$.

2.7 张量的幂及其特征值

二阶张量 $\boldsymbol{T}$ 的自身点积仍为二阶张量，n 个二阶张量的点积也是一个二阶张量，因此我们定义二阶张量 $\boldsymbol{T}$ 的 n 次幂：

$$\begin{aligned}&\boldsymbol{T}^2=\boldsymbol{T}\cdot\boldsymbol{T},\\&\boldsymbol{T}^3=\boldsymbol{T}\cdot\boldsymbol{T}\cdot\boldsymbol{T},\\&\quad\vdots\\&\boldsymbol{T}^n=\underbrace{\boldsymbol{T}\cdot\boldsymbol{T}\cdots\boldsymbol{T}}_{n\text{个}\boldsymbol{T}}.\end{aligned}\tag{2.16}$$

由度量张量 $\boldsymbol{G}$ 可以定义张量的零次幂. 度量张量的定义是式(1.79a). 度量张量有一个特性，它与任何张量的点积仍为该张量，例如，$\boldsymbol{T}$ 为任意二阶张量，则有

$$\boldsymbol{G}\cdot\boldsymbol{T}=\boldsymbol{T},\quad\boldsymbol{T}\cdot\boldsymbol{G}=\boldsymbol{T}.$$

这是因为

$$\boldsymbol{G}\cdot\boldsymbol{T}=g^{ij}\boldsymbol{g}_i\boldsymbol{g}_j\cdot T_{mn}\boldsymbol{g}^m\boldsymbol{g}^n=g^{ij}T_{jn}\boldsymbol{g}_i\boldsymbol{g}^n=T^{i}_{\cdot n}\boldsymbol{g}_i\boldsymbol{g}^n=\boldsymbol{T}.$$

这样我们就可以这样定义二阶张量 $\boldsymbol{T}$ 的零次幂：

$$\boldsymbol{T}^0=\boldsymbol{G}.$$

即任意二阶张量的零次幂等于度量张量.

由度量张量还可以定义张量的负整数幂.

对于某个二阶张量 $\boldsymbol{T}$,如果存在一个二阶张量,它与 $\boldsymbol{T}$ 的点积等于度量张量,则此张量定义为 $\boldsymbol{T}$ 的负一次幂(即逆张量),记作 $\boldsymbol{T}^{-1}$.

$$\boldsymbol{T}\cdot\boldsymbol{T}^{-1}=\boldsymbol{G},\quad \boldsymbol{T}^{-1}\cdot\boldsymbol{T}=\boldsymbol{G}.$$

同样,

$$\begin{aligned}
&\boldsymbol{T}^{-2}=\boldsymbol{T}^{-1}\cdot\boldsymbol{T}^{-1},\\
&\boldsymbol{T}^{-3}=\boldsymbol{T}^{-1}\cdot\boldsymbol{T}^{-1}\cdot\boldsymbol{T}^{-1},\\
&\quad\vdots\\
&\boldsymbol{T}^{-n}=\underbrace{\boldsymbol{T}^{-1}\cdot\boldsymbol{T}^{-1}\cdots\boldsymbol{T}^{-1}}_{n个\boldsymbol{T}^{-1}}.
\end{aligned}\tag{2.17}$$

二阶张量的整数幂仍为二阶张量,设 $\boldsymbol{B}^n=\boldsymbol{T}$,则 $\boldsymbol{B}$ 称为 $\boldsymbol{T}$ 的 $1/n$ 次幂.

$$\boldsymbol{B}^n=\boldsymbol{T},\quad \boldsymbol{B}=\boldsymbol{T}^{\frac{1}{n}}.$$

二阶张量的幂的特征值的特点是:如果 $\boldsymbol{T}$ 的特征值是 λ,特征方向是 $\boldsymbol{a}$,则 $\boldsymbol{T}^n$ 和 $\boldsymbol{T}^{\frac{1}{n}}$ 的特征方向也是 $\boldsymbol{a}$,特征值则分别为 λ^n 和 $\lambda^{\frac{1}{n}}$.

证明如下:

$$\begin{aligned}
&\boldsymbol{T}\cdot\boldsymbol{a}=\lambda\boldsymbol{a},\\
&\boldsymbol{T}^2\cdot\boldsymbol{a}=\boldsymbol{T}\cdot\boldsymbol{T}\cdot\boldsymbol{a}=\boldsymbol{T}\cdot\lambda\boldsymbol{a}=\lambda^2\boldsymbol{a},\\
&\boldsymbol{T}^n\cdot\boldsymbol{a}=\lambda^n\boldsymbol{a}.
\end{aligned}\tag{2.18}$$

$$\begin{aligned}
&\boldsymbol{T}^{-1}\cdot\boldsymbol{T}\cdot\boldsymbol{a}=\boldsymbol{G}\cdot\boldsymbol{a}=\boldsymbol{a},\\
&\boldsymbol{T}^{-1}\cdot\boldsymbol{T}\cdot\boldsymbol{a}=\boldsymbol{T}^{-1}\cdot\lambda\boldsymbol{a}=\boldsymbol{a},\quad \boldsymbol{T}^{-1}\cdot\boldsymbol{a}=\lambda^{-1}\boldsymbol{a},\\
&\boldsymbol{T}^{-1}\cdot\boldsymbol{T}^{-1}\cdot\boldsymbol{a}=\boldsymbol{T}^{-1}\cdot\lambda^{-1}\boldsymbol{a}=\lambda^{-2}\boldsymbol{a},\\
&\quad\vdots\\
&\boldsymbol{T}^{-n}\cdot\boldsymbol{a}=\lambda^{-n}\boldsymbol{a}.
\end{aligned}\tag{2.19}$$

令 $\boldsymbol{B}^n=\boldsymbol{T}$,则 $\boldsymbol{B}^n\cdot\boldsymbol{a}=\boldsymbol{T}\cdot\boldsymbol{a}=\lambda\boldsymbol{a}$. 设 $\boldsymbol{B}\cdot\boldsymbol{a}=\eta\boldsymbol{a}$,则 $\boldsymbol{B}^n\cdot\boldsymbol{a}=\eta^n\boldsymbol{a}$. 必有 $\eta^n=\lambda,\eta=\lambda^{\frac{1}{n}}$,即 $\boldsymbol{T}^{\frac{1}{n}}\cdot\boldsymbol{a}=\lambda^{\frac{1}{n}}\boldsymbol{a}$. 由于张量 $\boldsymbol{T}$ 及其幂具有相同的主方向,因此它们在主方向上的分解具有下列形式:

$$\begin{aligned}
&\boldsymbol{T}=\lambda_1\boldsymbol{g}_1\boldsymbol{g}^1+\lambda_2\boldsymbol{g}_2\boldsymbol{g}^2+\lambda_3\boldsymbol{g}_3\boldsymbol{g}^3,\\
&\boldsymbol{T}^n=\lambda_1^n\boldsymbol{g}_1\boldsymbol{g}^1+\lambda_2^n\boldsymbol{g}_2\boldsymbol{g}^2+\lambda_3^n\boldsymbol{g}_3\boldsymbol{g}^3,\\
&\boldsymbol{T}^{\frac{1}{n}}=\lambda_1^{\frac{1}{n}}\boldsymbol{g}_1\boldsymbol{g}^1+\lambda_2^{\frac{1}{n}}\boldsymbol{g}_2\boldsymbol{g}^2+\lambda_3^{\frac{1}{n}}\boldsymbol{g}_3\boldsymbol{g}^3.
\end{aligned}$$

2.8 正张量和正交张量

正张量的定义是:对于任意的非零矢量 $\boldsymbol{u}$,二阶对称张量满足

$$\boldsymbol{u}\cdot\boldsymbol{S}\cdot\boldsymbol{u}>0,\quad 或\quad \boldsymbol{S}:\boldsymbol{uu}>0,$$

则称这样的二阶对称张量 $\boldsymbol{S}$ 为正张量，记作 $\boldsymbol{S}>0$.

在上述定义中，$\boldsymbol{u}\cdot\boldsymbol{S}\cdot\boldsymbol{u}$ 是一个标量，是一个大于零的数值.

$\boldsymbol{S}$ 是对称张量，在主坐标中，它的分解式为

$$\boldsymbol{S}=\lambda_1\boldsymbol{e}_1\boldsymbol{e}_1+\lambda_2\boldsymbol{e}_2\boldsymbol{e}_2+\lambda_3\boldsymbol{e}_3\boldsymbol{e}_3,$$

因而，在此坐标中，

$$\boldsymbol{u}\cdot\boldsymbol{S}\cdot\boldsymbol{u}=\lambda_1u_1^2+\lambda_2u_2^2+\lambda_3u_3^2.$$

可以证明，$\boldsymbol{S}$ 为正张量的充分必要条件是

$$\lambda_1>0,\quad \lambda_2>0,\quad \lambda_3>0.$$

正交张量的定义是：如果二阶张量 $\boldsymbol{Q}$ 与其转置张量 $\boldsymbol{Q}^*$ 的点积等于度量张量，即 $\boldsymbol{Q}^*\cdot\boldsymbol{Q}=\boldsymbol{Q}\cdot\boldsymbol{Q}^*=\boldsymbol{G}$，转置张量等于逆张量，$\boldsymbol{Q}^*=\boldsymbol{Q}^{-1}$，则这种二阶张量称为正交张量.

下面介绍正交张量的四个特性.

特性 1

$$\boldsymbol{Q}^*\cdot\boldsymbol{Q}=\boldsymbol{Q}\cdot\boldsymbol{Q}^*=G. \tag{2.20a}$$

这是正交张量的定义.

特性 2

正交张量具有保长度的特性. 设 $\boldsymbol{Q}$ 为正交张量，$\boldsymbol{u}$ 是任意矢量，则有

$$(\boldsymbol{Q}\cdot\boldsymbol{u})\cdot(\boldsymbol{Q}\cdot\boldsymbol{u})=\boldsymbol{u}\cdot\boldsymbol{u}. \tag{2.20b}$$

证明如下：

转置张量与矢量点乘的恒等式：

$$\boldsymbol{Q}\cdot\boldsymbol{u}=\boldsymbol{u}\cdot\boldsymbol{Q}^*\text{，这是因为}$$

$$\boldsymbol{u}\cdot\boldsymbol{Q}^*=u^mQ^{*\cdot i}_{m\cdot}\boldsymbol{g}_i=Q^i_{\cdot m}u^m\boldsymbol{g}_i=\boldsymbol{Q}\cdot\boldsymbol{u},$$

于是

$$(\boldsymbol{Q}\cdot\boldsymbol{u})\cdot(\boldsymbol{Q}\cdot\boldsymbol{u})=\boldsymbol{u}\cdot\boldsymbol{Q}^*\cdot\boldsymbol{Q}\cdot\boldsymbol{u}=\boldsymbol{u}\cdot\boldsymbol{G}\cdot\boldsymbol{u}=\boldsymbol{u}\cdot\boldsymbol{u}.$$

矢量 $\boldsymbol{u}$ 经过正交张量线性变换 $\boldsymbol{Q}\cdot\boldsymbol{u}$ 之后并未改变长度. 保长度的称谓由此而来.

特性 3

正交张量具有保内积的特性. 设 $\boldsymbol{Q}$ 为正交张量，$\boldsymbol{u},\boldsymbol{v}$ 为任意张量，则有

$$(\boldsymbol{Q}\cdot\boldsymbol{u})\cdot(\boldsymbol{Q}\cdot\boldsymbol{v})=\boldsymbol{u}\cdot\boldsymbol{v}. \tag{2.20c}$$

显然，将式(2.20b)中的一个 $\boldsymbol{u}$ 换成 $\boldsymbol{v}$ 就得到式(2.20c). 这个特性表明，$\boldsymbol{u}$ 和 $\boldsymbol{v}$ 经 $\boldsymbol{Q}$ 作线性变换后并未改变点积的大小.

特性 4

正交张量能保持基矢的正交性. 设 $\boldsymbol{Q}$ 为正交张量，$\boldsymbol{e}_i$ 和 $\boldsymbol{e}_j$ 为 $\boldsymbol{Q}$ 的标准正交基矢，

$\boldsymbol{e}_i \cdot \boldsymbol{e}_j = \delta^i_j$，则有

$$(\boldsymbol{Q}\cdot\boldsymbol{e}_i)\cdot(\boldsymbol{Q}\cdot\boldsymbol{e}_j)=\boldsymbol{e}_i\cdot\boldsymbol{e}_j=\delta^i_j. \tag{2.20d}$$

显然，将式(2.20c)中的 $\boldsymbol{u}$ 和 $\boldsymbol{v}$ 换成 $\boldsymbol{e}_i$ 和 $\boldsymbol{e}_j$ 就得到式(2.20d).

例 2.4　在斜平面坐标系 x^i 中有一个矢量 $\boldsymbol{u}$，现将此矢量逆时针方向旋转一个角度 θ，得到一个新的矢量 $\tilde{\boldsymbol{u}}$，如图 2.3 所示. $\tilde{\boldsymbol{u}}$ 与 $\boldsymbol{u}$ 的关系可以表示为 $\tilde{\boldsymbol{u}}=\boldsymbol{Q}\cdot\boldsymbol{u}$，试求正交张量 $\boldsymbol{Q}$ 的分量.

解　我们研究如何将 $\boldsymbol{u}$ 变换成 $\tilde{\boldsymbol{u}}$.

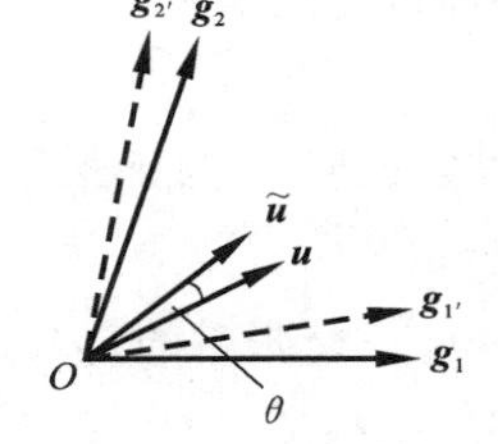

图 2.3　例 2.4 图

设 $\boldsymbol{u}$ 是位于斜平面坐标系 x^1 和 x^2 的一个矢量. 现在将坐标系 x^1 和 x^2（基矢是 $\boldsymbol{g}_1$ 和 $\boldsymbol{g}_2$）连同矢量 $\boldsymbol{u}$ 一起逆时针方向旋转一个角度，得到一个新的坐标系 $x^{1'}$，$x^{2'}$（基矢为 $\boldsymbol{g}_{1'}$ 和 $\boldsymbol{g}_{2'}$），矢量 $\boldsymbol{u}$ 旋转 θ 角之后变成 $\tilde{\boldsymbol{u}}$. 显然，$\boldsymbol{g}_{1'}$，$\boldsymbol{g}_{2'}$ 与 $\boldsymbol{g}_1$，$\boldsymbol{g}_2$ 的长度保持不变，仅仅是方向发生改变. $\boldsymbol{u}$ 在老坐标系中的分量 u^i 与 $\tilde{\boldsymbol{u}}$ 在新坐标系中的分量 $u^{i'}$ 完全一样.

设老坐标系中基矢 $\boldsymbol{g}_1$ 的长度为 a，$\boldsymbol{g}_2$ 的长度为 b，$\boldsymbol{g}_1$ 与 $\boldsymbol{g}_2$ 的方向夹角为 α. 由于例 1.6 已经求得了新、老坐标逆变、协变基矢以及坐标变换系数，所以

$$\begin{bmatrix}\beta^{1}_{1'} & \beta^{1}_{2'}\\ \beta^{2}_{1'} & \beta^{2}_{2'}\end{bmatrix}=\begin{bmatrix}\dfrac{\sin(\alpha-\theta)}{\sin\alpha} & -\dfrac{b\sin\theta}{a\sin\alpha}\\ \dfrac{a\sin\theta}{b\sin\alpha} & \dfrac{\sin(\alpha+\theta)}{\sin\alpha}\end{bmatrix},$$

$$\begin{bmatrix}\beta^{1'}_{1} & \beta^{1'}_{2}\\ \beta^{2'}_{1} & \beta^{2'}_{2}\end{bmatrix}=\begin{bmatrix}\dfrac{\sin(\alpha+\theta)}{\sin\alpha} & \dfrac{b\sin\theta}{a\sin\alpha}\\ -\dfrac{a\sin\theta}{b\sin\alpha} & \dfrac{\sin(\alpha-\theta)}{\sin\alpha}\end{bmatrix},$$

$$\begin{bmatrix}g_{11} & g_{12}\\ g_{21} & g_{22}\end{bmatrix}=\begin{bmatrix}a^2 & ab\cos\alpha\\ ab\cos\alpha & b^2\end{bmatrix},$$

$$\begin{bmatrix}g^{11} & g^{12}\\ g^{21} & g^{22}\end{bmatrix}=\begin{bmatrix}\dfrac{1}{a^2\sin^2\alpha} & -\dfrac{\cos\alpha}{ab\sin^2\alpha}\\ -\dfrac{\cos\alpha}{ab\sin^2\alpha} & \dfrac{1}{b^2\sin^2\alpha}\end{bmatrix}.$$

将 $\tilde{\boldsymbol{u}}$ 在新、老坐标上分解，

$$\tilde{\boldsymbol{u}}=\tilde{u}^{i'}\boldsymbol{g}_{i'}=\tilde{u}^{i}\boldsymbol{g}_{i},$$

两坐标的分量关系为

$$\tilde{u}^{i}=\beta^{i}_{m'}\tilde{u}^{m'},$$

另一方面，$\tilde{\boldsymbol{u}}=\boldsymbol{Q}\cdot\boldsymbol{u}$，$\boldsymbol{Q}$ 为待求的正交张量，

$$\tilde{u}^{i}=Q^{i}_{\cdot m}u^{m}.$$

由图 2.3 看出，$\tilde{u}^{m'}=u^{m}$，可见

$$Q^{i}_{\cdot m}=\beta^{i}_{m'}=\boldsymbol{g}^{i}\cdot\boldsymbol{g}_{m'},$$

$$\begin{bmatrix}Q^{1}_{\cdot 1} & Q^{1}_{\cdot 2}\\ Q^{2}_{\cdot 1} & Q^{2}_{\cdot 2}\end{bmatrix}=\begin{bmatrix}\dfrac{\sin(\alpha-\theta)}{\sin\alpha} & -\dfrac{b\sin\theta}{a\sin\alpha}\\ \dfrac{a\sin\theta}{b\sin\alpha} & \dfrac{\sin(\alpha+\theta)}{\sin\alpha}\end{bmatrix}.$$

利用正交张量的性质，可以求出 $\boldsymbol{Q}$ 的另外一种混变分量.

正交张量性质

$$\delta^{i}_{j}=Q^{i}_{\cdot m}Q^{*m}_{\cdot\ j}=Q^{i}_{\cdot m}Q_{j}^{\cdot m},$$

变换系数性质

$$\delta^{i}_{j}=\beta^{i}_{m'}\beta^{m'}_{j},$$

由于 $Q^{i}_{\cdot m}=\beta^{i}_{m'}$，因此 $Q_{j}^{\cdot m}=\beta^{m'}_{j}$，

$$\begin{bmatrix}Q_{1}^{\cdot 1} & Q_{2}^{\cdot 1}\\ Q_{1}^{\cdot 2} & Q_{2}^{\cdot 2}\end{bmatrix}=\begin{bmatrix}\dfrac{\sin(\alpha+\theta)}{\sin\alpha} & \dfrac{b\sin\theta}{a\sin\alpha}\\ -\dfrac{a\sin\theta}{b\sin\alpha} & \dfrac{\sin(\alpha-\theta)}{\sin\alpha}\end{bmatrix}.$$

$\boldsymbol{Q}$ 的分量满足指标升降关系，例如，

$$Q_{1}^{\cdot 2}=g_{1m}Q^{m}_{\cdot n}g^{n2}=g_{11}Q^{1}_{\cdot 1}g^{12}+g_{11}Q^{1}_{\cdot 2}g^{22}+g_{12}Q^{2}_{\cdot 1}g^{12}+g_{12}Q^{2}_{\cdot 2}g^{22},$$

将 g_{ij}，g^{ij}，$Q^{i}_{\cdot j}$ 等代入上式，就可以得到

$$Q_{1}^{\cdot 2}=-\frac{a\sin\theta}{b\sin\alpha}.$$

值得注意的是，在斜直线坐标中，对于混变分量来说，张量的行列式的转置并不等于转置张量的行列式.

$$|Q^{*i}_{\cdot\ j}|\neq|Q^{i}_{\cdot j}|^{*}.$$

这是因为

$$|Q^{*i}_{\cdot\ j}|=|Q_{j}^{\cdot i}|=\begin{vmatrix}Q_{1}^{\cdot 1} & Q_{2}^{\cdot 1}\\ Q_{1}^{\cdot 2} & Q_{2}^{\cdot 2}\end{vmatrix},$$

$$|Q^{i}_{\cdot j}|^{*}=\begin{vmatrix}Q^{1}_{\cdot 1} & Q^{1}_{\cdot 2}\\ Q^{2}_{\cdot 1} & Q^{2}_{\cdot 2}\end{vmatrix}^{*}=\begin{vmatrix}Q^{1}_{\cdot 1} & Q^{2}_{\cdot 1}\\ Q^{1}_{\cdot 2} & Q^{2}_{\cdot 2}\end{vmatrix}.$$

2.9　二阶张量的分解

前面我们研究了一些特殊的二阶张量，如对称张量、反对称张量、正张量和正交张量. 一个任意的二阶张量，可以分解为一些结构较为简单，性质比较单一的特殊张量，称为张量的分解. 分解张量的目的是更好地描述某一个张量的特性.

张量的分解有加法分解和乘法分解.

1. 二阶张量的加法分解

一个任意的二阶张量 $\boldsymbol{T}$ 可以分解为一个对称张量与一个反对称张量的和.

$$\boldsymbol{T}=\frac{1}{2}(\boldsymbol{T}+\boldsymbol{T}^{*})+\frac{1}{2}(\boldsymbol{T}-\boldsymbol{T}^{*})=\boldsymbol{S}+\boldsymbol{\Omega}, \tag{2.21}$$

$$\boldsymbol{S}=\frac{1}{2}(\boldsymbol{T}+\boldsymbol{T}^{*}),\quad \boldsymbol{\Omega}=\frac{1}{2}(\boldsymbol{T}-\boldsymbol{T}^{*}).$$

容易看出,$\boldsymbol{S}$ 和 $\boldsymbol{\Omega}$ 分别具有对称和反对称的性质.

2. 二阶张量的乘法分解(也称为极分解)

任何一个可逆的二阶张量 $\boldsymbol{T}$ 可以唯一地分解为一个正交张量与一个正张量的点积.

$$\boldsymbol{T}=\boldsymbol{Q}\cdot\boldsymbol{H}=\boldsymbol{H}_1\cdot\boldsymbol{Q}_1, \tag{2.22a}$$

式中,$\boldsymbol{Q}$ 和 $\boldsymbol{Q}_1$ 是正交张量,$\boldsymbol{H}$ 和 $\boldsymbol{H}_1$ 是正张量.

正张量位于点乘符号的左侧的分解称为左乘法分解.正张量位于点乘符号的右侧的分解称为右乘法分解.

证明如下:

先证明右乘法.如果张量 $\boldsymbol{T}$ 可以作右分解,即

$$\boldsymbol{T}=\boldsymbol{Q}\cdot\boldsymbol{H},$$

则有

$$\boldsymbol{T}^{*}=\boldsymbol{H}^{*}\cdot\boldsymbol{Q}^{*},$$

$$\boldsymbol{T}^{*}\cdot\boldsymbol{T}=\boldsymbol{H}^{*}\cdot\boldsymbol{Q}^{*}\cdot\boldsymbol{Q}\cdot\boldsymbol{H}=\boldsymbol{H}^{*}\cdot\boldsymbol{G}\cdot\boldsymbol{H}=\boldsymbol{H}^{*}\cdot\boldsymbol{H}=\boldsymbol{H}^{2}.$$

这里,我们使用了已知条件:$\boldsymbol{Q}$ 为正交张量,$\boldsymbol{Q}^{*}\cdot\boldsymbol{Q}=\boldsymbol{G}$. $\boldsymbol{H}$ 是正张量,而正张量必定是对称张量,$\boldsymbol{H}^{*}=\boldsymbol{H}$.这样我们证明右乘法分解是成立的,而且这个正张量就是 $H=\sqrt{\boldsymbol{T}^{*}\cdot\boldsymbol{T}}$.这个式子还表明正张量 H 的求法.令 $\boldsymbol{A}=\boldsymbol{T}^{*}\cdot\boldsymbol{T}$,显然,$\boldsymbol{A}$ 是一个二阶对称张量.对称张量的主方向是正交的.将张量 $\boldsymbol{A}$ 在主坐标单位基矢上分解,则有

$$\boldsymbol{A}=\lambda_1\boldsymbol{e}_1\boldsymbol{e}_1+\lambda_2\boldsymbol{e}_2\boldsymbol{e}_2+\lambda_3\boldsymbol{e}_3\boldsymbol{e}_3.$$

张量 $\boldsymbol{H}$ 与 $\boldsymbol{A}$ 具有相同的主方向.容易得到 $\boldsymbol{H}$ 在主坐标单位基矢上的分解式:

$$\boldsymbol{H}=\sqrt{\lambda_1}\boldsymbol{e}_1\boldsymbol{e}_1+\sqrt{\lambda_2}\boldsymbol{e}_2\boldsymbol{e}_2+\sqrt{\lambda_3}\boldsymbol{e}_3\boldsymbol{e}_3.$$

容易验证,这样构造出来的 $\boldsymbol{H}$ 是正张量.理由是,$\boldsymbol{T}^{*}\cdot\boldsymbol{T}$ 是正张量,这是因为

$$\boldsymbol{u}\cdot(\boldsymbol{T}^{*}\cdot\boldsymbol{T})\cdot\boldsymbol{u}=(\boldsymbol{u}\cdot\boldsymbol{T}^{*})\cdot(\boldsymbol{T}\cdot\boldsymbol{u})=(\boldsymbol{T}\cdot\boldsymbol{u})\cdot(\boldsymbol{T}\cdot\boldsymbol{u})>0.$$

因此 $\boldsymbol{H}=\sqrt{\boldsymbol{T}^{*}\cdot\boldsymbol{T}}=\sqrt{\boldsymbol{A}}$必然也是正张量.这是因为,判断一个二阶张量是否为正张量,就要看它的主值是否为正数.$\boldsymbol{A}=\boldsymbol{T}^{*}\cdot\boldsymbol{T}$ 是正张量,其特征数均为正数,$\lambda_1>0$,$\lambda_2>0$,$\lambda_3>0$. $\boldsymbol{H}$ 的特征数 $\sqrt{\lambda_1}$,$\sqrt{\lambda_2}$,$\sqrt{\lambda_3}$ 均为正数,因此,$\boldsymbol{H}$ 是正张量.

用同样方法可以证明左乘法分解.

$$\boldsymbol{T}=\boldsymbol{H}_1\cdot\boldsymbol{Q}_1,\quad \boldsymbol{T}^{*}=\boldsymbol{Q}_1^{*}\cdot\boldsymbol{H}_1^{*},$$

$$\boldsymbol{T}\cdot\boldsymbol{T}^{*}=\boldsymbol{H}_1\cdot\boldsymbol{Q}_1\cdot\boldsymbol{Q}_1^{*}\cdot\boldsymbol{H}_1^{*}=\boldsymbol{H}_1\cdot\boldsymbol{G}\cdot\boldsymbol{H}_1^{*}=\boldsymbol{H}_1\cdot\boldsymbol{H}_1^{*}=\boldsymbol{H}_1^{2}.$$

因为 $\boldsymbol{T}^{*}\cdot\boldsymbol{T}>0$,故 $\boldsymbol{H}_1$ 是正张量.一般来说,$\boldsymbol{H}_1\neq\boldsymbol{H}$,即左、右乘法分解的正张量是不相等的.

求出正张量 $\boldsymbol{H}$ 或 $\boldsymbol{H}_1$ 之后,就可以求出 $\boldsymbol{Q}$ 或 $\boldsymbol{Q}_1$.例如,可以求出 $\boldsymbol{Q}$,即

$$\boldsymbol{Q}=\boldsymbol{T}\cdot\boldsymbol{H}^{-1}.$$

这样构造出来的 $\boldsymbol{Q}$ 必然为正交张量,这是因为

$$\boldsymbol{Q}^{*}=(\boldsymbol{H}^{-1})^{*}\cdot\boldsymbol{T}^{*}=(\boldsymbol{H}^{*})^{-1}\cdot\boldsymbol{T}^{*}=\boldsymbol{H}^{-1}\cdot\boldsymbol{T}^{*},$$

$$\boldsymbol{Q}^{*}\cdot\boldsymbol{Q}=\boldsymbol{H}^{-1}\cdot\boldsymbol{T}^{*}\cdot\boldsymbol{T}\cdot\boldsymbol{H}^{-1}=\boldsymbol{H}^{-1}\cdot\boldsymbol{H}\cdot\boldsymbol{H}\cdot\boldsymbol{H}^{-1}=\boldsymbol{G}\cdot\boldsymbol{G}=\boldsymbol{G}.$$

同样,由 $\boldsymbol{H}_1$ 也可以求出 $\boldsymbol{Q}_1$,

$$\boldsymbol{Q}_1=\boldsymbol{H}_1^{-1}\cdot\boldsymbol{T}.$$

同样地,$\boldsymbol{Q}_1$ 也必然是正交张量.

$$\begin{aligned}\boldsymbol{Q}_1\cdot\boldsymbol{Q}_1^{*}&=\boldsymbol{H}_1^{-1}\cdot\boldsymbol{T}\cdot\boldsymbol{T}^{*}\cdot(\boldsymbol{H}_1^{-1})^{*}=\boldsymbol{H}_1^{-1}\cdot\boldsymbol{T}\cdot\boldsymbol{T}^{*}\cdot(\boldsymbol{H}_1^{*})^{-1}\\&=\boldsymbol{H}_1^{-1}\cdot\boldsymbol{T}\cdot\boldsymbol{T}^{*}\cdot\boldsymbol{H}_1^{-1}=\boldsymbol{H}_1^{-1}\cdot\boldsymbol{H}_1\cdot\boldsymbol{H}_1\cdot\boldsymbol{H}_1^{-1}=\boldsymbol{G}.\end{aligned}$$

左、右乘法分解的正交张量 $\boldsymbol{Q}$ 和 $\boldsymbol{Q}_1$ 是相等的.这是因为

$$\boldsymbol{T}=\boldsymbol{H}_1\cdot\boldsymbol{Q}_1=\boldsymbol{G}\cdot\boldsymbol{H}_1\cdot\boldsymbol{Q}_1=\boldsymbol{Q}_1\cdot\boldsymbol{Q}_1^{*}\cdot\boldsymbol{H}_1\cdot\boldsymbol{Q}_1.$$

显然,$\boldsymbol{Q}_1^{*}\cdot\boldsymbol{H}_1\cdot\boldsymbol{Q}_1$ 是正张量.由右乘法分解,$\boldsymbol{T}=\boldsymbol{Q}\cdot\boldsymbol{H}$,由分解的唯一性可以看出,

$$\boldsymbol{H}=\boldsymbol{Q}_1^{*}\cdot\boldsymbol{H}_1\cdot\boldsymbol{Q}_1,\quad \boldsymbol{Q}=\boldsymbol{Q}_1.$$

于是,二阶张量的乘法分解可表示为

$$\boldsymbol{T}=\boldsymbol{Q}\cdot\boldsymbol{H}=\boldsymbol{H}_1\cdot\boldsymbol{Q}.\tag{2.22b}$$

2.10　应变张量

物体受到外力作用时都会发生变形.变形的本质就是质点与质点之间的相互位置、相互距离随时间而变化.我们现在只研究物体在变形前和变形后的情况,至于变化过程是怎样的,变化的动力是什么,在这里暂时不作研究.

描述物体的运动通常有两种方法.一种是欧拉(Euler)法.这种方法是研究某一空间固定点的运动情况,即研究一个空间固定点在不同时刻里,物体经过这个空间点的运动方向,速度大小,等等.至于是什么样的物体经过这个固定点,这个物体从何而来,向何而去,欧拉法将不予研究.例如,研究城市的交通情况,我们就选定一个交通道口,观察交通道口的车流量,车的速度和方向.每个交通道口的车流情况清楚了,全市的交通情况也就清楚了.这种研究方法将物体运动的参数(如速度、加速度)表示为空间坐标(x,y,z)的函数,数学上称为场函数,研究场函数的数学方法称为场论.描述物体运动的另一种方法是拉格朗日(Lagrange)法.这个方法跟踪每一个运动的物体,这个物体从何而来,向何而去,运动轨迹如何,这个物体的速度、加速度将如何变

化.这些都是拉格朗日法研究的内容.物体由质点构成,每个质点的运动情况研究清楚了,物体的运动也就清楚了.例如,研究城市交通状况时,我们研究每台汽车的运动轨迹,运动速度.

研究物体变形时,通常使用拉格朗日法.下面我们介绍这种方法.

描述物体运动都离不开坐标.拉格朗日法采用的是一种随体坐标系,即拉格朗日坐标系.这种坐标系将每个坐标点嵌入一个质点.坐标点有无数多点,质点也就有无数多个.物体变形时,坐标点的位置发生变化,质点的相互位置也发生变化.

图 2.4 表示一块薄板的运动和变形.变形之前,我们将拉格朗日坐标系嵌入板内.拉格朗日坐标点为(x^1,x^2),一个坐标点代表一个质点,每个质点都有一个固定的坐标值.例如,质点 a 的坐标点为(3,2),反之,坐标点(3,2)就代表质点 a.变形之后,薄板运动到了新的位置,坐标点用$(\hat{x}^1,\hat{x}^2)$表示.质点 $\hat{a}$ 的坐标仍为(3,2),坐标点(3,2)仍然代表质点 a.也就是说,变形前后质点 a 的坐标值都没有变化.不过,质点的相对位置发生了变化.尽管 a 点的拉格朗日坐标没有发生变化,但质点之间的相对位置和相对距离都发生了变化.例如,变形前,a 点和坐标原点 O_1 的相对距离是 O_1a,变形后,这一距离变成了 $\hat{O}_1\hat{a}$.由图 2.4 可以看到,变形前后质点 a 的拉格朗日坐标没有变化,但坐标尺度变了,而坐标尺度发生变化的原因是薄板发生变形和运动.

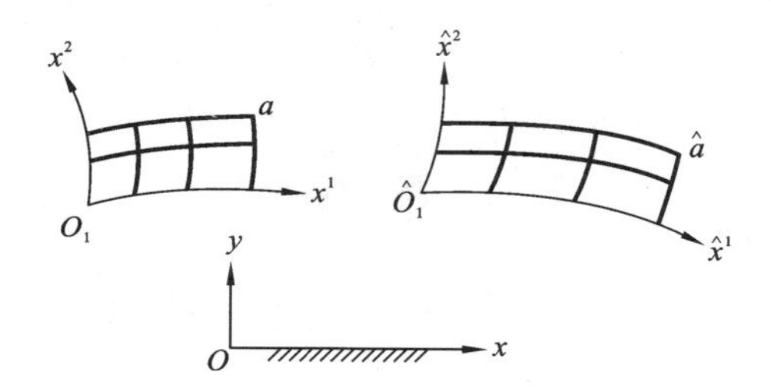

图 2.4　拉格朗日坐标系和欧拉坐标系

描述物体运动的欧拉法采用一种固定坐标 Oxy,也可以称为欧拉坐标系.对于欧拉坐标系,质点 a 的坐标(x,y)是不断变化的.

我们还是用拉格朗日坐标系描述薄板的变形和运动.

质点的拉格朗日坐标是(x^1,x^2),质点的位置也可以用矢径 $\boldsymbol{r}$ 表示.矢径 $\boldsymbol{r}$ 定义为拉格朗日坐标原点向质点位置所作的方向矢量.例如,质点 a 在变形前的坐标值是 $x^1=3,x^2=2$,矢径可表示为

$$\boldsymbol{r}=x^1\boldsymbol{g}_1+x^2\boldsymbol{g}_2=3\boldsymbol{g}_1+2\boldsymbol{g}_2,$$

式中,$\boldsymbol{g}_1$、$\boldsymbol{g}_2$ 是变形前拉格朗日坐标系的基矢.变形后,质点 $\hat{a}$ 的坐标值是 $\hat{x}^1=3,\hat{x}^2=2$,矢径为

$$\hat{\boldsymbol{r}}=\hat{x}^1\hat{\boldsymbol{g}}_1+\hat{x}^2\hat{\boldsymbol{g}}_2=3\hat{\boldsymbol{g}}_1+2\hat{\boldsymbol{g}}_2,$$

式中,$\hat{\boldsymbol{g}}_1$、$\hat{\boldsymbol{g}}_2$ 是变形后拉格朗日坐标系的基矢.显然,$\hat{\boldsymbol{g}}_1$、$\hat{\boldsymbol{g}}_2$ 与 $\boldsymbol{g}_1$、$\boldsymbol{g}_2$ 是不同的.前面

说过，同一质点在变形前后的拉格朗日坐标值 x^i 和 $\hat{x}^i$ 是相同的，但是，基矢发生了变化，即量度长度发生了伸缩变化，于是，质点间的相对位置就发生了变化.

设变形前，两个相邻质点的矢径 $\mathrm{d}\boldsymbol{r}$ 以及距离的平方 $\mathrm{d}s^2$ 为

$$\mathrm{d}\boldsymbol{r}=\mathrm{d}x^i\boldsymbol{g}_i,\quad \mathrm{d}s^2=\mathrm{d}\boldsymbol{r}\cdot\mathrm{d}\boldsymbol{r}=g_{ij}\mathrm{d}x^i\mathrm{d}x^j.$$

变形后，这两质点的坐标 x^i 以及坐标差并没有变化，但基矢 $\hat{\boldsymbol{g}}_i$ 及其度量张量 $\hat{\boldsymbol{g}}_{ij}$ 已经发生了变化，于是两点的矢径以及距离也随之变化.

$$\mathrm{d}\hat{\boldsymbol{r}}=\mathrm{d}\hat{x}^i\hat{\boldsymbol{g}}_i,\quad \mathrm{d}\hat{s}^2=\mathrm{d}\hat{\boldsymbol{r}}\cdot\mathrm{d}\hat{\boldsymbol{r}}=\hat{g}_{ij}\mathrm{d}\hat{x}^i\mathrm{d}\hat{x}^j.$$

因此，

$$\mathrm{d}\hat{s}^2-\mathrm{d}s^2=\hat{g}_{ij}\mathrm{d}\hat{x}^i\mathrm{d}\hat{x}^j-g_{ij}\mathrm{d}x^i\mathrm{d}x^j=(\hat{g}_{ij}-g_{ij})\mathrm{d}x^i\mathrm{d}x^j=2\varepsilon_{ij}\mathrm{d}x^i\mathrm{d}x^j,\tag{2.23a}$$

$$\varepsilon_{ij}=\frac{1}{2}(\hat{g}_{ij}-g_{ij}).\tag{2.23b}$$

ε_{ij} 共有 9 个分量，与 $\hat{g}_{ij}$ 和 g_{ij} 这两张量分量有关. 但它们位于变形前后的不同的参照坐标中，它们差值即 ε_{ij} 在变形前的参照坐标 x^i 中是否为张量尚不清楚. 为了弄清这个情况，我们研究其坐标变换关系.

变形前，设有新、老坐标 $x^{i'}$ 和 x^i，在变形前的新、老坐标中，

$$g_{i'j'}=\frac{\partial x^m}{\partial x^{i'}}\frac{\partial x^n}{\partial x^{j'}}g_{mn}=\beta^m_{i'}\beta^n_{j'}g_{mn},$$

式中，$\beta^i_{j'}$ 是变形前的新、老坐标变换系数.

变形后，设有新、老坐标 $\hat{x}^{i'}$ 和 $\hat{x}^i$，在这两个坐标中，变形后的度量张量 $\hat{g}_{i'j'}$ 的坐标变换式为

$$\hat{g}_{i'j'}=\frac{\partial\hat{x}^m}{\partial\hat{x}^{i'}}\frac{\partial\hat{x}^n}{\partial\hat{x}^{j'}}\hat{g}_{mn}.$$

由于拉格朗日坐标是嵌入坐标，变形前后的坐标值是相同的，即 $\hat{x}^{i'}=x^{i'}$，$\hat{x}^i=x^i$，因此，

$$\hat{g}_{i'j'}=\frac{\partial\hat{x}^m}{\partial\hat{x}^{i'}}\frac{\partial\hat{x}^n}{\partial\hat{x}^{j'}}\hat{g}_{mn}=\frac{\partial x^m}{\partial x^{i'}}\frac{\partial x^n}{\partial x^{j'}}\hat{g}_{mn}=\beta^m_{i'}\beta^n_{j'}\hat{g}_{mn},$$

$$\varepsilon_{i'j'}=\frac{1}{2}(\hat{g}_{i'j'}-g_{i'j'})=\frac{1}{2}\beta^m_{i'}\beta^n_{j'}(\hat{g}_{mn}-g_{mn}).$$

可见，ε_{ij} 满足坐标变换关系，它是二阶张量的协变分量. 如果 ε_{ij} 配上变形前的基矢，

$$\boldsymbol{E}=\varepsilon_{ij}\boldsymbol{g}^i\boldsymbol{g}^j=\varepsilon^{ij}\boldsymbol{g}_i\boldsymbol{g}_j=\varepsilon^{i}_{\cdot j}\boldsymbol{g}_i\boldsymbol{g}^j=\varepsilon_i^{\cdot j}\boldsymbol{g}^i\boldsymbol{g}_j.\tag{2.24a}$$

则称 $\boldsymbol{E}$ 为 Green 应变张量. 如果配上变形后的基矢，

$$\hat{\boldsymbol{E}}=\varepsilon_{ij}\hat{\boldsymbol{g}}^i\hat{\boldsymbol{g}}^j=\hat{\varepsilon}^{ij}\hat{\boldsymbol{g}}_i\hat{\boldsymbol{g}}_j=\hat{\varepsilon}^{i}_{\cdot j}\hat{\boldsymbol{g}}_i\hat{\boldsymbol{g}}^j=\hat{\boldsymbol{\varepsilon}}_i^{\cdot j}\hat{\boldsymbol{g}}^i\hat{\boldsymbol{g}}_j.\tag{2.24b}$$

则称 $\hat{\boldsymbol{E}}$ 为 Almansi 应变张量. $\boldsymbol{E}$ 和 $\hat{\boldsymbol{E}}$ 都是对称张量.

$\boldsymbol{E}$ 和 $\hat{\boldsymbol{E}}$ 的协变分量相同，$\hat{\varepsilon}_{ij}=\varepsilon_{ij}$，但是其他分量不相同，例如，

$$\varepsilon^{ij}=g^{im}g^{jn}\varepsilon_{mn},\quad \hat{\varepsilon}^{ij}=\hat{g}^{im}\hat{g}^{jn}\varepsilon_{mn}.$$

由于 $g^{im}=\boldsymbol{g}^i\cdot\boldsymbol{g}^m$，$\hat{g}^{im}=\hat{\boldsymbol{g}}^i\cdot\hat{\boldsymbol{g}}^m\neq g^{im}$，因此，$\varepsilon^{ij}\neq\hat{\varepsilon}^{ij}$. 值得注意的是，虽然有定义

$$\varepsilon_{ij}=\frac{1}{2}(\hat{g}_{ij}-g_{ij}),$$

但是

$$\varepsilon^{ij}\neq\frac{1}{2}(\hat{g}^{ij}-g^{ij}).$$

关于这一点可以由指标升降关系看出，

$$\varepsilon^{ij}=g^{im}g^{jn}\varepsilon_{mn}=\frac{1}{2}(\hat{g}_{mn}-g_{mn})g^{im}g^{jn}=\frac{1}{2}(\hat{g}_{mn}g^{im}g^{jn}-g_{mn}g^{im}g^{jn})$$

$$=\frac{1}{2}(\hat{g}_{mn}g^{im}g^{jn}-g^{ij})$$

$$\neq\frac{1}{2}(\hat{g}^{ij}-g^{ij}).$$

以上是有关应变张量的概念，至于应变张量的表达式，下一章将作详细介绍. 因为应变张量涉及到物体的变形、质点的位移和速度，这些将是下一章研究的内容.

物体发生变形时，物质线（由质点构成的直线）的伸长率称线应变. 由两条物质线构成的角度称为物质角. 物质角的变化量称为角剪切应变. 线应变、剪切应变（又称角应变）与应变张量 ε_{ij} 存在一定的关系.

设有一条沿 l 方向的物质线元，变形前的长度为 $\mathrm{d}s$，变形后的长度为 $\mathrm{d}\hat{s}$，定义该方向的线应变 $\varepsilon(l)$ 为

$$\varepsilon(l)=\frac{\mathrm{d}\hat{s}-\mathrm{d}s}{\mathrm{d}s},\tag{2.25a}$$

将 $\mathrm{d}\hat{s}=\sqrt{\hat{g}_{ij}\mathrm{d}x^i\mathrm{d}x^j}$ 和 $\mathrm{d}s=\sqrt{g_{ij}\mathrm{d}x^i\mathrm{d}x^j}$ 代入上式，得到

$$\varepsilon(l)=\frac{\sqrt{\hat{g}_{ij}\mathrm{d}x^i\mathrm{d}x^j}}{\sqrt{g_{ij}\mathrm{d}x^i\mathrm{d}x^j}}-1,\tag{2.25b}$$

以 $\varepsilon_{ij}=\frac{1}{2}(\hat{g}_{ij}-g_{ij})$ 代入，得到

$$\varepsilon(l)=\frac{\sqrt{(g_{ij}+2\varepsilon_{ij})\mathrm{d}x^i\mathrm{d}x^j}}{\sqrt{g_{ij}\mathrm{d}x^i\mathrm{d}x^j}}-1.\tag{2.25c}$$

这就是线应变 $\varepsilon(l)$ 与应变张量 ε_{ij} 的关系.

为了进一步理解上式的含义，我们考虑沿坐标 x^1 方向的线应变. 设线元 l 只有 x^1 方向的伸长，即 $\mathrm{d}x^1\neq0$，$\mathrm{d}x^2=0$，$\mathrm{d}x^3=0$，于是

$$\varepsilon(x^1)=\frac{\sqrt{(g_{11}+2\varepsilon_{11})\mathrm{d}x^1\mathrm{d}x^1}}{\sqrt{g_{11}\mathrm{d}x^1\mathrm{d}x^1}}-1=\sqrt{1+\frac{2\varepsilon_{11}}{g_{11}}}-1=\frac{\varepsilon_{11}}{g_{11}}-\frac{1}{2}\left(\frac{\varepsilon_{11}}{g_{11}}\right)^2+\cdots.$$

对于小变形，忽略高阶微量，则有 $\varepsilon(x^1)=\varepsilon_{11}/g_{11}$，直角坐标系中，$g_{11}=1$，$\varepsilon(x)=\varepsilon_{11}=\varepsilon_{xx}$.

下面我们分析剪切应变（角应变）.

连续介质力学中的剪切应变是这样定义的. 设有两条线元,变形之前为 $\mathrm{d}\boldsymbol{r}_{(1)}$ 和 $\mathrm{d}\boldsymbol{r}_{(2)}$,交角为 90°,变形后,这两条线元变为 $\mathrm{d}\hat{\boldsymbol{r}}_{(1)}$ 和 $\mathrm{d}\hat{\boldsymbol{r}}_{(2)}$,并且交角 $\theta_{(1,2)}$ 不再是 90°了. 如图 2.5 所示.

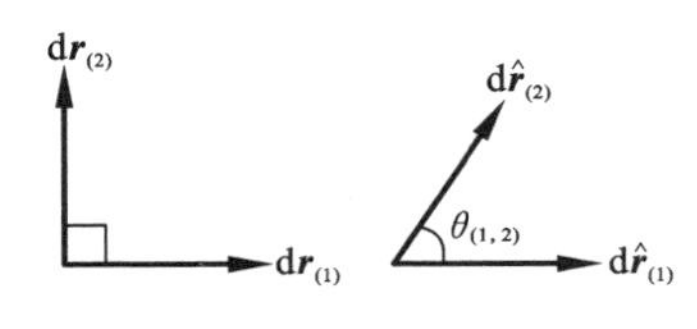

图 2.5　剪切变形

变形前,$\mathrm{d}\boldsymbol{r}_{(1)}$ 和 $\mathrm{d}\boldsymbol{r}_{(2)}$ 正交,

$$\mathrm{d}\boldsymbol{r}_{(1)} \cdot \mathrm{d}\boldsymbol{r}_{(2)} = g_{ij}\,\mathrm{d}x^i_{(1)}\,\mathrm{d}x^j_{(2)} = 0.$$

变形后,$\mathrm{d}\hat{\boldsymbol{r}}_{(1)}$ 和 $\mathrm{d}\hat{\boldsymbol{r}}_{(2)}$ 的夹角为 $\theta_{(1,2)}$,于是

$$\cos\theta_{(1,2)} = \frac{\mathrm{d}\hat{\boldsymbol{r}}_{(1)} \cdot \mathrm{d}\hat{\boldsymbol{r}}_{(2)}}{\mathrm{d}\hat{s}_{(1)}\,\mathrm{d}\hat{s}_{(2)}}. \tag{2.26a}$$

式中,$\mathrm{d}\hat{s}_{(1)}$ 和 $\mathrm{d}\hat{s}_{(2)}$ 分别为 $\mathrm{d}\hat{\boldsymbol{r}}_{(1)}$ 和 $\mathrm{d}\hat{\boldsymbol{r}}_{(2)}$ 的长度. 变形前后两线元夹角的变化量 $\gamma_{(1,2)}$ 称为剪切应变(角应变).

$$\gamma_{(1,2)} = \frac{\pi}{2} - \theta_{(1,2)}. \tag{2.26b}$$

由于

$$\mathrm{d}\hat{\boldsymbol{r}}_{(1)} \cdot \mathrm{d}\hat{\boldsymbol{r}}_{(2)} = \hat{g}_{ij}\,\mathrm{d}x^i_{(1)}\,\mathrm{d}x^i_{(2)} = (g_{ij} + 2\varepsilon_{ij})\,\mathrm{d}x^i_{(1)}\,\mathrm{d}x^j_{(2)} = 2\varepsilon_{ij}\,\mathrm{d}x^i_{(1)}\,\mathrm{d}x^j_{(2)}.$$

这里我们使用了

$$g_{ij}\,\mathrm{d}x^{(i)}_{(1)}\,\mathrm{d}x^j_{(2)} = 0. \quad (\text{垂直条件})$$

所以

$$\mathrm{d}\hat{s}_{(1)} = \sqrt{\mathrm{d}\hat{\boldsymbol{r}}_{(1)} \cdot \mathrm{d}\hat{\boldsymbol{r}}_{(1)}} = \sqrt{\hat{g}_{rs}\,\mathrm{d}x^r_{(1)}\,\mathrm{d}x^s_{(1)}} = \sqrt{(g_{rs} + 2\varepsilon_{rs})\,\mathrm{d}x^r_{(1)}\,\mathrm{d}x^s_{(2)}},$$

$$\mathrm{d}\hat{s}_{(2)} = \sqrt{\mathrm{d}\hat{\boldsymbol{r}}_{(2)} \cdot \mathrm{d}\hat{\boldsymbol{r}}_{(2)}} = \sqrt{\hat{g}_{mn}\,\mathrm{d}x^m_{(2)}\,\mathrm{d}x^n_{(2)}} = \sqrt{(g_{mn} + 2\varepsilon_{mn})\,\mathrm{d}x^m_{(2)}\,\mathrm{d}x^n_{(2)}},$$

$$\sin\gamma_{(1,2)} = \cos\theta_{(1,2)} = \frac{2\varepsilon_{ij}\,\mathrm{d}x^i_{(1)}\,\mathrm{d}x^j_{(2)}}{\sqrt{(g_{rs} + 2\varepsilon_{rs})\,\mathrm{d}x^r_{(1)}\,\mathrm{d}x^s_{(1)}}\,\sqrt{(g_{mn} + 2\varepsilon_{mn})\,\mathrm{d}x^m_{(2)}\,\mathrm{d}x^n_{(2)}}}. \tag{2.26c}$$

这就是剪切应变与应变张量的关系.

现在我们研究直角坐标 x,y 平面内的剪切应变. 选择 $\mathrm{d}\boldsymbol{r}_{(1)}$ 和 $\mathrm{d}\boldsymbol{r}_{(2)}$ 分别沿 x^1 和 x^2 轴,即它们只有一个分量,

$$\mathrm{d}\boldsymbol{r}_{(1)} = \mathrm{d}x^1_{(1)}\,\boldsymbol{g}_1, \quad \mathrm{d}\boldsymbol{r}_{(2)} = \mathrm{d}x^2_{(2)}\,\boldsymbol{g}_2,$$

$$\sin\gamma_{(1,2)} = \frac{2\varepsilon_{12}\,\mathrm{d}x^1_{(1)}\,\mathrm{d}x^2_{(2)}}{\sqrt{(g_{11} + 2\varepsilon_{11})\,\mathrm{d}x^1_{(1)}\,\mathrm{d}x^1_{(1)}}\,\sqrt{(g_{22} + 2\varepsilon_{22})\,\mathrm{d}x^2_{(2)}\,\mathrm{d}x^2_{(2)}}}$$

$$= \frac{2\varepsilon_{12}}{\sqrt{g_{11} + 2\varepsilon_{11}}\,\sqrt{g_{22} + 2\varepsilon_{22}}}.$$

对于直角坐标系，$g_{11}=1, g_{22}=1$

$$\sin\gamma_{(1,2)}=\frac{2\varepsilon_{12}}{\sqrt{(1+2\varepsilon_{11})}\sqrt{(1+2\varepsilon_{22})}}.$$

对于小变形，$\gamma_{(1,2)}=2\varepsilon_{12}$.

2.11 本构关系

在弹性力学、流体力学中，描述物体受力响应的连续性方程、动量方程(或静力平衡方程)是不封闭的. 这些方程属于守恒型方程，对于任何连续介质都成立. 为了使这些守恒型的方程封闭，还必须引入一组反映物质性质的方程——本构方程. 本构方程建立应力与应变的关系，称为本构关系. 建立物质的本构关系，最权威的方法是实验研究，例如材料的力学性能实验. 但由于力学性能的复杂性以及物质的多样性，对于各种各样的加载过程都要依靠实验成果建立本构关系是很难实现的. 下面介绍的本构关系是基于实验成果提出的应力和应变的张量函数关系.

2.11.1 线性本构关系

材料的本构关系是材料的应变与材料所受到的应力的函数关系. 如果应变不大(弹性应变)，则应力应变表现为线性关系，即

$$P^{ij}=A^{ijmn}\varepsilon_{mn}. \tag{2.27}$$

如果系数 A^{ijmn} 与方向有关，不同方向有不同的本构方程，则称这类物质是各向异性的. 如果系数 A^{ijmn} 与方向无关，即任何方向的系数 A^{ijmn} 都是一样的，则称这类物质是各向同性的.

应力应变本构方程的一般形式可用张量线性函数表示，即

$$\boldsymbol{P}=k_0\boldsymbol{G}+k_1\boldsymbol{E}. \tag{2.28}$$

式中，$\boldsymbol{P}$ 为应力张量，$\boldsymbol{G}$ 为度量张量，$\boldsymbol{E}$ 是应变张量.

对于各向同性物质，系数 k_0 和 k_1 与坐标变化无关，是不变量. 这就是说，k_0 和 k_1 只能含有应变张量 $\boldsymbol{E}$ 的三个不变量 I_1^E, I_2^E, I_3^E. I_1^E 含有应变张量 ε_{ij} 的一次项，而 I_2^E，I_3^E 则含有 ε_{ij} 的二次项和三次项. 应力 P^{ij} 是 ε_{ij} 的线性函数，因而 k_0 可能是 I_1^E 的线性函数($\boldsymbol{G}$ 与应变张量 $\boldsymbol{E}$ 无关)，$k_0=\alpha+\lambda I_1^E$，α 和 λ 为常数，k_1 则不能与 I_1 有关，应为常数，设为 $k_1=2\mu$，于是

$$\boldsymbol{P}=\alpha\boldsymbol{G}+\lambda I_1^E\boldsymbol{G}+2\mu\boldsymbol{E}. \tag{2.29}$$

2.11.2 弹性力学的本构方程

考虑物体的弹性变形.

材料没有变形时，应力为零. 式(2.29)中 $\alpha=0$，此外，

$$I_1^E=\varepsilon^{1}_{\cdot 1}+\varepsilon^{2}_{\cdot 2}+\varepsilon^{3}_{\cdot 3}=\varepsilon^{n}_{\cdot n},$$

因此，

$$P^{ij}=\lambda\varepsilon^{n}_{\cdot n}g^{ij}+2\mu\varepsilon^{ij}=(\lambda g^{mn}g^{ij}+2\mu g^{im}g^{jn})\varepsilon_{mn}.$$

下面我们讨论用材料的拉伸实验确定常数 λ 和 μ.

在直角坐标系中，P^{ij} 与 ε_{mn} 的关系式为

$$\begin{aligned}P_{ij}&=(\lambda\delta_{mn}\delta_{ij}+2\mu\delta_{im}\delta_{jn})\varepsilon_{mn}\\&=\lambda\varepsilon_{mm}\delta_{ij}+2\mu\varepsilon_{ij}\\&=\lambda I_1^E\delta_{ij}+2\mu\varepsilon_{ij}.\end{aligned}\tag{2.30}$$

式中，

$$I_1^E=\varepsilon_{11}+\varepsilon_{22}+\varepsilon_{33}=\varepsilon_{mm}=\mathrm{tr}E,$$

即 I_1^E 是张量 $\boldsymbol{E}$ 的第一不变量，也称为张量 $\boldsymbol{E}$ 的迹，记作 tr$\boldsymbol{E}$. 下面我们求应力张量 $\boldsymbol{P}$ 的迹.

$$\mathrm{tr}\boldsymbol{P}=P_{mm}=\lambda I_1^E\delta_{mm}+2\mu\varepsilon_{mm}=(3\lambda+2\mu)I_1^E,$$

$$I_1^E=\frac{\mathrm{tr}\boldsymbol{P}}{3\lambda+2\mu}.$$

于是我们得到

$$P_{ij}=\delta_{ij}\frac{\lambda}{3\lambda+2\mu}\mathrm{tr}\boldsymbol{P}+2\mu\varepsilon_{ij}.\tag{2.31}$$

下面我们作简单拉伸试验. $P_{11}\neq0$，$P_{22}=P_{33}=0$，$P_{12}=P_{23}=P_{31}=0$，此时，

$$\mathrm{tr}\boldsymbol{P}=P_{11}.$$

由式(2.31)得到

$$P_{11}=\frac{\lambda}{3\lambda+2\mu}P_{11}+2\mu\varepsilon_{11},$$

$$O=P_{22}=\frac{\lambda}{3\lambda+2\mu}P_{11}+2\mu\varepsilon_{22},$$

$$O=P_{33}=\frac{\lambda}{3\lambda+2\mu}P_{11}+2\mu\varepsilon_{33},$$

$$\varepsilon_{12}=\varepsilon_{23}=\varepsilon_{31}=0,\tag{2.32a}$$

$$2\mu\varepsilon_{11}=\left(1-\frac{\lambda}{3\lambda+2\mu}\right)P_{11}=\frac{2(\lambda+\mu)}{3\lambda+2\mu}P_{11},\tag{2.32b}$$

$$2\mu\varepsilon_{22}=-\frac{\lambda}{3\lambda+2\mu}P_{11},\tag{2.32c}$$

$$2\mu\varepsilon_{33}=-\frac{\lambda}{3\lambda+2\mu}P_{11}.\tag{2.32d}$$

对于简单拉伸，有虎克定律，$P_{11}=E\varepsilon_{11}$，式中 E 是弹性模量，由式(2.32b)可得

$$E=\frac{3\lambda+2\mu}{\lambda+\mu}\mu.$$

又 $\varepsilon_{22}=\varepsilon_{33}=-\nu\varepsilon_{11}$，$\nu$ 称为泊松比，由式(2.32b)和(2.32c)得到

$$\nu=-\frac{\varepsilon_{22}}{\varepsilon_{11}}=\frac{\lambda}{2(\lambda+\mu)}.$$

反解得

$$\mu=\frac{E}{2(1+\nu)},\quad \lambda=\frac{\nu E}{(1+\nu)(1-2\nu)}.$$

将 μ,λ 代入式(2.31)得到

$$P_{ij}=\delta_{ij}\frac{\nu}{1+\nu}\mathrm{tr}\boldsymbol{P}+\frac{E}{1+\nu}\varepsilon_{ij}, \tag{2.33a}$$

$$\varepsilon_{ij}=\frac{1+\nu}{E}P_{ij}-\delta_{ij}\frac{\nu}{E}\mathrm{tr}\boldsymbol{P}. \tag{2.33b}$$

式(2.33a)是应力应变本构方程，式(2.33b)称为广义虎克定律.

2.11.3 流体力学的本构方程

考虑流体的应力.

上面讨论了固体的应力，固体的应力属于变形应力.没有变形时，固体的应力为零，式(2.29)中的系数 $\alpha=0$.流体的切应力属于分子应力.经典的切应力称为粘性切应力，或牛顿粘性切应力，其表达式为

$$\tau=\mu\frac{\mathrm{d}u}{\mathrm{d}y}.$$

如果用应变张量表示，则有

$$\tau_{ij}=2\mu\varepsilon_{ij}=\mu\left(\frac{\partial v_j}{\partial x^i}+\frac{\partial v_i}{\partial x^j}\right), \tag{2.34a}$$

$$\varepsilon_{ij}=\frac{1}{2}\left(\frac{\partial v_j}{\partial x^i}+\frac{\partial v_i}{\partial x^j}\right). \tag{2.34b}$$

这里，$\boldsymbol{v}$ 是流体运动的速度.有关速度的导数，即一阶张量对时间的导数，下章再作介绍，这里仅仅是借用这个概念.ε_{ij} 称为角变形速率.

除了切应力，流体还受到正应力的作用.流体静止时，流体微团仍承受压应力，即压强 p.压强属于分子之间的作用力，永不为零.对于流体，式(2.29)中 $\alpha=-p$，应力与应变速率的本构关系为

$$\boldsymbol{P}=-p\boldsymbol{G}+\lambda I_1^E\boldsymbol{G}+2\mu\boldsymbol{E}. \tag{2.35a}$$

由(2.34b)得到

$$I_1^E=\varepsilon_{mm}=\varepsilon_{11}+\varepsilon_{22}+\varepsilon_{33}=\mathrm{div}\boldsymbol{v}$$

这里 $\mathrm{div}\boldsymbol{v}$ 是散度，有关散度的概念下章还将作进一步介绍.

式(2.35a)可改写为

$$\boldsymbol{P}=-p\boldsymbol{G}+\lambda\mathrm{div}\boldsymbol{v}\boldsymbol{G}+2\mu\boldsymbol{E}. \tag{2.35b}$$

在直角坐标中，则有

$$P_{ij}=-p\delta_{ij}+\lambda\mathrm{div}\boldsymbol{v}\delta_{ij}+2\mu\varepsilon_{ij},$$

习惯上写成

$$P_{ij}=-p\delta_{ij}+2\mu\left(\varepsilon_{ij}-\frac{1}{3}\mathrm{div}\boldsymbol{v}\delta_{ij}\right)+\mu'\mathrm{div}\boldsymbol{v}\delta_{ij},$$

$$\mu'=\lambda+\frac{2}{3}\mu.$$

式中，μ'称为流体的膨胀粘性系数，这个系数反映了流体发生膨胀（或收缩）运动时的机械能耗散（不可逆地转化为热能）. 如果忽略膨胀耗散的影响，则流体力学的本构方程为

$$P_{ij}=-p\delta_{ij}+2\mu\left(\varepsilon_{ij}-\frac{1}{3}\mathrm{div}\boldsymbol{v}\delta_{ij}\right).\tag{2.36a}$$

如果 $\mathrm{div}\boldsymbol{v}=0$（不可压缩流体），则有

$$P_{ij}=-p\delta_{ij}+2\mu\varepsilon_{ij}.\tag{2.36b}$$

如果用切应力表示，$\tau_{ij}=2\mu\varepsilon_{ij}$，则有

$$P_{ij}=-p\delta_{ij}+\tau_{ij}.\tag{2.36c}$$

从上面的叙述看出，本构关系反映物质的内部特性. 不同物质表现不同的特性，研究的方法自然就不相同. 对于弹性固体，本构关系的依据是材料的简单拉伸实验. 最简单的本构方程是虎克定律 $\sigma=E\varepsilon$. 对于粘性流体，本构关系的依据是剪切流动的牛顿粘性实验，最简单的本构方程是牛顿粘性定律 $\tau=\mu\dfrac{\mathrm{d}v}{\mathrm{d}y}$.

习　题　2

2.1　求证：二阶张量 $\boldsymbol{T}$ 及其转置张量 $\boldsymbol{T}^*$ 的行列式相等，$\det\boldsymbol{T}=\det\boldsymbol{T}^*$.

2.2　求证：$\boldsymbol{u},\boldsymbol{v}$ 为矢量，$\boldsymbol{A}=\boldsymbol{uv},\boldsymbol{B}=\boldsymbol{vu}$，$\boldsymbol{A}$ 和 $\boldsymbol{B}$ 的特征方程相同.

2.3　在直角坐标系中，二阶张量 $\boldsymbol{T}$ 的分量矩阵为

$$[T_{ij}]=\begin{bmatrix}-1 & 13 & -9\\ -2 & 8 & -3\\ -2 & 4 & 1\end{bmatrix},$$

试求张量 $\boldsymbol{T}$ 的主值和主方向.

2.4　$\boldsymbol{u},\boldsymbol{v}$ 为矢量，求证 $(\boldsymbol{uv})^*=\boldsymbol{vu}$.

2.5　已知 $\boldsymbol{A},\boldsymbol{B}$ 为可逆二阶张量，求证：

(1) $(\boldsymbol{A}^*)^{-1}=(\boldsymbol{A}^{-1})^*$；

(2) $(\boldsymbol{A}\cdot\boldsymbol{B})^{-1}=\boldsymbol{B}^{-1}\cdot\boldsymbol{A}^{-1}$.

2.6　设反对称张量 $\boldsymbol{\Omega}$ 的反偶矢量为 $\boldsymbol{\omega}$，即 $\boldsymbol{\omega}=-\dfrac{1}{2}\boldsymbol{\varepsilon}:\boldsymbol{\Omega}$，求证：$\boldsymbol{\Omega}\cdot\boldsymbol{\omega}=0$.

2.7　$\boldsymbol{u},\boldsymbol{v}$ 为矢量，$\boldsymbol{\Omega}=\boldsymbol{uv}-\boldsymbol{vu}$ 为二阶反对称张量. 设 $\boldsymbol{\omega}$ 为 $\boldsymbol{\Omega}$ 的反偶矢量，求证：$\boldsymbol{\omega}=\boldsymbol{v}\times\boldsymbol{u}$.

2.8　$\boldsymbol{T}$ 为二阶张量，$\boldsymbol{u},\boldsymbol{v}$ 为矢量，将 $\boldsymbol{T}$ 分解为对称张量和反对称张量，设其反对称张量的反偶矢量为 $\boldsymbol{\omega}$，求证：$\boldsymbol{u}\cdot\boldsymbol{T}\cdot\boldsymbol{v}-\boldsymbol{v}\cdot\boldsymbol{T}\cdot\boldsymbol{u}=-2\boldsymbol{\omega}\cdot(\boldsymbol{u}\times\boldsymbol{v})$.

2.9　对于任意二阶张量 $\boldsymbol{T}$，求证：$\boldsymbol{T}\cdot\boldsymbol{T}^*$ 和 $\boldsymbol{T}^*\cdot\boldsymbol{T}$ 为正张量.

2.10　试证：正交张量 $\boldsymbol{Q}$ 的行列式值 $\det\boldsymbol{Q}=\pm 1$.

2.11　设 $\boldsymbol{Q}$ 为正交张量，$\boldsymbol{H}$ 为正张量，则 $\boldsymbol{Q}\cdot\boldsymbol{H}\cdot\boldsymbol{Q}^*$ 和 $\boldsymbol{Q}^*\cdot\boldsymbol{H}\cdot\boldsymbol{Q}$ 也是正张量.

2.12　设二阶张量 $\boldsymbol{T}$ 的特征值为 λ，特征方向为 $\boldsymbol{a}$，即 $\boldsymbol{T}\cdot\boldsymbol{a}=\lambda\boldsymbol{a}$，求证：二阶张量 $\boldsymbol{Q}\cdot\boldsymbol{T}\cdot\boldsymbol{Q}^*$（$\boldsymbol{Q}$ 为正交张量）的特征值也是 λ，特征方向则是 $\boldsymbol{Q}\cdot\boldsymbol{a}$.

2.13　在直角坐标中，二阶对称张量 $\boldsymbol{N}$ 的分量矩阵为

$$[N_{ij}]=\begin{bmatrix}6 & -1 & -2\\ -1 & 7 & 1\\ -2 & 1 & 6\end{bmatrix},$$

试求在此坐标中 $\sqrt{\boldsymbol{N}}$ 的分量.

2.14　二阶张量 $\boldsymbol{T}$ 的直角坐标分量矩阵式为

$$[T_{ij}]=\begin{bmatrix}-\dfrac{1}{2} & -\dfrac{\sqrt{3}}{2} & 0\\ \sqrt{3} & -1 & 0\\ 0 & 0 & 3\end{bmatrix},$$

试求 $\boldsymbol{T}$ 的乘法分解式.

第 3 章　张量微积分

数学分析研究标量函数的微积分,张量分析则研究张量函数的微积分. 我们研究的许多张量,例如,速度矢量、应力张量、应变张量等都是和物质(质点)密切相关的,或者说是质点特有的. 质点是移动的,描述质点特征的矢量、张量将随坐标的变化而变化. 标量是三维坐标以及时间的因变量,张量也是三维坐标以及时间的因变量. 标量函数只有一个因变量,即标量本身,张量则有分量及并基矢等多个因变量,当自变量发生变化时,张量的分量以及并基矢都会发生变化. 张量的变化远比标量变化复杂. 例如,张量的微分,或者说两个坐标邻点上张量的增值为 $\Delta\boldsymbol{T}=\Delta(T^{i}{}_{\cdot j}\boldsymbol{g}_i\boldsymbol{g}_j)=\Delta T^{i}{}_{\cdot j}\boldsymbol{g}_i\boldsymbol{g}^j+T^{i}{}_{\cdot j}(\Delta\boldsymbol{g}_i\boldsymbol{g}^j+\boldsymbol{g}_i\Delta\boldsymbol{g}^j)$,也就是说,张量的微分包括分量的微分和并基矢的微分. 张量分量的微分和标量函数的微分没有什么区别,用标量微分法就能顺利处理. 而基矢是矢量,其微分仍然是矢量. 基矢的微分将是张量微分的重要内容. 基矢的微分问题弄清楚了,看似错综复杂,变化诡异的张量微分问题也就迎刃而解了.

本章主要研究分析张量的微分,而张量的积分与标量的积分有很多相似之处,因此本章只研究张量积分的特别问题.

3.1　张量场函数

张量场函数的定义是:

设在空间某个区域内的每一个点 $\boldsymbol{r}=\boldsymbol{r}(x^i)$,其中 x^i 为任意曲线坐标,都定义有同类型的张量

$$\boldsymbol{T}(\boldsymbol{r})=T^{i\cdots j}{}_{\cdot\cdots\cdot m\cdots n}\boldsymbol{g}_i\cdots\boldsymbol{g}_j\boldsymbol{g}^m\cdots\boldsymbol{g}^n,$$

则称 $\boldsymbol{T}(\boldsymbol{r})$ 为张量场函数.

例如,物体变形时,质点的位移 $\boldsymbol{u}$ 是坐标的函数,称为位移矢量场. 点的表面应力用应力张量描述,称为应力张量场.

张量场函数有下列含义:

(1) 对于空间每一个点,张量的分量及基矢都有一个确定值.

(2) 对于空间确定点,张量都有同类型的分量(逆变、协变、混变).

(3) 对于空间确定点,张量的分量都服从指标升降关系.

(4) 当坐标变换时，张量的分量都服从坐标变换规律.

上述四个含义中，含义(1)要求张量的分量和基矢有一个确定值，后三个含义是张量的性质. 张量场的定义用这四个含义表示，这样的定义才是张量场的完整定义.

张量的许多性质都与基矢有关. 在介绍张量场定义的时候，简单地回顾基矢的性质是十分有益的.

1. 坐标基矢的定义

协变基矢定义为点的矢径沿坐标线方向的变化率.

在任意曲线坐标系中，空间点的位置用点的矢径 $\boldsymbol{r}=\boldsymbol{r}(x^1,x^2,x^3)$ 表示，由两个邻点的矢径差引出坐标系的协变基矢.

$$\mathrm{d}\boldsymbol{r}=\frac{\partial \boldsymbol{r}}{\partial x^i}\mathrm{d}x^i=\frac{\partial \boldsymbol{r}}{\partial x^1}\mathrm{d}x^1+\frac{\partial \boldsymbol{r}}{\partial x^2}\mathrm{d}x^2+\frac{\partial \boldsymbol{r}}{\partial x^3}\mathrm{d}x^3=\mathrm{d}x^1\boldsymbol{g}_1+\mathrm{d}x^2\boldsymbol{g}_2+\mathrm{d}x^3\boldsymbol{g}_3.$$

坐标系的协变基矢定义为矢径对坐标的偏导数，

即

$$\boldsymbol{g}_i=\frac{\partial \boldsymbol{r}}{\partial x^i},$$

也就是说，坐标线 x^i 上相距为 1 个单位长度的两个点的矢量定义为协变基矢. 由此定义的协变基矢 $\boldsymbol{g}_i$ 的大小和方向随点的位置而改变，因此 $\boldsymbol{g}_i$ 又称为局部基矢.

逆变基矢属于协变基矢的伴生基矢. 其定义是

$$\boldsymbol{g}^i\cdot\boldsymbol{g}_j=\delta^i_j=\begin{cases}1, & i=j,\\ 0, & i\neq j.\end{cases}$$

δ^i_j 为克罗内克尔符号. 协变基矢 $\boldsymbol{g}_i$ 不是单位矢量，协变基矢相互之间不正交. 于是，逆变基矢也不是单位矢量，相互之间也不正交.

逆变基矢不能定义为矢径对坐标的偏导数，对于一个坐标系可以定义协变基矢和逆变基矢. 基矢有协变和逆变之分，但没有协变坐标系和逆变坐标系之分.

2. 基矢的坐标变换关系

对于空间某一位置可用不同坐标表示，坐标之间应该满足雅可比(Jacobian)行列式. 这是我们在第 1 章介绍过的问题. 现以平面坐标为例予以说明.

点矢径可以用直角坐标 x,y 表示，也可以用曲线坐标 u,v 表示：

$$\boldsymbol{r}=\boldsymbol{r}(x,y)=\boldsymbol{r}(x(u,v),y(u,v)).$$

函数 $x=x(u,v)$ 表示坐标 x 与 u,v 的关系，也就是坐标变换的函数关系. 同样地，$y=y(u,v)$ 表示 y 与 u,v 的坐标变换关系. 坐标变换必需满足 Jacobian 行列式. 例如，对 x 求导，有

$$x=x(u,v),$$

$$1=\frac{\partial x}{\partial u}\frac{\partial u}{\partial x}+\frac{\partial x}{\partial v}\frac{\partial v}{\partial x},$$

$$0=\frac{\partial x}{\partial u}\frac{\partial u}{\partial y}+\frac{\partial x}{\partial v}\frac{\partial v}{\partial y}.$$

$\frac{\partial x}{\partial u},\frac{\partial x}{\partial v}$存在的条件是系数行列式不为零，

$$\begin{vmatrix}\frac{\partial u}{\partial x} & \frac{\partial v}{\partial x}\\ \frac{\partial u}{\partial y} & \frac{\partial v}{\partial y}\end{vmatrix}=\frac{\partial(u,v)}{\partial(x,y)}\neq 0.$$

这就是第 1 章介绍过的雅可比行列式. 满足雅可比行列式就意味着坐标变换函数单值、连续、光滑而且可逆.

由于坐标系之间有变换关系，基矢之间也有变换关系，即

$$\boldsymbol{g}_{i'}=\beta_{i'}^{j}\boldsymbol{g}_j,\quad \beta_{i'}^{j}=\frac{\partial x^j}{\partial x^{i'}},$$

$$\boldsymbol{g}^{i'}=\beta_{j}^{i'}\boldsymbol{g}^j,\quad \beta_{j}^{i'}=\frac{\partial x^{i'}}{\partial x^j}.$$

坐标变换系数满足可逆关系

$$\beta_{m'}^{i}\beta_{j}^{m'}=\delta_j^i,\quad \beta_{m}^{i'}\beta_{j'}^{m}=\delta_{j'}^{i'}.$$

3. 基矢的指标升降关系

当矢量 $\boldsymbol{F}$ 在协变基上分解的时候，矢量的逆变分量等于该矢量与逆变基矢的点积，

$$\boldsymbol{F}=F^i\boldsymbol{g}_i=(\boldsymbol{F}\cdot\boldsymbol{g}^i)\boldsymbol{g}_i.$$

于是有基矢的指标升降关系

$$\boldsymbol{g}^i=g^{ij}\boldsymbol{g}_j.$$

在研究和分析张量场函数的微积分时，会多次使用到以上的定义式和关系式.

对于标量场，人们用等值线、梯度来描述标量场的特性. 对于矢量场，人们研究矢量函数的散度和旋度. 下面我们研究张量场的微积分，其内容实际上是标量场论、矢量场论的推广，即研究张量的梯度、散度、旋度的微积分运算规律.

3.2　克里斯托弗符号

克里斯托弗(Christoffel)符号是张量微分中很重要的符号. 当张量场不均匀分布时，就会出现张量微分的概念. 以二阶张量 $\boldsymbol{T}=T^{i}_{\cdot j}\boldsymbol{g}_i\boldsymbol{g}^j$ 为例，两个邻点的张量差称为张量微分，张量由分量和并基矢组成. 按照微分法，有

$$\Delta\boldsymbol{T}=\Delta(T^{i}_{\cdot j}\boldsymbol{g}_i\boldsymbol{g}^j)=\Delta T^{i}_{\cdot j}\boldsymbol{g}_i\boldsymbol{g}^j+T^{i}_{\cdot j}\Delta\boldsymbol{g}_i\boldsymbol{g}^j+T^{i}_{\cdot j}\boldsymbol{g}_i\Delta\boldsymbol{g}^j.$$

基矢 $\boldsymbol{g}_i$ 和 $\boldsymbol{g}^j$ 是矢量，矢量差 $\Delta\boldsymbol{g}_i$ 和 $\Delta\boldsymbol{g}^j$ 也是矢量. $\Delta\boldsymbol{g}_i$ 和 $\Delta\boldsymbol{g}^j$ 与 $\boldsymbol{g}_i$ 和 $\boldsymbol{g}^j$ 相比，矢量的大小(长度)以及方向都发生了改变. 基矢的微分的性质研究清楚了，张量微分

的性质也就清楚了.

3.2.1 克里斯托弗符号

我们从矢量 $\boldsymbol{F}$ 的导数谈起.

$$\frac{\partial \boldsymbol{F}}{\partial x^j}=\frac{\partial}{\partial x^j}(F^i\boldsymbol{g}_i)=\frac{\partial F^i}{\partial x^j}\boldsymbol{g}_i+F^i\frac{\partial \boldsymbol{g}_i}{\partial x^j}.$$

我们先分析协变基矢 $\boldsymbol{g}_i$ 的导数. $\frac{\partial \boldsymbol{g}_i}{\partial x^j}$是矢量,可以在协变基矢上分解. 我们知道,矢量的分解式为

$$\boldsymbol{F}=F^i\boldsymbol{g}_i=(\boldsymbol{F}\cdot\boldsymbol{g}^i)\boldsymbol{g}_i.$$

矢量由逆变分量 F^i 和协变基矢组成,矢量的逆变分量等于矢量与逆变基矢的点积. 既然$\frac{\partial \boldsymbol{g}_i}{\partial x^j}$是矢量,也可以表示为逆变分量与协变基的组合:

$$\frac{\partial \boldsymbol{g}_i}{\partial x^j}=\left(\frac{\partial \boldsymbol{g}_i}{\partial x^j}\cdot\boldsymbol{g}^k\right)\boldsymbol{g}_k=\Gamma_{ij}^{k}\boldsymbol{g}_k,\quad \Gamma_{ij}^{k}=\frac{\partial \boldsymbol{g}_i}{\partial x^j}\cdot\boldsymbol{g}^k. \tag{3.1}$$

Γ_{ij}^{k}称为第二类克里斯托弗符号,稍后我们将证明. 尽管这个符号 Γ_{ij}^{k} 既有上标,还有下标,但它不是张量,它不满足张量分量的坐标变换关系. 第二类克里斯托弗符号仅仅是协变基矢的导数(这个导数仍是矢量)的分解式的逆变分量.

逆变基矢 $\boldsymbol{g}^i$ 是伴生基矢,它的导数由定义导出.

$$\boldsymbol{g}^i\cdot\boldsymbol{g}_j=\delta_j^i,$$

$$\frac{\partial \boldsymbol{g}^i}{\partial x^k}\cdot\boldsymbol{g}_j+\boldsymbol{g}^i\cdot\frac{\partial \boldsymbol{g}_j}{\partial x^k}=0.$$

左边第二项恰好是第二类克里斯托弗符号 Γ_{jk}^{i}.

$$\frac{\partial \boldsymbol{g}^i}{\partial x^k}=-\Gamma_{jk}^{i}\boldsymbol{g}^j. \tag{3.2}$$

考察式(3.1)和式(3.2),可以看出第二类克里斯托弗符号有如下特点.

(1) 协变基矢的导数在第二类克里斯托弗符号前设置正号,逆变基矢的导数在第二类克里斯托弗符号前设置负号.

(2) 对基矢求坐标导数的坐标指标出现在克里斯托弗符号的第二个下标.

(3) 对协变基矢求导的基矢标号(下标)出现在克里斯托弗符号的下标,对逆变基矢求导的基矢标号(上标)出现在克里斯托弗符号的上标.

(4) 第二类克里斯托弗的另一个指标与其后面的基矢指标呈上下分布.

我们再引入第一类克里斯托弗符号,其定义是

$$\Gamma_{ij,k}=\frac{\partial \boldsymbol{g}_i}{\partial x^j}\cdot\boldsymbol{g}_k. \tag{3.3}$$

第一类克里斯托弗符号可以理解为协变基矢 $\boldsymbol{g}_i$ 的导数在逆变基矢上的分量:

$$\frac{\partial \boldsymbol{g}_i}{\partial x^j}=\left(\frac{\partial \boldsymbol{g}_i}{\partial x^j}\cdot \boldsymbol{g}_k\right)\boldsymbol{g}^k=\Gamma_{ij,k}\boldsymbol{g}^k.$$

第一类克里斯托弗符号不是张量，不满足坐标变换关系，其第二指标和第三指标之间习惯上以逗号隔开.

第一类克里斯托弗符号等于协变基矢的坐标导数与协变基矢的点积，第二类克里斯托弗符号等于协变基矢的坐标导数与逆变基矢的点积.

3.2.2　矢量的协变导数

先考虑矢量的实体表示法为矢量的逆变分量与协变基矢的组合.

$$\frac{\partial \boldsymbol{F}}{\partial x^j}=\frac{\partial}{\partial x^j}(F^i\boldsymbol{g}_i)=\frac{\partial F^i}{\partial x^j}\boldsymbol{g}_i+F^m\frac{\partial \boldsymbol{g}_m}{\partial x^j},$$

上式的后一项的哑标改用 m，目的是方便后续的运算. 利用式(3.1)得到

$$\frac{\partial \boldsymbol{F}}{\partial x^j}=\frac{\partial F^i}{\partial x^j}\boldsymbol{g}_i+F^m\Gamma^{\ i}_{mj}\boldsymbol{g}_i=\left(\frac{\partial F^i}{\partial x^j}+F^m\Gamma^{\ i}_{mj}\right)\boldsymbol{g}_i=F^i_{\ ;j}\boldsymbol{g}_i,\tag{3.4a}$$

$$F^i_{\ ;j}=F^i_{\ ,j}+F^m\Gamma^{\ i}_{mj}.\tag{3.4b}$$

式中，$F^i_{\ ;j}$ 称为矢量逆变分量的协变导数，而 $F^i_{\ ,j}=\dfrac{\partial F^i}{\partial x^j}$ 则称为矢量逆变分量的普通导数.

逆变分量的协变导数由两项组成，第一项是逆变分量对坐标的普通导数，第二项是逆变分量与第二类克里斯托弗符号的乘积. 其中矢量逆变分量的指标改为哑标并与第二类克里斯托弗的哑标上下匹配. 考察式(3.4b)，可以看到协变导数式的指标书写规律：i(上标)和 j(下标)是自由标，m 是哑标，取值 1 到 3 并求和.

没有逆变导数的概念.

矢量的实体也可以是矢量的协变分量与逆变基矢的组合.

$$\frac{\partial \boldsymbol{F}}{\partial x^j}=\frac{\partial}{\partial x^j}(F_i\boldsymbol{g}^i)=\frac{\partial F_i}{\partial x^j}\boldsymbol{g}^i+F_m\frac{\partial \boldsymbol{g}^m}{\partial x^j},$$

这里我们将哑标符号改为 m，以方便后续计算. 利用式(3.2)就得到

$$\frac{\partial \boldsymbol{g}^m}{\partial x^j}=-\Gamma^{\ m}_{ij}\boldsymbol{g}^i,$$

$$\frac{\partial \boldsymbol{F}}{\partial x^j}=\left(\frac{\partial F_i}{\partial x^j}-F_m\Gamma^{\ m}_{ij}\right)\boldsymbol{g}^i=F_{i;j}\boldsymbol{g}^i,\tag{3.5a}$$

$$F_{i;j}=F_{i,j}-F_m\Gamma^{\ m}_{ij}.\tag{3.5b}$$

式中，$F_{i;j}$ 称为矢量的协变分量的协变导数.

协变分量的协变导数也由两项组成. 第一项是协变分量 F_i 对坐标 x^j 的普通导数 $F_{i,j}$. 第二项为负值，其构成是这样的，先将矢量协变分量的指标改为哑标，并与右边的第二类克里斯托弗的哑标上下匹配. 这里出现负号，是因为逆变基矢是伴生基

矢，其导数出现负号，参见式(3.2).

综上所述，矢量对坐标 x^j 的导数等于协变导数与基矢的组合.

$$\frac{\partial \boldsymbol{F}}{\partial x^j}=F^i{}_{;j}\boldsymbol{g}_i=F_{i;j}\boldsymbol{g}^i. \tag{3.6a}$$

协变导数 $F^i{}_{;j}$ 和 $F_{i;j}$ 都是张量，满足坐标变换关系. 现对 $F^i{}_{;j}$ 予与证明.

证明 1

$$\frac{\partial \boldsymbol{F}}{\partial x^{j'}}=F^{k'}{}_{;j'}\boldsymbol{g}_{k'},$$

$$\frac{\partial \boldsymbol{F}}{\partial x^{j'}}=\frac{\partial \boldsymbol{F}}{\partial x^r}\frac{\partial x^r}{\partial x^{j'}}=\beta^r_{j'}F^s{}_{;r}\boldsymbol{g}_s=\beta^r_{j'}F^s{}_{;r}\beta^{k'}_s\boldsymbol{g}_{k'},$$

比较上面两式，得到

$$F^{k'}{}_{;j'}=\beta^{k'}_s\beta^r_{j'}F^s{}_{;r}. \tag{3.6b}$$

证明 2

$$F^{k'}{}_{;j'}=F^{k'}{}_{,j'}+F^{m'}\Gamma^{k'}_{m'j'},$$

$$F^{k'}{}_{,j'}=\frac{\partial}{\partial x^{j'}}(\beta^{k'}_kF^k)=\beta^{k'}_k\frac{\partial x^j}{\partial x^{j'}}\frac{\partial F^k}{\partial x^j}+F^k\frac{\partial}{\partial x^{j'}}\beta^{k'}_k=\beta^{k'}_k\beta^j_{j'}F^k{}_{,j}+F^k\frac{\partial}{\partial x^{j'}}\beta^{k'}_k,$$

$$\begin{aligned}\Gamma^{k'}_{m'j'}&=\frac{\partial \boldsymbol{g}_{m'}}{\partial x^{j'}}\cdot\boldsymbol{g}^{k'}=\frac{\partial}{\partial x^{j'}}(\beta^m_{m'}\boldsymbol{g}_m)\cdot\boldsymbol{g}^{k'}\\&=\left(\beta^m_{m'}\frac{\partial x^j}{\partial x^{j'}}\frac{\partial \boldsymbol{g}_m}{\partial x^j}+\boldsymbol{g}_m\frac{\partial}{\partial x^{j'}}\beta^m_{m'}\right)\cdot\beta^{k'}_k\boldsymbol{g}^k\\&=\beta^m_{m'}\beta^j_{j'}\beta^{k'}_k\Gamma^k_{mj}+\beta^{k'}_m\frac{\partial}{\partial x^{j'}}\beta^m_{m'}.\end{aligned}$$

因为

$$\beta^{k'}_m\frac{\partial}{\partial x^{j'}}\beta^m_{m'}=\frac{\partial}{\partial x^{j'}}\beta^{k'}_m\beta^m_{m'}-\beta^m_{m'}\frac{\partial}{\partial x^{j'}}\beta^{k'}_m=-\beta^m_{m'}\frac{\partial}{\partial x^{j'}}\beta^{k'}_m$$

所以

$$\Gamma^{k'}_{m'j'}=\beta^m_{m'}\beta^j_{j'}\beta^{k'}_k\Gamma^k_{mj}-\beta^m_{m'}\frac{\partial}{\partial x^{j'}}\beta^{k'}_m$$

$$\begin{aligned}F^{m'}\Gamma^{k'}_{m'j'}&=F^{m'}\beta^m_{m'}\beta^j_{j'}\beta^{k'}_k\Gamma^k_{mj}-F^{m'}\beta^m_{m'}\frac{\partial}{\partial x^{j'}}\beta^{k'}_m\\&=\beta^j_{j'}\beta^{k'}_kF^m\Gamma^k_{mj}-F^m\frac{\partial}{\partial x^{j'}}\beta^{k'}_m,\end{aligned}$$

$$F^{k'}{}_{;j'}=\beta^j_{j'}\beta^{k'}_k(F^k{}_{,j}+F^m\Gamma^k_{mj})=\beta^j_{j'}\beta^{k'}_kF^k{}_{;j}.$$

此即式(3.6b). 此式还说明，矢量的协变导数是二阶张量.

3.2.3 克里斯托弗符号 $\Gamma_{ij,k}$ 和 Γ^k_{ij} 的性质

克里斯托弗符号有如下性质.

（1）定义.

协变基矢对坐标的导数(是一个矢量)在协变基矢上的分量称为第一类克里斯托弗符号：

$$\Gamma_{ij,k}=\frac{\partial \boldsymbol{g}_i}{\partial x^j}\cdot\boldsymbol{g}_k,\quad \frac{\partial \boldsymbol{g}_i}{\partial x^j}=\Gamma_{ij,k}\boldsymbol{g}^k.$$

协变基矢对坐标的导数(是一个矢量)在逆变基矢上的分量称为第二类克里斯托弗符号：

$$\Gamma_{ij}^{k}=\frac{\partial \boldsymbol{g}_i}{\partial x^j}\cdot\boldsymbol{g}^k,\quad \frac{\partial \boldsymbol{g}_i}{\partial x^j}=\Gamma_{ij}^{k}\boldsymbol{g}_k.$$

（2）对称性.

$$\frac{\partial \boldsymbol{g}_i}{\partial x^j}=\frac{\partial}{\partial x^j}\left(\frac{\partial \boldsymbol{r}}{\partial x^i}\right)=\frac{\partial}{\partial x^i}\left(\frac{\partial \boldsymbol{r}}{\partial x^j}\right)=\frac{\partial \boldsymbol{g}_j}{\partial x^i},$$

$$\Gamma_{ij,k}=\Gamma_{ji,k},\quad \Gamma_{ij}^{k}=\Gamma_{ji}^{k}.$$

（3）指标升降.

$$\Gamma_{ij,k}=\frac{\partial \boldsymbol{g}_i}{\partial x^j}\cdot\boldsymbol{g}_k=g_{km}\frac{\partial \boldsymbol{g}_i}{\partial x^j}\cdot\boldsymbol{g}^m=g_{km}\Gamma_{ij}^{m}.$$

（4）与度量张量 g_{ij} 的关系.

$$\Gamma_{ij,k}=\frac{1}{2}\left(\frac{\partial g_{jk}}{\partial x^i}+\frac{\partial g_{ik}}{\partial x^j}-\frac{\partial g_{ij}}{\partial x^k}\right),\tag{3.7a}$$

$$\Gamma_{ij}^{k}=\frac{1}{2}g^{km}\left(\frac{\partial g_{jm}}{\partial x^i}+\frac{\partial g_{im}}{\partial x^j}-\frac{\partial g_{ij}}{\partial x^m}\right).\tag{3.7b}$$

下面证明式(3.7a)：

$$\frac{\partial g_{ij}}{\partial x^k}=\frac{\partial}{\partial x^k}(\boldsymbol{g}_i\cdot\boldsymbol{g}_j)=\frac{\partial \boldsymbol{g}_i}{\partial x^k}\cdot\boldsymbol{g}_j+\boldsymbol{g}_i\cdot\frac{\partial \boldsymbol{g}_j}{\partial x^k}=\Gamma_{ik,j}+\Gamma_{jk,i},$$

$$\frac{\partial g_{jk}}{\partial x^i}=\Gamma_{ji,k}+\Gamma_{ki,j},\quad \frac{\partial g_{ki}}{\partial x^j}=\Gamma_{kj,i}+\Gamma_{ij,k},$$

代入式(3.7a)得证.

由性质(3)可证明式(3.7b).

（5）缩并的第二类克里斯托弗符号.

$$\Gamma_{ij}^{i}=\Gamma_{ji}^{i}=\frac{1}{\sqrt{g}}\frac{\partial\sqrt{g}}{\partial x^j}.\tag{3.8}$$

证明

$$\sqrt{g}=\boldsymbol{g}_1\cdot(\boldsymbol{g}_2\times\boldsymbol{g}_3),$$

$$\begin{aligned}\frac{\partial\sqrt{g}}{\partial x^j}&=\frac{\partial \boldsymbol{g}_1}{\partial x^j}\cdot(\boldsymbol{g}_2\times\boldsymbol{g}_3)+\boldsymbol{g}_1\cdot\left(\frac{\partial \boldsymbol{g}_2}{\partial x^j}\times\boldsymbol{g}_3\right)+\boldsymbol{g}_1\cdot\left(\boldsymbol{g}_2\times\frac{\partial \boldsymbol{g}_3}{\partial x^j}\right)\\&=\Gamma_{1j}^{m}\boldsymbol{g}_m\cdot(\boldsymbol{g}_2\times\boldsymbol{g}_3)+\boldsymbol{g}_1\cdot(\Gamma_{2j}^{m}\boldsymbol{g}_m\times\boldsymbol{g}_3)+\boldsymbol{g}_1\cdot(\boldsymbol{g}_2\times\Gamma_{3j}^{m}\boldsymbol{g}_m)\\&=(\Gamma_{1j}^{1}+\Gamma_{2j}^{2}+\Gamma_{3j}^{3})\sqrt{g}.\end{aligned}$$

(6) $\Gamma_{ij,k}$和$\Gamma^{\ k}_{ij}$不是张量.

在 3.2.2 节中曾经推证过$\Gamma^{\ k'}_{i'j'}$的表达式,即

$$\Gamma^{\ k'}_{i'j'}=\beta^{k'}_{\ k}\beta^{\ i}_{i'}\beta^{\ j}_{j'}\Gamma^{\ k}_{ij}+\beta^{k'}_{\ m}\frac{\partial}{\partial x^{j'}}\beta^{\ m}_{i'}$$

$$=\beta^{k'}_{\ k}\beta^{\ i}_{i'}\beta^{\ j}_{j'}\Gamma^{\ k}_{ij}+\frac{\partial^2 x^m}{\partial x^{i'}\partial x^{j'}}\frac{\partial x^{k'}}{\partial m}. \tag{3.9}$$

式(3.9)是第二类克里斯托弗符号的坐标变换式.可见,$\Gamma^{\ k}_{ij}$不是张量.同理,$\Gamma_{ij,k}$也不是张量.

(7) 克里斯托弗符号恒为零的充要条件是度量张量 g_{ij} 在整个区域上为常数.证明略.

3.3 张量的协变导数

我们以二阶张量为例研究张量的协变导数.二阶张量的实体记法为

$$\boldsymbol{T}=T^{i}_{\cdot j}\boldsymbol{g}_i\boldsymbol{g}^j=T^{ij}\boldsymbol{g}_i\boldsymbol{g}_j=T_{ij}\boldsymbol{g}^i\boldsymbol{g}^j.$$

坐标变化时,张量的分量和基矢量都会发生变化.张量的导数由张量分量的导数以及基矢的导数等两部分组成.张量分量的导数就是普通导数,与标量的导数、矢量分量的导数的含义是一样的.二阶张量的并基矢有两个基矢,每个基矢的导数(仍然是矢量)可以在基矢上分解.利用协变基矢的导数式(3.1)和(3.2),就容易得到二阶张量的协变导数.下面以混变分量为例加以说明.

$$\frac{\partial \boldsymbol{T}}{\partial x^k}=\frac{\partial}{\partial x^k}(T^{i}_{\cdot j}\boldsymbol{g}_i\boldsymbol{g}^j)=\frac{\partial T^{i}_{\cdot j}}{\partial x^k}\boldsymbol{g}_i\boldsymbol{g}^j+T^{m}_{\cdot j}\frac{\partial \boldsymbol{g}_m}{\partial x^k}\boldsymbol{g}^j+T^{i}_{\cdot m}\boldsymbol{g}_i\frac{\partial \boldsymbol{g}^m}{\partial x^k}.$$

对基矢求导时,我们将哑标换成 m,目的是方便后续运算.利用式(3.1)和(3.2),则有

$$\frac{\partial \boldsymbol{g}_m}{\partial x^k}=\Gamma^{\ i}_{mk}\boldsymbol{g}_i,\quad \frac{\partial \boldsymbol{g}^m}{\partial x^k}=-\Gamma^{\ m}_{jk}\boldsymbol{g}^j,$$

$$\frac{\partial \boldsymbol{T}}{\partial x^k}=\left(\frac{\partial T^{i}_{\cdot j}}{\partial x^k}+T^{m}_{\cdot j}\Gamma^{\ i}_{mk}-T^{i}_{\cdot m}\Gamma^{\ m}_{jk}\right)\boldsymbol{g}_i\boldsymbol{g}^j=T^{i}_{\cdot j;k}\boldsymbol{g}_i\boldsymbol{g}^j,$$

$$T^{i}_{\cdot j;k}=T^{i}_{\cdot j,k}+T^{m}_{\cdot j}\Gamma^{\ i}_{mk}-T^{i}_{\cdot m}\Gamma^{\ m}_{jk}. \tag{3.10a}$$

这里,$T^{i}_{\cdot j,k}$是普通导数,即混变分量 $T^{i}_{\cdot j}$对坐标 x^k 的导数.式(3.10a)表示二阶张量 $\boldsymbol{T}$ 的混变分量 $T^{i}_{\cdot j}$的协变导数 $T^{i}_{\cdot j;k}$.同理,二阶张量的逆变分量和协变分量的协变导数分别为

$$T^{ij}_{\ \ ;k}=T^{ij}_{\ \ ,k}+T^{mj}\Gamma^{\ i}_{mk}+T^{im}\Gamma^{\ j}_{mk}, \tag{3.10b}$$

$$T_{ij;k}=T_{ij,k}-T_{mj}\Gamma^{\ m}_{ik}-T_{im}\Gamma^{\ m}_{jk}. \tag{3.10c}$$

二阶张量的协变导数共有 7 项,其中 1 项为普通导数,其余 6 项是二阶张量的分量与第二类克里斯托弗符号的乘积.每个乘积项都含有上下对应的哑标 m,遍取 1 至 3 并求和,共有 3 项,两个乘积项共有 6 项.张量分量与第二类克里斯托弗符号的乘

积项是这样构成的：将二阶张量分量的第一个指标改为哑标 m，接着按哑标上、下对应的原则确定克里斯托弗符号中的一指标用哑标 m 表示. 分量中被哑标 m 取代的原指标，按上、下标位置不变的原则成为克里斯托弗符号的另一个指标. 而克里斯托弗符号的第二个下标总是坐标的指标. 乘积项的正负号是这样确定的：如果张量分量的哑标 m 为上标(逆变指标)，则乘积项取正号. 如果张量分量的哑标 m 为下标(协变指标)，则乘积项取负号. 其实负号的出现可以这样理解，即逆变基矢是伴生基矢，其偏导数出现负号，参见式(3.2).

二阶张量 $\boldsymbol{T}$ 的导数表示为

$$\frac{\partial \boldsymbol{T}}{\partial x^k}=T^{i}_{\cdot j;k}\boldsymbol{g}_i\boldsymbol{g}^j=T^{ij}{}_{;k}\boldsymbol{g}_i\boldsymbol{g}_j=T_{ij;k}\boldsymbol{g}^i\boldsymbol{g}^j. \tag{3.11}$$

二阶张量的协变导数是三阶张量. 下面以混变分量为例加以证明.

$$\frac{\partial \boldsymbol{T}}{\partial x^{k'}}=T^{i'}_{\cdot j';k'}\boldsymbol{g}_{i'}\boldsymbol{g}^{j'},$$

$$\frac{\partial \boldsymbol{T}}{\partial x^{k'}}=\frac{\partial \boldsymbol{T}}{\partial x^k}\frac{\partial x^k}{\partial x^{k'}}=\beta^{k}_{k'}T^{i}_{\cdot j;k}\boldsymbol{g}_i\boldsymbol{g}^j=\beta^{k}_{k'}T^{i}_{\cdot j;k}\beta^{i'}_{i}\boldsymbol{g}_{i'}\beta^{j}_{j'}\boldsymbol{g}^{j'},$$

$$T^{i'}_{\cdot j';k'}=\beta^{i'}_{i}\beta^{j}_{j'}\beta^{k}_{k'}T^{i}_{\cdot j;k}. \tag{3.12}$$

二阶张量的协变导数满足指标升降关系，例如，

$$\frac{\partial \boldsymbol{T}}{\partial x^k}=T^{i}_{\cdot j;k}\boldsymbol{g}_i\boldsymbol{g}^j=T^{ij}{}_{;k}\boldsymbol{g}_i\boldsymbol{g}_j=T^{ij}{}_{;k}\boldsymbol{g}_i g_{jm}\boldsymbol{g}^m=T^{im}{}_{;k}\boldsymbol{g}_i g_{mj}\boldsymbol{g}^j,$$

$$T^{i}_{\cdot j;k}=g_{mj}T^{im}{}_{;k}.$$

综上所述，在不同的坐标系中，张量的各种分量满足坐标变换关系. 在同一坐标系中，不同类型的张量分量的协变导数满足指标升降关系.

下面我们讨论度量张量和置换张量的协变导数.

度量张量的协变导数等于零：

$$g_{ij;k}=0,\quad g^{ij}{}_{;k}=0. \tag{3.13}$$

证明　$g_{ij;k}=g_{ij,k}-g_{mj}\Gamma^{m}_{ik}-g_{im}\Gamma^{m}_{jk}=g_{ij,k}-\Gamma_{ik,j}-\Gamma_{jk,i}$,

$$g_{ij,k}=\frac{\partial}{\partial x^k}(\boldsymbol{g}_i\cdot\boldsymbol{g}_j)=\frac{\partial \boldsymbol{g}_i}{\partial x^k}\cdot\boldsymbol{g}_j+\boldsymbol{g}_i\cdot\frac{\partial \boldsymbol{g}_j}{\partial x^k}=\Gamma_{ik,j}+\Gamma_{jk,i}.$$

因而 $g_{ij;k}=0$.

$$g^{ij}{}_{;k}=g^{ij}{}_{,k}+g^{mj}\Gamma^{i}_{mk}+g^{im}\Gamma^{j}_{mk},$$

$$g^{ij}{}_{,k}=\frac{\partial}{\partial x^k}(\boldsymbol{g}^i\cdot\boldsymbol{g}^j)=\frac{\partial \boldsymbol{g}^i}{\partial x^k}\cdot\boldsymbol{g}^j+\boldsymbol{g}^i\cdot\frac{\partial \boldsymbol{g}^j}{\partial x^k}$$

$$=-\Gamma^{i}_{mk}\boldsymbol{g}^m\cdot\boldsymbol{g}^j-\boldsymbol{g}^i\cdot\Gamma^{j}_{mk}\boldsymbol{g}^m=-g^{mj}\Gamma^{i}_{mk}-g^{im}\Gamma^{j}_{mk}.$$

因而 $g^{ij}{}_{;k}=0$.

式(3.13)称为 Ricci 定理.

利用式(3.13)还可以得到一个有用的结论：度量张量可以任意地移入或移出协

变导数运算，即

$$(g_{im}T^{m}_{\cdot j})_{;k}=g_{im}T^{m}_{\cdot j;k},$$
$$(g^{im}T_{mj})_{;k}=g^{im}T_{mj;k}.$$

置换张量的协变导数等于零：

$$\varepsilon_{ijk;m}=0,\quad \varepsilon^{ijk}{}_{;m}=0. \tag{3.14}$$

证明 $\varepsilon_{ijk;m}=\varepsilon_{ijk,m}-\varepsilon_{rjk}\Gamma^{r}_{im}-\varepsilon_{irk}\Gamma^{r}_{jm}-\varepsilon_{ijr}\Gamma^{r}_{km}$,

$$\begin{aligned}\varepsilon_{ijk,m}&=\frac{\partial}{\partial x^m}[\boldsymbol{g}_i\cdot(\boldsymbol{g}_j\times\boldsymbol{g}_k)]=\frac{\partial\boldsymbol{g}_i}{\partial x^m}\cdot(\boldsymbol{g}_j\times\boldsymbol{g}_k)+\boldsymbol{g}_i\cdot\left(\frac{\partial\boldsymbol{g}_j}{\partial x^m}\times\boldsymbol{g}_k\right)+\boldsymbol{g}_i\cdot\left(\boldsymbol{g}_j\times\frac{\partial\boldsymbol{g}_k}{\partial x^m}\right)\\&=\Gamma^{r}_{im}\boldsymbol{g}_r\cdot(\boldsymbol{g}_j\times\boldsymbol{g}_k)+\boldsymbol{g}_i\cdot(\Gamma^{r}_{jm}\boldsymbol{g}_r\times\boldsymbol{g}_k)+\boldsymbol{g}_i\cdot(\boldsymbol{g}_j\times\Gamma^{r}_{km}\boldsymbol{g}_r)\\&=\varepsilon_{rjk}\Gamma^{r}_{im}+\varepsilon_{irk}\Gamma^{r}_{jm}+\varepsilon_{ijr}\Gamma^{r}_{km}.\end{aligned}$$

因而 $\varepsilon_{ijk;m}=0$.

$$\varepsilon^{ijk}{}_{;m}=\varepsilon^{ijk}{}_{,m}+\varepsilon^{rjk}\Gamma^{i}_{rm}+\varepsilon^{irk}\Gamma^{j}_{rm}+\varepsilon^{ijr}\Gamma^{k}_{rm},$$

$$\begin{aligned}\varepsilon^{ijk}{}_{,m}&=\frac{\partial}{\partial x^m}[\boldsymbol{g}^i\cdot(\boldsymbol{g}^j\times\boldsymbol{g}^k)]=\frac{\partial\boldsymbol{g}^i}{\partial x^m}\cdot(\boldsymbol{g}^j\times\boldsymbol{g}^k)+\boldsymbol{g}^i\cdot\left(\frac{\partial\boldsymbol{g}^j}{\partial x^m}\times\boldsymbol{g}^k\right)+\boldsymbol{g}^i\cdot\left(\boldsymbol{g}^j\times\frac{\partial\boldsymbol{g}^k}{\partial x^m}\right)\\&=-\Gamma^{i}_{rm}\boldsymbol{g}^r\cdot(\boldsymbol{g}^j\times\boldsymbol{g}^k)-\boldsymbol{g}^i\cdot(\Gamma^{j}_{rm}\boldsymbol{g}^r\times\boldsymbol{g}^k)-\boldsymbol{g}^i\cdot(\boldsymbol{g}^j\times\Gamma^{k}_{rm}\boldsymbol{g}^r)\\&=-\varepsilon^{rjk}\Gamma^{i}_{rm}-\varepsilon^{irk}\Gamma^{j}_{rm}-\varepsilon^{ijr}\Gamma^{k}_{rm}.\end{aligned}$$

因而 $\varepsilon^{ijk}{}_{;m}=0$.

由于置换张量的协变导数为零，因此置换张量可以任意移入或移出协变导数.例如，

$$(\varepsilon^{ijm}\omega_m)_{;k}=\varepsilon^{ijm}\omega_{m;k},\quad(\varepsilon_{ijm}\omega^m)_{;k}=\varepsilon_{ijm}\omega^{m}{}_{;k}.$$

式(3.13)和式(3.14)表明，度量张量 $\boldsymbol{G}$ 和置换张量 $\boldsymbol{\varepsilon}$ 是“常”张量，是均匀场.

在弹性力学中，弹性模量是一个四阶张量，

$$P^{ij}=E^{ijmn}\varepsilon_{mn}.$$

这里，P^{ij} 是应力张量，ε_{mn} 是应变张量，E^{ijmn} 是弹性模量张量. 如果材料的弹性模量处处相同，则弹性模量张量是均匀场，弹性模量的协变导数为零.

协变导数与微积分的导数虽然不同，但是也有相似之处，即协变导数满足莱布尼茨(Leibniz)法则：

$$(u^iv_j)_{;k}=u^{i}{}_{;k}v_j+u^iv_{j;k}. \tag{3.15}$$

证明如下：

$$\begin{aligned}(u^iv_j)_{;k}&=(u^iv_j)_{,k}+u^mv_j\Gamma^{i}_{mk}-u^iv_m\Gamma^{m}_{jk}\\&=(u^{i}{}_{,k}+u^m\Gamma^{i}_{mk})v_j+u^i(v_{j,k}-v_m\Gamma^{m}_{jk})\\&=u^{i}{}_{;k}v_j+u^iv_{j;k}.\end{aligned}$$

下面考察二次协变导数问题. 设有矢量

$$\boldsymbol{u}=u^k\boldsymbol{g}_k,$$
$$u^{k}{}_{;ij}=(u^{k}{}_{;i})_{,j}+u^{r}{}_{;i}\Gamma^{k}_{rj}-u^{k}{}_{;r}\Gamma^{r}_{ij}.$$

我们处理等号右边第一项，即

$$(u^k{}_{;i})_{,j}=(u^k{}_{,i}+u^m\Gamma^k_{mi})_{,j}=u^k{}_{,ij}+u^m{}_{,j}\Gamma^k_{mi}+u^m(\Gamma^k_{mi})_{,j},$$

因此，

$$u^k{}_{;ij}=u^k{}_{,ij}+u^m{}_{,j}\Gamma^k_{mi}+u^m(\Gamma^k_{mi})_{,j}+(u^r{}_{,i}+u^m\Gamma^r_{mi})\Gamma^k_{rj}-u^k{}_{;r}\Gamma^r_{ij},$$

交换 i、j 顺序，则有

$$u^k{}_{;ji}=u^k{}_{,ji}+u^m{}_{,i}\Gamma^k_{mj}+u^m(\Gamma^k_{mj})_{,i}+(u^r{}_{,j}+u^m\Gamma^r_{mj})\Gamma^k_{ri}-u^k{}_{;r}\Gamma^r_{ji},$$

两式相减，有

$$u^k{}_{;ij}-u^k{}_{;ji}=u^m\left(\frac{\partial\Gamma^k_{mi}}{\partial x^j}-\frac{\partial\Gamma^k_{mj}}{\partial x^i}+\Gamma^r_{mi}\Gamma^k_{rj}-\Gamma^r_{mj}\Gamma^k_{ri}\right)=u^mR^{k}_{\cdot mij},\tag{3.16}$$

$$\begin{aligned}R^{k}_{\cdot mij}&=\frac{\partial\Gamma^k_{mi}}{\partial x^j}-\frac{\partial\Gamma^k_{mj}}{\partial x^i}+\Gamma^r_{mi}\Gamma^k_{rj}-\Gamma^r_{mj}\Gamma^k_{ri}\\&=\begin{vmatrix}\dfrac{\partial}{\partial x^j}&\dfrac{\partial}{\partial x^i}\\\Gamma^k_{mj}&\Gamma^k_{mi}\end{vmatrix}+\begin{vmatrix}\Gamma^k_{rj}&\Gamma^k_{ri}\\\Gamma^r_{mj}&\Gamma^r_{mi}\end{vmatrix}.\end{aligned}$$

$R^{k}_{\cdot mij}$ 称为黎曼-克里斯托弗(Riemann-Christoffel)张量. 由式(3.16)看出，如果 $R^{k}_{\cdot mij}=0$，则二次协变导数与求导的先后次序无关，$u^k{}_{;ij}=u^k{}_{;ji}$. 在微分几何中，黎曼-克里斯托弗张量等于零的空间称为欧几里得(Euclid)空间. 如果 $R^{k}_{\cdot mij}\neq 0$，则二次协变导数与求导的先后次序有关，$u^k{}_{;ij}\neq u^k{}_{;ji}$. 黎曼-克里斯托弗张量不为零的空间称为黎曼(Riemann)空间. 关于黎曼空间的概念，张量 $R^{k}_{\cdot mij}$ 的性质，第 5 章将作进一步介绍.

3.4　张量的梯度

设有标量场函数 φ，定义

右梯度
$$\varphi\boldsymbol{\nabla}=\frac{\partial\varphi}{\partial x^i}\boldsymbol{g}_i,\tag{3.17a}$$

左梯度
$$\boldsymbol{\nabla}\varphi=\boldsymbol{g}_i\frac{\partial\varphi}{\partial x^i}.\tag{3.17b}$$

对于标量(零阶张量)来说，右梯度与左梯度相等. $\dfrac{\partial\varphi}{\partial x^i}$是一阶张量.

标量函数 φ 的梯度等于该函数沿着等值面法线方向的变化率.

标量函数 φ 沿着某一方向的方向导数为

$$\frac{\partial\varphi}{\partial s}=\boldsymbol{s}_0\cdot\boldsymbol{\nabla}\varphi,$$

式中，$\boldsymbol{s}_0$ 是沿 s 方向的单位矢量.

由方向导数容易求出微分的表达式. 设两个邻点的矢径为 d$\boldsymbol{r}$，标量函数在两点的差值为

$$\mathrm{d}\varphi=\mathrm{d}\boldsymbol{r}\cdot\nabla\varphi.$$

设 $\boldsymbol{F}$ 为矢量场，则有如下的梯度定义：

右梯度 $$\boldsymbol{F}\nabla=\frac{\partial\boldsymbol{F}}{\partial x^j}\boldsymbol{g}^j=F^i{}_{;j}\boldsymbol{g}_i\boldsymbol{g}^j,\tag{3.17c}$$

左梯度 $$\nabla\boldsymbol{F}=\boldsymbol{g}^j\frac{\partial\boldsymbol{F}}{\partial x^j}=\boldsymbol{g}^jF^i{}_{;j}\boldsymbol{g}_i.\tag{3.17d}$$

正如我们在 3.2.2 节中提到的那样，一阶张量 $\boldsymbol{F}$(矢量)的协变导数是二阶张量.

矢量的右梯度和左梯度并不相等. 它们的关系是

$$\nabla\boldsymbol{F}=(\boldsymbol{F}\nabla)^*.$$

对于矢量 $\boldsymbol{u}$ 和 $\boldsymbol{v}$，则有

$$\boldsymbol{u}\cdot(\nabla\boldsymbol{v})=\boldsymbol{v}\cdot(\nabla\boldsymbol{u}).$$

设 $\boldsymbol{T}$ 为张量场，则有如下的梯度定义：

右梯度 $$\boldsymbol{T}\nabla=\frac{\partial\boldsymbol{T}}{\partial x^i}\boldsymbol{g}^i,\tag{3.17e}$$

左梯度 $$\nabla\boldsymbol{T}=\boldsymbol{g}^i\frac{\partial\boldsymbol{T}}{\partial x^i}.\tag{3.17f}$$

在矢径差为 $\mathrm{d}\boldsymbol{r}$ 的两个邻点上，张量 $\boldsymbol{T}$ 的增量是

$$\mathrm{d}\boldsymbol{T}=\mathrm{d}\boldsymbol{r}\cdot\nabla\boldsymbol{T}.\tag{3.18}$$

例如，对于二阶张量，

$$\mathrm{d}\boldsymbol{T}=\mathrm{d}\boldsymbol{r}\cdot\nabla\boldsymbol{T}=\mathrm{d}x^m\boldsymbol{g}_m\cdot\boldsymbol{g}^kT^i{}_{\cdot j;k}\boldsymbol{g}_i\boldsymbol{g}^j=\mathrm{d}x^mT^i{}_{\cdot j;m}\boldsymbol{g}_i\boldsymbol{g}^j.$$

梯度运算与微积分中的微分运算有很多相似之处，例如，对于任意张量 $\boldsymbol{A}$ 和 $\boldsymbol{B}$，

$$\nabla(\boldsymbol{AB})=\boldsymbol{g}^m\frac{\partial}{\partial x^m}(\boldsymbol{AB})=\boldsymbol{g}^m\frac{\partial\boldsymbol{A}}{\partial x^m}\boldsymbol{B}+\boldsymbol{g}^m\boldsymbol{A}\frac{\partial\boldsymbol{B}}{\partial x^m}.$$

例 3.1 $\boldsymbol{u},\boldsymbol{v}$ 为矢量，$\boldsymbol{T}$ 为二阶张量，求证：

(1) $\nabla(\boldsymbol{u}\cdot\boldsymbol{v})=(\nabla\boldsymbol{u})\cdot\boldsymbol{v}+(\nabla\boldsymbol{v})\cdot\boldsymbol{u}$;

(2) $\nabla(\boldsymbol{T}\cdot\boldsymbol{u})=(\nabla\boldsymbol{T})\cdot\boldsymbol{u}+(\nabla\boldsymbol{u})\cdot\boldsymbol{T}^*$.

证明 (1) $\nabla(\boldsymbol{u}\cdot\boldsymbol{v})=\boldsymbol{g}^m\dfrac{\partial}{\partial x^m}(\boldsymbol{u}\cdot\boldsymbol{v})=\boldsymbol{g}^m\dfrac{\partial\boldsymbol{u}}{\partial x^m}\cdot\boldsymbol{v}+\boldsymbol{g}^m\boldsymbol{u}\cdot\dfrac{\partial\boldsymbol{v}}{\partial x^m}$,

$$\boldsymbol{g}^m\boldsymbol{u}\cdot\frac{\partial\boldsymbol{v}}{\partial x^m}=\boldsymbol{g}^mu^i\boldsymbol{g}_i\cdot v_{j;m}\boldsymbol{g}^j=\boldsymbol{g}^mu^iv_{i;m}=\boldsymbol{g}^mv_{i;m}\boldsymbol{g}^i\cdot\boldsymbol{g}_ju^j$$

$$=\boldsymbol{g}^m\frac{\partial\boldsymbol{v}}{\partial x^m}\cdot\boldsymbol{u}=(\nabla\boldsymbol{v})\cdot\boldsymbol{u}.$$

(2) $\nabla(\boldsymbol{T}\cdot\boldsymbol{u})=\boldsymbol{g}^m\dfrac{\partial\boldsymbol{T}}{\partial x^m}\cdot\boldsymbol{u}+\boldsymbol{g}^m\boldsymbol{T}\cdot\dfrac{\partial\boldsymbol{u}}{\partial x^m}$,

$$\boldsymbol{g}^m\boldsymbol{T}\cdot\frac{\partial\boldsymbol{u}}{\partial x^m}=\boldsymbol{g}^mT^i{}_{\cdot j}\boldsymbol{g}_i\boldsymbol{g}^j\cdot u^k{}_{;m}\boldsymbol{g}_k=\boldsymbol{g}^mT^i{}_{\cdot j}u^j{}_{;m}\boldsymbol{g}_i=\boldsymbol{g}^mu^j{}_{;m}\boldsymbol{g}_j\cdot\boldsymbol{g}^kT^i{}_{\cdot k}\boldsymbol{g}_i$$

$$=\boldsymbol{g}^m\frac{\partial\boldsymbol{u}}{\partial x^m}\cdot T^i{}_{\cdot k}\boldsymbol{g}^k\boldsymbol{g}_i=(\nabla\boldsymbol{u})\cdot\boldsymbol{T}^*.$$

3.5　张量的散度和旋度

矢量 $\boldsymbol{v}$ 的散度定义是：

右散度
$$\boldsymbol{v}\cdot\boldsymbol{\nabla}=\frac{\partial \boldsymbol{v}}{\partial x^m}\cdot\boldsymbol{g}^m,\tag{3.19a}$$

左散度
$$\boldsymbol{\nabla}\cdot\boldsymbol{v}=\boldsymbol{g}^m\cdot\frac{\partial \boldsymbol{v}}{\partial x^m}.\tag{3.19b}$$

矢量的右散度和左散度相等.

$$\boldsymbol{v}\cdot\boldsymbol{\nabla}=\frac{\partial \boldsymbol{v}}{\partial x^m}\cdot\boldsymbol{g}^m=v^i{}_{;m}\boldsymbol{g}_i\cdot\boldsymbol{g}^m=v^m{}_{;m},$$

$$\boldsymbol{\nabla}\cdot\boldsymbol{v}=\boldsymbol{g}^m\cdot\frac{\partial \boldsymbol{v}}{\partial x^m}=\boldsymbol{g}^m\cdot v^i{}_{;m}\boldsymbol{g}_i=v^m{}_{;m}.$$

矢量(一阶张量)的散度是标量(零阶张量). 矢量的散度常常写成 div$\boldsymbol{v}$. 在直角坐标系中,散度的表达式为

$$\boldsymbol{\nabla}\cdot\boldsymbol{v}=\frac{\partial v_x}{\partial x}+\frac{\partial v_y}{\partial y}+\frac{\partial v_z}{\partial z}.$$

在一般坐标系中,矢量的散度具有下面的形式：

$$\boldsymbol{\nabla}\cdot\boldsymbol{v}=v^m{}_{;m}=v^m{}_{,m}+v^r\Gamma^m_{rm}.$$

由式(3.8),得到

$$\boldsymbol{\nabla}\cdot\boldsymbol{v}=\frac{\partial v^m}{\partial x^m}+v^m\Gamma^r_{mr}=\frac{\partial v^m}{\partial x^m}+\frac{v^m}{\sqrt{g}}\frac{\partial\sqrt{g}}{\partial x^m}=\frac{1}{\sqrt{g}}\frac{\partial}{\partial x^m}(\sqrt{g}v^m).\tag{3.19c}$$

张量 $\boldsymbol{T}$ 的散度定义是：

右散度
$$\boldsymbol{T}\cdot\boldsymbol{\nabla}=\frac{\partial \boldsymbol{T}}{\partial x^m}\cdot\boldsymbol{g}^m,$$

左散度
$$\boldsymbol{\nabla}\cdot\boldsymbol{T}=\boldsymbol{g}^m\cdot\frac{\partial \boldsymbol{T}}{\partial x^m}.$$

如果 $\boldsymbol{T}$ 为二阶张量,则有

$$\boldsymbol{T}\cdot\boldsymbol{\nabla}=\frac{\partial \boldsymbol{T}}{\partial x^m}\cdot\boldsymbol{g}^m=T^{ij}{}_{;m}\boldsymbol{g}_i\boldsymbol{g}_j\cdot\boldsymbol{g}^m=T^{im}{}_{;m}\boldsymbol{g}_i,$$

$$\boldsymbol{\nabla}\cdot\boldsymbol{T}=\boldsymbol{g}^m\cdot\frac{\partial \boldsymbol{T}}{\partial x^m}=\boldsymbol{g}^m\cdot T^{ij}{}_{;m}\boldsymbol{g}_i\boldsymbol{g}^j=T^{mj}{}_{;m}\boldsymbol{g}_j.$$

张量的散度也是张量,但比张量本身的阶数降低了一阶. 张量的右散度不等于张量的左散度.

下面我们介绍拉普拉斯(Laplace)算子对标量和二阶张量的运算.

设有标量场 $\varphi(x^i)$,拉普拉斯算子对 φ 的运算定义为

$$\boldsymbol{\nabla}^2\varphi=\boldsymbol{\nabla}\cdot(\boldsymbol{\nabla}\varphi).$$

即拉普拉斯算子对于标量 φ 的作用$\nabla^2\varphi$ 等于 φ 的梯度$\nabla\varphi$ 的散度. 下面我们利用协度导数表示拉普拉斯算子的运算. 设

$$\boldsymbol{v}=\nabla\varphi=\boldsymbol{g}^j\frac{\partial\varphi}{\partial x^j},\quad v_j=\frac{\partial\varphi}{\partial x^j}.$$

由式(3.19c),

$$\nabla\cdot\boldsymbol{v}=\frac{1}{\sqrt{g}}\frac{\partial}{\partial x^i}(\sqrt{g}v^i),$$

而 $v^i=g^{ij}v_j$,因而,

$$\nabla^2\varphi=\nabla\cdot(\nabla\varphi)=\frac{1}{\sqrt{g}}\frac{\partial}{\partial x^i}\left(\sqrt{g}g^{ij}\frac{\partial\varphi}{\partial x^j}\right),\tag{3.20}$$

这里,$\sqrt{g}=\boldsymbol{g}_1\cdot(\boldsymbol{g}_2\times\boldsymbol{g}_3)$,$g^{ij}$ 是度量张量的逆变分量.

拉普拉斯算子对于二阶张量的作用是:

$$\begin{aligned}\nabla^2\boldsymbol{T}=\nabla\cdot(\nabla\boldsymbol{T})&=\boldsymbol{g}^r\cdot\frac{\partial}{\partial x^r}\left(\boldsymbol{g}^s\frac{\partial\boldsymbol{T}}{\partial x^s}\right)=\boldsymbol{g}^r\cdot\frac{\partial}{\partial x^r}(T^{i}{}_{\cdot j;s}\boldsymbol{g}^s\boldsymbol{g}_i\boldsymbol{g}^j)\\&=\boldsymbol{g}^r\cdot T^{i}{}_{\cdot j;sr}\boldsymbol{g}^s\boldsymbol{g}_i\boldsymbol{g}^j=\boldsymbol{g}^{rs}T^{i}{}_{\cdot j;sr}\boldsymbol{g}_i\boldsymbol{g}^j,\end{aligned}$$

式中,
$$\begin{aligned}T^{i}{}_{\cdot j;sr}&=(T^{i}{}_{\cdot j;s})_{;r}=(T^{i}{}_{\cdot j;s})_{,r}+T^{m}{}_{\cdot j;s}\Gamma^{i}_{mr}-T^{i}{}_{\cdot m;s}\Gamma^{m}_{jr}-T^{i}{}_{\cdot j;m}\Gamma^{m}_{sr}\\&=(T^{i}{}_{\cdot j,s}+T^{n}{}_{\cdot j}\Gamma^{i}_{ns}-T^{i}{}_{\cdot n}\Gamma^{n}_{js})_{,r}+(T^{m}{}_{\cdot j,s}+T^{n}{}_{\cdot j}\Gamma^{m}_{ns}-T^{m}{}_{\cdot n}\Gamma^{n}_{js})\Gamma^{i}_{mr}\\&\quad-(T^{i}{}_{\cdot m,s}+T^{n}{}_{\cdot m}\Gamma^{i}_{ns}-T^{i}{}_{\cdot n}\Gamma^{n}_{ms})\Gamma^{m}_{jr}-(T^{i}{}_{\cdot j,m}+T^{n}{}_{\cdot j}\Gamma^{i}_{nm}-T^{i}{}_{\cdot n}\Gamma^{n}_{jm})\Gamma^{m}_{sr}.\end{aligned}$$

$T^{i}{}_{\cdot j;sr}$ 称为张量的二阶协变导数. 可以看出,$\boldsymbol{T}$ 是二阶张量,$\nabla^2\boldsymbol{T}$ 也是二阶张量.

下面介绍矢量 $\boldsymbol{v}$ 的旋度定义.

右旋度
$$\boldsymbol{v}\times\nabla=\frac{\partial\boldsymbol{v}}{\partial x^m}\times\boldsymbol{g}^m,\tag{3.21a}$$

左旋度
$$\nabla\times\boldsymbol{v}=\boldsymbol{g}^m\times\frac{\partial\boldsymbol{v}}{\partial x^m}.\tag{3.21b}$$

矢量 $\boldsymbol{v}$ 的左旋度记为 rot$\boldsymbol{v}=\nabla\times\boldsymbol{v}$. 下面用协变导数表示矢量的左旋度.

$$\mathrm{rot}\boldsymbol{v}=\nabla\times\boldsymbol{v}=\boldsymbol{g}^i\times\frac{\partial\boldsymbol{v}}{\partial x^i}=\boldsymbol{g}^i\times v_{j;i}\boldsymbol{g}^j=\varepsilon^{ijk}v_{j;i}\boldsymbol{g}_k=\varepsilon^{ijk}(v_{j,i}-v_m\Gamma^{m}_{ji})\boldsymbol{g}_k.$$

式中,

$$\varepsilon^{ijk}=\varepsilon^{kij}=\boldsymbol{g}^k\cdot(\boldsymbol{g}^i\times\boldsymbol{g}^j)=-\boldsymbol{g}^k\cdot(\boldsymbol{g}^j\times\boldsymbol{g}^i)=-\varepsilon^{kji},$$

$$\Gamma^{m}_{ji}=\Gamma^{m}_{ij},$$

$$\varepsilon^{ijk}v_m\Gamma^{m}_{ji}=-\varepsilon^{jik}v_m\Gamma^{m}_{ij},$$

$$\varepsilon^{ijk}v_m\Gamma^{m}_{ji}=0,$$

$$\begin{aligned}\nabla\times\boldsymbol{v}&=\varepsilon^{ijk}v_{j,i}\boldsymbol{g}_k=\frac{1}{\sqrt{g}}e^{ijk}v_{j,i}\boldsymbol{g}_k\\&=\frac{1}{\sqrt{g}}[(v_{3,2}-v_{2,3})\boldsymbol{g}_1+(v_{1,3}-v_{3,1})\boldsymbol{g}_2+(v_{2,1}-v_{1,2})\boldsymbol{g}_3]\end{aligned}$$

$$=\frac{1}{\sqrt{g}}\begin{vmatrix} \boldsymbol{g}_1 & \boldsymbol{g}_2 & \boldsymbol{g}_3 \\ \frac{\partial}{\partial x^1} & \frac{\partial}{\partial x^2} & \frac{\partial}{\partial x^3} \\ v_1 & v_2 & v_3 \end{vmatrix}. \tag{3.22}$$

张量 $\boldsymbol{T}$ 的旋度定义是：

右旋度
$$\boldsymbol{T}\times\boldsymbol{\nabla}=\frac{\partial \boldsymbol{T}}{\partial x^m}\times\boldsymbol{g}_m, \tag{3.23a}$$

左旋度
$$\boldsymbol{\nabla}\times\boldsymbol{T}=\boldsymbol{g}_m\times\frac{\partial \boldsymbol{T}}{\partial x^m}. \tag{3.23b}$$

当 $\boldsymbol{T}$ 为二阶张量时，

$$\boldsymbol{T}\times\boldsymbol{\nabla}=\frac{\partial \boldsymbol{T}}{\partial x^m}\times\boldsymbol{g}^m=T^{i}_{\cdot j;m}\boldsymbol{g}_i\boldsymbol{g}^j\times\boldsymbol{g}^m=\varepsilon^{jmk}T^{i}_{\cdot j;m}\boldsymbol{g}_i\boldsymbol{g}_k,$$

$$\boldsymbol{\nabla}\times\boldsymbol{T}=\boldsymbol{g}^m\times\frac{\partial \boldsymbol{T}}{\partial x^m}=\boldsymbol{g}^m\times T_{ij;m}\boldsymbol{g}^i\boldsymbol{g}^j=\varepsilon^{mik}T_{ij;m}\boldsymbol{g}_k\boldsymbol{g}^j.$$

张量的右旋度和左旋度不相等.

旋度也可以用梯度与置换张量的双点积表示：

$$\boldsymbol{\nabla}\times\boldsymbol{T}=\boldsymbol{\varepsilon}:(\boldsymbol{\nabla}\,\boldsymbol{T}),\quad \boldsymbol{T}\times\boldsymbol{\nabla}=(\boldsymbol{T}\,\boldsymbol{\nabla}):\boldsymbol{\varepsilon}. \tag{3.24}$$

现以三阶张量为例对第一个式子加以证明.

$$\begin{aligned}\boldsymbol{\varepsilon}:(\boldsymbol{\nabla}\,\boldsymbol{T})&=\boldsymbol{\varepsilon}:\boldsymbol{g}^s\frac{\partial \boldsymbol{T}}{\partial x^s}=\varepsilon^{ijk}\boldsymbol{g}_i\boldsymbol{g}_j\boldsymbol{g}_k:\boldsymbol{g}^sT_{mnl;s}\boldsymbol{g}^m\boldsymbol{g}^n\boldsymbol{g}^l\\&=\varepsilon^{ijk}T_{knl;j}\boldsymbol{g}_i\boldsymbol{g}^n\boldsymbol{g}^l\\&=\boldsymbol{g}^j\times\boldsymbol{g}^kT_{knl;j}\boldsymbol{g}^n\boldsymbol{g}^l\\&=\boldsymbol{\nabla}\times\boldsymbol{T}.\end{aligned}$$

张量的旋度是与张量本身同一阶的张量. 这是因为，如果 $\boldsymbol{T}$ 为 n 阶张量，则 $\boldsymbol{\nabla}\,\boldsymbol{T}$ 或 $\boldsymbol{T}\,\boldsymbol{\nabla}$ 为 $n+1$ 阶张量，$\boldsymbol{\varepsilon}$ 为三阶张量，双点积出现指标的两次缩并，因此，$\boldsymbol{\varepsilon}:(\boldsymbol{\nabla}\,\boldsymbol{T})$ 的张量阶数为 $(3+n+1)-4=n$，故旋度的张量阶数与张量本身的阶数相同.

3.6　积分公式

很多物理问题涉及张量的积分运算.

流体力学中的速度环量是流体线上各点的流速沿流体曲线的积分.

板壳上所受到的切应力的合力涉及应力在曲面上的积分.

天体之间的引力涉及万有引力的体积分.

张量场中，张量的分量以及基矢都是变化的，积分时需注意张量分量以及基矢随点变化的规律. 如果是直角坐标系，则基矢是常矢量，张量的积分化为张量分量的积分，这种积分和普通的积分没有区别. 至于张量的积分，则可以分别计算各基矢方向的积分,其积分法与普通微积分也没有很大的区别.

本节不讨论张量积分的运算细节.

下面介绍张量的一些积分公式.这些积分有助于化难为易,即把曲面积分化为曲线积分,把体积积分化为曲面积分.

3.6.1 格林公式

设封闭曲面 A 所包围的空间体积是 V,$\boldsymbol{n}$ 是封闭曲面上一个微元面积 $\mathrm{d}A$ 上的外法向单位矢量,$\boldsymbol{n}\mathrm{d}A=\mathrm{d}\boldsymbol{A}$ 称为微元面矢.参见图 1.6.

张量场的散度定理:

$$\int_V \nabla\cdot\boldsymbol{T}\mathrm{d}V=\oint_A \boldsymbol{n}\cdot\boldsymbol{T}\mathrm{d}A.$$

任意张量的(左)散度在体积内的积分,等于张量与外法矢的(左)点积在封闭曲面上的积分.

证明 用坐标面将体积分割成若干微元体积,如图 3.1 所示.这些微元体分成两类.一类是位于体积 V 内部的微元体,另一类是位于边界上的微元体.

内部微元体的六个侧面都是坐标面,如图 3.2 所示.微元体的三条棱分别是 $\mathrm{d}x^1\boldsymbol{g}_1$,$\mathrm{d}x^2\boldsymbol{g}_2$,$\mathrm{d}x^3\boldsymbol{g}_3$.设张量在微元体左下角的值为 $\boldsymbol{T}$,左侧面的微面矢为

$$\mathrm{d}x^2\boldsymbol{g}_2\times\mathrm{d}x^3\boldsymbol{g}_3=\sqrt{g}\boldsymbol{g}^1\mathrm{d}x^2\mathrm{d}x^3.$$

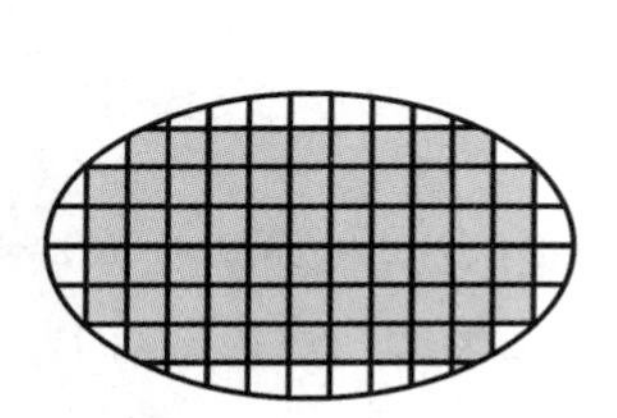

图 3.1 体积和微元体积

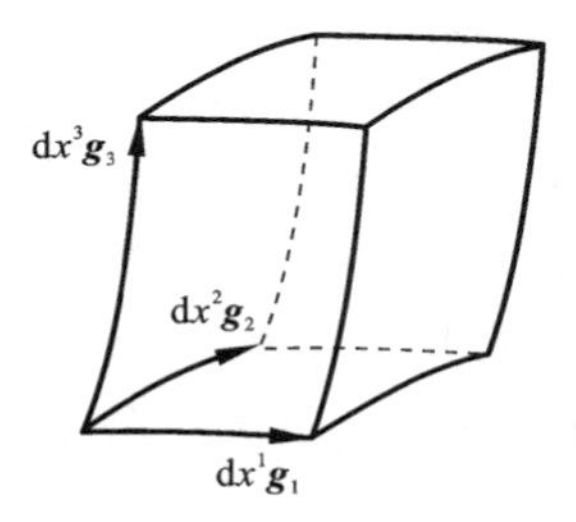

图 3.2 微元体积

左侧面上张量 $\boldsymbol{T}$ 与微面矢的左点积为

$$\boldsymbol{n}\cdot\boldsymbol{T}\mathrm{d}A=\mathrm{d}\boldsymbol{A}\cdot\boldsymbol{T}=-\sqrt{g}\boldsymbol{g}^1\mathrm{d}x^2\mathrm{d}x^3\cdot\boldsymbol{T}.$$

右侧面上张量 $\boldsymbol{T}$ 与微面矢的左点积为

$$\sqrt{g}\boldsymbol{g}^1\cdot\boldsymbol{T}\mathrm{d}x^2\mathrm{d}x^3+\frac{\partial}{\partial x^1}(\sqrt{g}\boldsymbol{g}^1\cdot\boldsymbol{T}\mathrm{d}x^2\mathrm{d}x^3)\mathrm{d}x^1.$$

左、右侧面,张量 $\boldsymbol{T}$ 与微面矢左点积的总量为

$$\frac{\partial}{\partial x^1}(\sqrt{g}\boldsymbol{g}^1\cdot\boldsymbol{T})\mathrm{d}x^1\mathrm{d}x^2\mathrm{d}x^3.$$

同理,前后侧面、上下底面,张量 $\boldsymbol{T}$ 与微面矢左点积的总量分别是

$$\frac{\partial}{\partial x^2}(\sqrt{g}\boldsymbol{g}^2 \cdot T)\mathrm{d}x^1\mathrm{d}x^2\mathrm{d}x^3, \quad \frac{\partial}{\partial x^3}(\sqrt{g}\boldsymbol{g}^3 \cdot T)\mathrm{d}x^1\mathrm{d}x^2\mathrm{d}x^3.$$

整个坐标微元体六个侧面的总量是

$$\oint_{\Delta A}\boldsymbol{n} \cdot \boldsymbol{T}\mathrm{d}A = \frac{\partial}{\partial x^m}(\sqrt{g}\boldsymbol{g}^m \cdot \boldsymbol{T})\mathrm{d}x^1\mathrm{d}x^2\mathrm{d}x^3.$$

根据求导法则，并注意到式(3.8)，则有

$$\frac{\partial}{\partial x^m}(\sqrt{g}\boldsymbol{g}^m \cdot \boldsymbol{T}) = \frac{\partial(\sqrt{g}\boldsymbol{g}^m)}{\partial x^m} \cdot \boldsymbol{T} + \sqrt{g}\boldsymbol{g}^m \cdot \frac{\partial \boldsymbol{T}}{\partial x^m},$$

$$\frac{\partial(\sqrt{g}\boldsymbol{g}^m)}{\partial x^m} = \frac{\partial\sqrt{g}}{\partial x^m}\boldsymbol{g}^m + \sqrt{g}\frac{\partial \boldsymbol{g}^m}{\partial x^m} = \frac{\partial\sqrt{g}}{\partial x^m}\boldsymbol{g}^m - \sqrt{g}\Gamma^m_{km}\boldsymbol{g}^k = \frac{\partial\sqrt{g}}{\partial x^m}\boldsymbol{g}^m - \frac{\partial\sqrt{g}}{\partial x^k}\boldsymbol{g}^k = 0,$$

$$\oint_{\Delta A}\boldsymbol{n} \cdot \boldsymbol{T}\mathrm{d}A = \sqrt{g}\boldsymbol{g}^m \cdot \frac{\partial \boldsymbol{T}}{\partial x^m}\mathrm{d}x^1\mathrm{d}x^2\mathrm{d}x^3 = \int_{\Delta V}\nabla \cdot \boldsymbol{T}\mathrm{d}V,$$

即

$$\oint_{\Delta A}\boldsymbol{n} \cdot \boldsymbol{T}\mathrm{d}A = \int_{\Delta V}\nabla \cdot \boldsymbol{T}\mathrm{d}V.$$

上式是微元体的散度定理. 其中，ΔV 是微元体积，ΔA 是微元体的表面积.

将内部微元体求和：

$$\sum\int_{\Delta V}\nabla \cdot \boldsymbol{T}\mathrm{d}V = \sum\oint_{\Delta A}\boldsymbol{n} \cdot \boldsymbol{T}\mathrm{d}A. \tag{3.25a}$$

下面用 ΔV 和 ΔA 表示内部微元体的体积和表面积，用 $\Delta\widetilde{V}$ 和 $\Delta\widetilde{A}$ 表示边界微元体的体积和表面积. 体积 V 内的体积分由内部微元体的积分和边界微元体的积分组成：

$$\int_V \nabla \cdot \boldsymbol{T}\mathrm{d}V = \sum\int_{\Delta V}\nabla \cdot \boldsymbol{T}\mathrm{d}V + \sum\int_{\Delta\widetilde{V}}\nabla \cdot \boldsymbol{T}\mathrm{d}V.$$

内部微元体的总体积 $\sum\Delta V$ 总是远大于边界微元体的总体积 $\sum\Delta\widetilde{V}$，即 $\sum\Delta V \gg \sum\Delta\widetilde{V}$. 例如，一个正方体 V 分割成 m^3 个小正方体，则内部小正方体有 $(m-2)^3$ 个，边界上的小正方体共有 $m^3-(m-2)^3$ 个，总体积为

$$V = (m-2)^3\Delta V + [m^3-(m-2)^3]\Delta V.$$

边界小正方体与内部小正方体的个数比为

$$k = \frac{m^3-(m-2)^3}{(m-2)^3} = \left(\frac{m}{m-2}\right)^3 - 1.$$

当分割的小正方体个数 m^3 很大时，比例 k 很小，当 $m\to\infty$ 时，$k\to 0$，因此有理由认为，

$$\sum\int_{\Delta V}\nabla \cdot \boldsymbol{T}\mathrm{d}V \gg \sum\int_{\Delta\widetilde{V}}\nabla \cdot \boldsymbol{T}\mathrm{d}V,$$

$$\int_V \nabla \cdot \boldsymbol{T}\mathrm{d}V = \sum\int_{\Delta V}\nabla \cdot \boldsymbol{T}\mathrm{d}V. \tag{3.25b}$$

也就是说，内部微元体所含的散度$\nabla \cdot \boldsymbol{T}$的和就等于全部体积 V 内所含的散度$\nabla \cdot \boldsymbol{T}$的总量.

式(3.25a)的右边表示内部微元体上各个微元体面积分的总和. 如果微元面积是两个微元体的交界面，则这个交界面的面积分就会计算两次，积分值正负互相抵消. 因此，式(3.25a)右边的面积分的总和就等于内部微元体区域(图 3.1 阴影部分)的外廓表面的积分. 我们证明，式(3.25a)右边的面积分总和，等于图 3.1 中阴影部分的外廓表面积分，也等于体积 V 的封闭表面积的积分. 先考虑一个边界微元体的面积分.

图 3.3 的边界微元体，$\mathrm{d}\widetilde{A}$ 为边界微元面，$\mathrm{d}A_1$ 为左侧微元面，中心点为(1). $\mathrm{d}A_2$ 为下底微元面，中心点为(2). 边界微元面中点上的外法单位矢量为 $\boldsymbol{n}$. $\mathrm{d}A_1$ 和 $\mathrm{d}A_2$ 是体积 V 内部的微元面，它们可能是边界微元体之间的界面，也可能是边界微元体与内部微元体之间的界面. $\mathrm{d}\boldsymbol{r}_1$ 和 $\mathrm{d}\boldsymbol{r}_2$ 分别是从边界微元面 $\mathrm{d}\widetilde{A}$ 的中点到点(1)和点(2)的矢径.

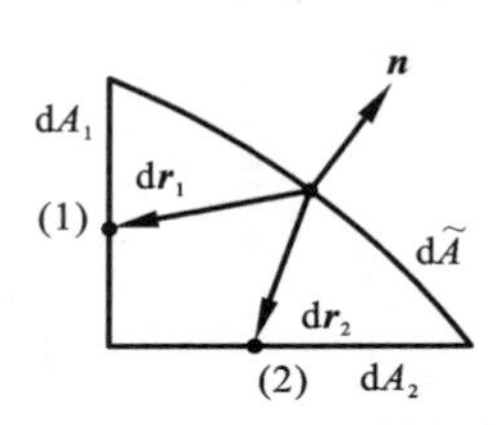

图 3.3　边界微元体

设边界微元面中心点上张量的值为 $\boldsymbol{T}$，则点(1)和点(2)的张量取值为

$$\boldsymbol{T}_{(1)}=\boldsymbol{T}+\mathrm{d}\boldsymbol{r}_1 \cdot \nabla \boldsymbol{T}, \quad \boldsymbol{T}_{(2)}=\boldsymbol{T}+\mathrm{d}\boldsymbol{r}_2 \cdot \nabla \boldsymbol{T}.$$

边界微元体各个微元面上的面积分为

$$\begin{aligned}\int_{\Delta A}\boldsymbol{n} \cdot \boldsymbol{T}\mathrm{d}A &= \int_{\Delta A}\mathrm{d}\boldsymbol{A} \cdot \boldsymbol{T} = \mathrm{d}\widetilde{\boldsymbol{A}} \cdot \boldsymbol{T}+\mathrm{d}\boldsymbol{A}_1 \cdot \boldsymbol{T}_{(1)}+\mathrm{d}\boldsymbol{A}_2 \cdot \boldsymbol{T}_{(2)} \\ &= \mathrm{d}\widetilde{\boldsymbol{A}} \cdot \boldsymbol{T}+\mathrm{d}\boldsymbol{A}_1 \cdot (\boldsymbol{T}+\mathrm{d}\boldsymbol{r}_1 \cdot \nabla \boldsymbol{T})+\mathrm{d}\boldsymbol{A}_2 \cdot (\boldsymbol{T}+\mathrm{d}\boldsymbol{r}_2 \cdot \nabla \boldsymbol{T}) \\ &= (\mathrm{d}\widetilde{\boldsymbol{A}}+\mathrm{d}\boldsymbol{A}_1+\mathrm{d}\boldsymbol{A}_2) \cdot \boldsymbol{T}+\mathrm{d}\boldsymbol{A}_1 \cdot (\mathrm{d}\boldsymbol{r}_1 \cdot \nabla \boldsymbol{T})+\mathrm{d}\boldsymbol{A}_2 \cdot (\mathrm{d}\boldsymbol{r}_2 \cdot \nabla \boldsymbol{T}).\end{aligned}$$

由于 $\mathrm{d}\widetilde{A}, \mathrm{d}\boldsymbol{A}_1, \mathrm{d}\boldsymbol{A}_2$ 是边界微元体的表面，必有

$$\mathrm{d}\widetilde{\boldsymbol{A}}+\mathrm{d}\boldsymbol{A}_1+\mathrm{d}\boldsymbol{A}_2=0.$$

这是因为，$\mathrm{d}\widetilde{\boldsymbol{A}}$ 在水平方向的投影等于 $\mathrm{d}A_1$，$\mathrm{d}\widetilde{\boldsymbol{A}}$ 在垂直方向的投影等于 $\mathrm{d}A_2$.

此外，当边界微元体的体积无限变小时(即分割微元体的数目很大)，$\mathrm{d}\boldsymbol{r}_1 \to 0$，$\mathrm{d}\boldsymbol{r}_2 \to 0$，$\mathrm{d}\boldsymbol{A}_1 \cdot (\mathrm{d}\boldsymbol{r}_1 \cdot \nabla \boldsymbol{T}) \to 0$，$\mathrm{d}\boldsymbol{A}_2 \cdot (\mathrm{d}\boldsymbol{r}_2 \cdot \nabla \boldsymbol{T}) \to 0$，于是

$$\mathrm{d}\widetilde{\boldsymbol{A}} \cdot \boldsymbol{T}+\mathrm{d}\boldsymbol{A}_1 \cdot \boldsymbol{T}_{(1)}+\mathrm{d}\boldsymbol{A}_2 \cdot \boldsymbol{T}_{(2)}=0,$$

$$\mathrm{d}\widetilde{\boldsymbol{A}} \cdot \boldsymbol{T}=-\mathrm{d}\boldsymbol{A}_1 \cdot \boldsymbol{T}_{(1)}-\mathrm{d}\boldsymbol{A}_2 \cdot \boldsymbol{T}_{(2)}.$$

对所有边界微元面求和：

$$\sum \mathrm{d}\widetilde{\boldsymbol{A}} \cdot \boldsymbol{T}=-\sum \mathrm{d}\boldsymbol{A}_1 \cdot T_{(1)}-\sum \mathrm{d}\boldsymbol{A}_2 \cdot \boldsymbol{T}_{(2)}.$$

显然，等号右边就是内部微元体外廓表面(见图 3.1 阴影部分的外边廓)，于是，式(3.25a)右边的面积分就是体积 V 边界面的积分，即

$$\oint_{\widetilde{A}}\mathrm{d}\widetilde{A} \cdot \boldsymbol{T}=\sum \oint_{\Delta A}\mathrm{d}\boldsymbol{A} \cdot \boldsymbol{T}.$$

于是散度定理式得证.

同理还可以证明下列公式

$$\int_V (\boldsymbol{T}\cdot\boldsymbol{\nabla})\mathrm{d}V = \oint_A (\boldsymbol{T}\cdot\boldsymbol{n})\mathrm{d}A, \tag{3.26}$$

$$\int_V (\boldsymbol{\nabla}\,\boldsymbol{T})\mathrm{d}V = \oint_A (\boldsymbol{n}\boldsymbol{T})\mathrm{d}A, \tag{3.27}$$

$$\int_V (\boldsymbol{T}\,\boldsymbol{\nabla})\mathrm{d}V = \oint_A (\boldsymbol{T}\boldsymbol{n})\mathrm{d}A, \tag{3.28}$$

$$\int_V (\boldsymbol{\nabla}\times\boldsymbol{T})\mathrm{d}V = \oint_A (\boldsymbol{n}\times\boldsymbol{T})\mathrm{d}A, \tag{3.29}$$

$$\int_V (\boldsymbol{T}\times\boldsymbol{\nabla})\mathrm{d}V = \oint_A (\boldsymbol{T}\times\boldsymbol{n})\mathrm{d}A. \tag{3.30}$$

上面的几个式子统称格林(Green)公式，也称格林变换.

3.6.2　斯托克斯公式

设 A 是张于封闭曲线 L 上的曲面，参见图 1.7，$\boldsymbol{n}$ 是曲面上微元面积 $\mathrm{d}A$ 的外法向单位矢. L 是有向封闭曲线，L 的正方向，也称为环路的正方向，与曲面上的外法矢 $\boldsymbol{n}$ 组成右手螺旋系. $\boldsymbol{T}$ 是任意张量场，张量的斯托克斯(Stokes)公式是

$$-\int_A (\boldsymbol{T}\times\boldsymbol{\nabla})\cdot\boldsymbol{n}\mathrm{d}A = \oint_L \boldsymbol{T}\cdot\mathrm{d}\boldsymbol{l}. \tag{3.31}$$

证明　在曲面上取一个由微矢 $\mathrm{d}\boldsymbol{r}_1$ 和 $\mathrm{d}\boldsymbol{r}_2$ 构成的微元曲面，如图 3.4 所示. 容易看出

$$\mathrm{d}\boldsymbol{r}_3 = \mathrm{d}\boldsymbol{r}_2 - \mathrm{d}\boldsymbol{r}_1.$$

三个微矢的中点用(1)，(2)，(3)标记. 设面积元左下角的张量取值 $\boldsymbol{T}$.

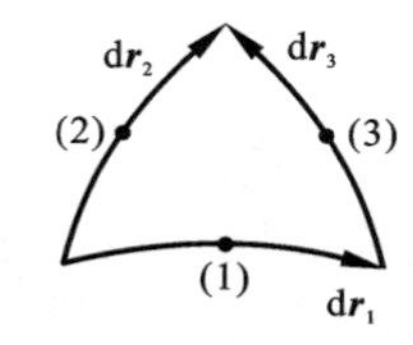

图 3.4　微元曲面

考察此微元曲面的周线积分：

$$\oint_{\Delta L} \boldsymbol{T}\cdot\mathrm{d}\boldsymbol{l} = \boldsymbol{T}_{(1)}\cdot\mathrm{d}\boldsymbol{r}_1 + \boldsymbol{T}_{(3)}\cdot\mathrm{d}\boldsymbol{r}_3 - \boldsymbol{T}_{(2)}\cdot\mathrm{d}\boldsymbol{r}_2,$$

式中，ΔL 是由 $\mathrm{d}\boldsymbol{r}_1$，$\mathrm{d}\boldsymbol{r}_2$，$\mathrm{d}\boldsymbol{r}_3$ 构成的环路，微矢 $\mathrm{d}\boldsymbol{r}_2$ 与环路反向. $\boldsymbol{T}_{(1)}$，$\boldsymbol{T}_{(2)}$，$\boldsymbol{T}_{(3)}$ 与左角点的 $\boldsymbol{T}$ 的差值用梯度微分表示：

$$\boldsymbol{T}_{(1)} = \boldsymbol{T} + \frac{1}{2}\mathrm{d}\boldsymbol{r}_1\cdot\boldsymbol{\nabla}\,\boldsymbol{T},$$

$$\boldsymbol{T}_{(2)} = \boldsymbol{T} + \frac{1}{2}\mathrm{d}\boldsymbol{r}_2\cdot\boldsymbol{\nabla}\,\boldsymbol{T},$$

$$\boldsymbol{T}_{(3)} = \boldsymbol{T} + \frac{1}{2}(\mathrm{d}\boldsymbol{r}_1 + \mathrm{d}\boldsymbol{r}_2)\cdot\boldsymbol{\nabla}\,\boldsymbol{T},$$

$$\oint_{\Delta L} \boldsymbol{T}\cdot\mathrm{d}\boldsymbol{l} = \left(\boldsymbol{T} + \frac{1}{2}\mathrm{d}\boldsymbol{r}_1\cdot\boldsymbol{\nabla}\,\boldsymbol{T}\right)\cdot\mathrm{d}\boldsymbol{r}_1 + \left(\boldsymbol{T} + \frac{\mathrm{d}\boldsymbol{r}_1 + \mathrm{d}\boldsymbol{r}_2}{2}\cdot\boldsymbol{\nabla}\,\boldsymbol{T}\right)\cdot(\mathrm{d}\boldsymbol{r}_2 - \mathrm{d}\boldsymbol{r}_1)$$

$$-\left(\boldsymbol{T}+\frac{1}{2}\mathrm{d}\boldsymbol{r}_2\cdot\nabla\boldsymbol{T}\right)\cdot\mathrm{d}\boldsymbol{r}_2$$

$$=\frac{1}{2}(\mathrm{d}\boldsymbol{r}_1\cdot\nabla\boldsymbol{T}\cdot\mathrm{d}\boldsymbol{r}_2-\mathrm{d}\boldsymbol{r}_2\cdot\nabla\boldsymbol{T}\cdot\mathrm{d}\boldsymbol{r}_1).$$

设 $\boldsymbol{T}$ 为三阶张量，则

$$\mathrm{d}\boldsymbol{r}_1\cdot\nabla\boldsymbol{T}\cdot\mathrm{d}\boldsymbol{r}_2=\mathrm{d}\boldsymbol{r}_1\cdot\boldsymbol{g}^m T_{ijk;m}\boldsymbol{g}^i\boldsymbol{g}^j\boldsymbol{g}^k\cdot\mathrm{d}\boldsymbol{r}_2=\mathrm{d}r_1^m T_{ijk;m}\boldsymbol{g}^i\boldsymbol{g}^j\mathrm{d}r_2^k$$

$$=T_{ijk;m}\boldsymbol{g}^i\boldsymbol{g}^j\boldsymbol{g}^k\boldsymbol{g}^m:\mathrm{d}r_2^s\boldsymbol{g}_s\mathrm{d}r_1^t\boldsymbol{g}_t=\boldsymbol{T}\nabla:\mathrm{d}\boldsymbol{r}_2\mathrm{d}\boldsymbol{r}_1.$$

同样地，

$$\mathrm{d}\boldsymbol{r}_2\cdot\nabla\boldsymbol{T}\cdot\mathrm{d}\boldsymbol{r}_1=\boldsymbol{T}\nabla:\mathrm{d}\boldsymbol{r}_1\mathrm{d}\boldsymbol{r}_2.$$

如果 $\boldsymbol{T}$ 为任意阶张量，上面的等式仍然成立.

$$\oint_{\Delta L}\boldsymbol{T}\cdot\mathrm{d}\boldsymbol{l}=\boldsymbol{T}\nabla:\frac{\mathrm{d}\boldsymbol{r}_2\mathrm{d}\boldsymbol{r}_1-\mathrm{d}\boldsymbol{r}_1\mathrm{d}\boldsymbol{r}_2}{2},$$

令

$$\boldsymbol{\Omega}=\frac{1}{2}(\mathrm{d}\boldsymbol{r}_2\mathrm{d}\boldsymbol{r}_1-\mathrm{d}\boldsymbol{r}_1\mathrm{d}\boldsymbol{r}_2),$$

则有

$$\oint_{\Delta L}\boldsymbol{T}\cdot\mathrm{d}\boldsymbol{l}=\boldsymbol{T}\nabla:\boldsymbol{\Omega}.$$

$\boldsymbol{\Omega}$ 是反对称二阶张量，其反偶为 $\boldsymbol{\omega}$，即

$$\boldsymbol{\omega}=-\frac{1}{2}\boldsymbol{\varepsilon}:\boldsymbol{\Omega},\quad \boldsymbol{\Omega}=-\boldsymbol{\varepsilon}\cdot\boldsymbol{\omega}.$$

下面求 $\boldsymbol{\omega}$ 的表达式.

$$\boldsymbol{\omega}=-\frac{1}{2}\varepsilon_{imn}\Omega^{mn}\boldsymbol{g}^i,$$

由于

$$\Omega^{mn}=\frac{1}{2}(\mathrm{d}r_2^m\mathrm{d}r_1^n-\mathrm{d}r_1^m\mathrm{d}r_2^n),$$

因此，

$$\boldsymbol{\omega}=-\frac{1}{2}\varepsilon_{imn}\boldsymbol{g}^i\ \frac{1}{2}(\mathrm{d}r_2^m\mathrm{d}r_1^n-\mathrm{d}r_1^m\mathrm{d}r_2^n)$$

$$=-\frac{1}{2}\boldsymbol{g}_m\times\boldsymbol{g}_n\ \frac{1}{2}(\mathrm{d}r_2^m\mathrm{d}r_1^n-\mathrm{d}r_1^m\mathrm{d}r_2^n)$$

$$=-\frac{1}{4}(\mathrm{d}\boldsymbol{r}_2\times\mathrm{d}\boldsymbol{r}_1-\mathrm{d}\boldsymbol{r}_1\times\mathrm{d}\boldsymbol{r}_2)$$

$$=\frac{1}{2}\mathrm{d}\boldsymbol{r}_1\times\mathrm{d}\boldsymbol{r}_2$$

$$=\mathrm{d}\boldsymbol{A}.$$

$\boldsymbol{\omega}$ 正是图 3.3 所示的微元曲面矢量. 因此，

$$\boldsymbol{\Omega} = -\boldsymbol{\varepsilon} \cdot \boldsymbol{\omega} = -\boldsymbol{\varepsilon} \cdot \mathrm{d}\boldsymbol{A},$$

$$\oint_{\Delta L} \boldsymbol{T} \cdot \mathrm{d}\boldsymbol{l} = -\boldsymbol{T}\boldsymbol{\nabla} : \boldsymbol{\varepsilon} \cdot \mathrm{d}\boldsymbol{A}.$$

仍设 $\boldsymbol{T}$ 为三阶张量，

$$\begin{aligned}\boldsymbol{T}\boldsymbol{\nabla} : \boldsymbol{\varepsilon} &= T_{ijk;m}\boldsymbol{g}^i\boldsymbol{g}^j\boldsymbol{g}^k\boldsymbol{g}^m : \boldsymbol{\varepsilon} = T_{ijk;m}\boldsymbol{g}^i\boldsymbol{g}^j\varepsilon^{kmn}\boldsymbol{g}_n \\ &= T_{ijk;m}\boldsymbol{g}^i\boldsymbol{g}^j\boldsymbol{g}^k \times \boldsymbol{g}^m = \boldsymbol{T} \times \boldsymbol{\nabla},\end{aligned}$$

因此

$$\oint_{\Delta L} \boldsymbol{T} \cdot \mathrm{d}\boldsymbol{l} = -\int_{\Delta A} (\boldsymbol{T} \times \boldsymbol{\nabla}) \cdot \mathrm{d}\boldsymbol{A}.$$

对所有微面积求和，有

$$-\sum \int_{\Delta A} (\boldsymbol{T} \times \boldsymbol{\nabla}) \cdot \mathrm{d}\boldsymbol{A} = \sum \oint_{\Delta L} \boldsymbol{T} \cdot \mathrm{d}\boldsymbol{l}.$$

左边求和得到整个曲面 A 的面积分. 右边求和时，如果微元面积的边界在曲面上，则相邻的环路积分时会互相抵消，最后得到的就是曲面 A 的边缘，即闭合曲线 L 的积分. 式(3.31)得证.

在流体力学中，$\boldsymbol{v}$ 表示流体速度，$\boldsymbol{\nabla} \times \boldsymbol{v}$ 是流体微团的旋转角速度，又称为涡量，式(3.31)表示涡量方程，即

$$\int_A (\boldsymbol{\nabla} \times \boldsymbol{v}) \cdot \boldsymbol{n}\mathrm{d}A = \oint_L \boldsymbol{v} \cdot \mathrm{d}\boldsymbol{l}.$$

它表示，曲面上的法向涡量的积分等于其边界曲线的速度环量.

3.7　连续介质力学基本方程

3.7.1　运动方程

物体受到外力作用就会发生运动. 如 2.2 节所述，物体受到的外力分为两类：质量力和表面力. 质量力是某种力场(如重力场)对物体的作用力，也称远程力. 力场对物体的作用力，其大小与物体的质量成正比，故得名质量力. 单位质量所受到的力场作用力记作 $\boldsymbol{f}$，称为单位质量力，简称为质量力. 质量力 $\boldsymbol{f}$ 往往随空间点位置的变化而变化. 在一定的空间范围内质量力 $\boldsymbol{f}$ 的变化不明显时，可将 $\boldsymbol{f}$ 视为常数. 例如重力场中，质量力 $\boldsymbol{f}$ 的大小、方向都与重力加速度相同. 在海拔高度变化不大的范围内，重力加速度可视为常数. 物体受到的表面力是物体周围的介质(固体、液体、气体)作用在物体上的力. 这种力在物体的表面进行传递，力传递的距离非常短，因此表面力又称为近程力. 力传递的本质是动量传递. 单位面积受到的表面力称为应力. 与作用面垂直的应力称为正应力，与作用面相切的应力称为切应力. 一般物体表面受到的应

力既有正应力，也有切应力.合应力是与作用面斜交的.

设有连续介质的物体，其体积为 V，表面积为 A，介质的密度为 ρ，加速度为 $\boldsymbol{a}$，运动方程为

$$\int_V \rho\, \boldsymbol{a}\,\mathrm{d}V = \int_V \rho \boldsymbol{f}\,\mathrm{d}V + \oint_A \boldsymbol{P}\cdot \boldsymbol{n}\,\mathrm{d}A.$$

式中，$\boldsymbol{P}$ 为应力张量，$\boldsymbol{n}$ 为物体表面的外法向单位矢量. $\boldsymbol{P}\cdot\boldsymbol{n}$ 是物体表面受到的表面力.

利用格林公式，则有

$$\int_V \rho\, \boldsymbol{a}\,\mathrm{d}V = \int_V \rho \boldsymbol{f}\,\mathrm{d}V + \int_V \boldsymbol{P}\cdot \boldsymbol{\nabla}\,\mathrm{d}V. \tag{3.32}$$

上式对于任意体积都成立，因而有

$$\rho\boldsymbol{a} = \rho\boldsymbol{f} + \boldsymbol{P}\cdot\boldsymbol{\nabla}. \tag{3.33a}$$

写成分量形式，则有

$$\rho a^i = \rho f^i + P^{ij}{}_{;j}. \tag{3.33b}$$

当物体静止时，$a=0$，

$$\rho f^i + P^{ij}{}_{,j} + P^{mj}\Gamma^{\ i}_{mj} + P^{im}\Gamma^{\ j}_{mj} = 0. \tag{3.33c}$$

式(3.33c)是弹性力学的应力平衡方程.

3.7.2 连续介质力学中的应变张量

在上一章中曾经介绍了应变张量的一般概念，在连续介质力学中，应变用位移来描述.下面我们讨论应变张量与位移的关系.

质点受到外力作用时就会发生位移.位移定义为某质点在一个时段内的位置改变量.每个质点都有特定的位移，所有质点的位移就构成位移场.在这里我们只研究位移的最终结果，不研究位移的成因，也不研究位移过程.描述位移最终结果的张量是应变张量.

图 3.5 表示两个质点 A 和 B 的位移.这两个质点在变形前的位置是 A 和 B，变形后的位置是 $\hat{A}$ 和 $\hat{B}$.质点 A 的位移量是 $\boldsymbol{u}$，质点 B 的位移量是 $\boldsymbol{u}+\mathrm{d}\boldsymbol{u}$.变形前 A 和 B 之间的矢径是 $\mathrm{d}\boldsymbol{r}$，变形之后 $\hat{A}$ 和 $\hat{B}$ 之间的矢径是 $\mathrm{d}\hat{\boldsymbol{r}}$，由图看出

$$\boldsymbol{u} + \mathrm{d}\hat{\boldsymbol{r}} = \mathrm{d}\boldsymbol{r} + \boldsymbol{u} + \mathrm{d}\boldsymbol{u},$$

$$\mathrm{d}\hat{\boldsymbol{r}} = \mathrm{d}\boldsymbol{r} + \mathrm{d}\boldsymbol{u},$$

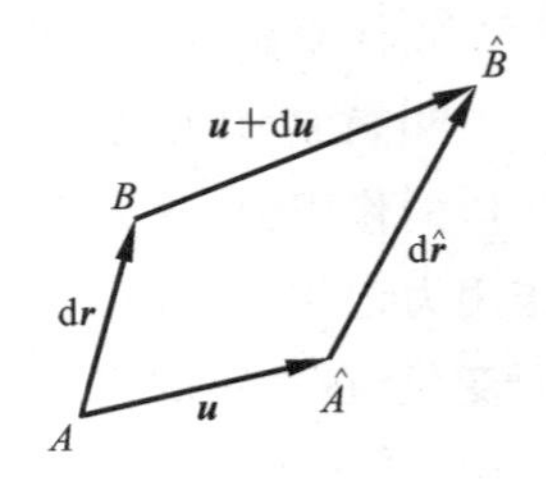

图 3.5 位移

式中，$\mathrm{d}\boldsymbol{u}$ 是两个质点的相对位移，这是由于物体各质点位移的不均匀引起的.位移 $\boldsymbol{u}$ 是矢量场函数，$\mathrm{d}\boldsymbol{u}$ 是由于 A，B 两点的坐标差 $\mathrm{d}x^i$ 所引起的矢量场函数的增量，即

$$\mathrm{d}\boldsymbol{u}=\frac{\partial \boldsymbol{u}}{\partial x^i}\mathrm{d}x^i=u_{k;i}\boldsymbol{g}^k\mathrm{d}x^i.$$

变形前矢径 $\mathrm{d}\boldsymbol{r}$ 的长度平方是

$$\mathrm{d}\boldsymbol{r}\cdot\mathrm{d}\boldsymbol{r}=\mathrm{d}x^i\boldsymbol{g}_i\cdot\mathrm{d}x^j\boldsymbol{g}_j=g_{ij}\mathrm{d}x^i\mathrm{d}x^j.$$

变形后矢径 $\mathrm{d}\hat{\boldsymbol{r}}$ 的长度平方是

$$\begin{aligned}\mathrm{d}\hat{\boldsymbol{r}}\cdot\mathrm{d}\hat{\boldsymbol{r}}&=(\mathrm{d}x^i\boldsymbol{g}_i+u_{k;i}\boldsymbol{g}^k\mathrm{d}x^i)\cdot(\mathrm{d}x^j\boldsymbol{g}_j+u_{m;j}\boldsymbol{g}^m\mathrm{d}x^j)\\&=(g_{ij}+u_{j;i}+u_{i;j}+g^{km}u_{k;i}u_{m;j})\mathrm{d}x^i\mathrm{d}x^j.\end{aligned}$$

定义应变张量 ε_{ij}：

$$2\varepsilon_{ij}\mathrm{d}x^i\mathrm{d}x^j=\mathrm{d}\hat{\boldsymbol{r}}\cdot\mathrm{d}\hat{\boldsymbol{r}}-\mathrm{d}\boldsymbol{r}\cdot\mathrm{d}\boldsymbol{r},$$

$$\varepsilon_{ij}=\frac{1}{2}(u_{j;i}+u_{i;j}+u^m{}_{;i}u_{m;j}).\tag{3.34a}$$

这就是用位移表示的应变张量.

对于小变形，式(3.34a)右边的第三项是高阶微量，可以略去，则

$$\varepsilon_{ij}=\frac{1}{2}(u_{j;i}+u_{i;j}).\tag{3.34b}$$

根据协变导数的定义，式(3.34b)可以写成

$$\varepsilon_{ij}=\frac{1}{2}(u_{j,i}+u_{i,j}-2u_m\Gamma^m_{ij}).\tag{3.34c}$$

应变张量是二阶对称张量.

根据张量的加法分解定理，任何一个二阶张量都可以分解为一个对称张量和一个反对称张量. 显然，与应变张量 ε_{ij} 对应的二阶张量就是 $u_{j;i}$，也就是位移的右梯度，

$$\boldsymbol{u}\,\boldsymbol{\nabla}=\frac{\partial \boldsymbol{u}}{\partial x^j}\boldsymbol{g}^j=u_{i;j}\boldsymbol{g}^i\boldsymbol{g}^j.$$

张量 $u_{i;j}$ 可以分解为一个对称张量和一个反对称张量，

$$u_{i;j}=\frac{1}{2}(u_{i;j}+u_{j;i})+\frac{1}{2}(u_{i;j}-u_{j;i}),$$

$$\varepsilon_{ij}=\frac{1}{2}(u_{i;j}+u_{j;i}),$$

$$\Omega_{ij}=\frac{1}{2}(u_{i;j}-u_{j;i}),$$

$$\boldsymbol{u}\,\boldsymbol{\nabla}=\boldsymbol{E}+\boldsymbol{\Omega}.$$

反对称二阶张量 $\boldsymbol{\Omega}$ 对应一个反偶矢量 $\boldsymbol{\omega}$，

$$\boldsymbol{\omega}=-\frac{1}{2}\boldsymbol{\varepsilon}:\boldsymbol{\Omega},\quad \boldsymbol{\Omega}=-\boldsymbol{\varepsilon}\cdot\boldsymbol{\omega}.$$

现在分析反偶矢量 $\boldsymbol{\omega}$ 的几何意义.

$$\boldsymbol{\omega}=-\frac{1}{2}\varepsilon^{imn}\Omega_{mn}\boldsymbol{g}_i=-\frac{1}{2}\boldsymbol{g}^m\times\boldsymbol{g}^n\Omega_{mn}$$

$$=\frac{1}{4}\boldsymbol{g}^n\times\boldsymbol{g}^m(u_{m;n}-u_{n;m})$$

$$=\frac{1}{4}(\boldsymbol{g}^n\times u_{m;n}\boldsymbol{g}^m+\boldsymbol{g}^m\times u_{n;m}\boldsymbol{g}^n)$$

$$=\frac{1}{2}\boldsymbol{\nabla}\times\boldsymbol{u},$$

可见，$\boldsymbol{\omega}$ 是位移矢量场 $\boldsymbol{u}$ 的旋度.

$$\omega^k=\frac{1}{2}\varepsilon^{kij}u_{j;i}=\frac{1}{2}\frac{\mathrm{e}^{kij}}{\sqrt{g}}(u_{j,i}-u_m\Gamma_{ji}^{m})$$

在直角坐标系中，$\sqrt{g}=1,\Gamma_{ji}^{m}=0$，

$$\omega^k=\frac{1}{2}\mathrm{e}^{kij}u_{j,i}.$$

例如，

$$\omega^3=\frac{1}{2}(u_{2,1}-u_{1,2})=\frac{1}{2}\left(\frac{\partial u_2}{\partial x^1}-\frac{\partial u_1}{\partial x^2}\right).$$

下面我们分析一个微元体的变形. 设有一个微元体，变形之前的形状 $ABDC$ 为矩形，边长为 $\mathrm{d}x^1$ 和 $\mathrm{d}x^2$. 假设点 A 在 x^1 和 x^2 方向的位移分量为 u_1 和 u_2. 由于变形不均匀，变形后的微元体形状为一个四边形 $\hat{A}\hat{B}\hat{D}\hat{C}$. 为方便变形的研究，我们将变形前后的角点 A 和 $\hat{A}$ 重合.

由于变形不均匀，B 点相对于 A 点在 x^2 方向有相对位移 $\frac{\partial u_1}{\partial x^2}\mathrm{d}x^1$，$C$ 点相对于 A 点在 x^1 方向的相对位移为 $\frac{\partial u_1}{\partial x^2}\mathrm{d}x^2$.

线元 $\mathrm{d}x^1$ 逆时针方向的转角为

$$\mathrm{d}\alpha=\frac{\frac{\partial u_2}{\partial x^1}\mathrm{d}x^1}{\mathrm{d}x^1}=\frac{\partial u_2}{\partial x^1},$$

线元 $\mathrm{d}x^2$ 顺时针方向的转角为

$$\mathrm{d}\beta=\frac{\frac{\partial u_1}{\partial x^2}\mathrm{d}x^2}{\mathrm{d}x^2}=\frac{\partial u_1}{\partial x^2}.$$

变形前，$\angle CAB$ 的角平分线的方位角是 $\frac{\pi}{4}$，变形后，$\angle\hat{C}\hat{A}\hat{B}$ 的角平分线的方位角是

$$\mathrm{d}\alpha+\frac{1}{2}\left(\frac{\pi}{2}-\mathrm{d}\alpha-\mathrm{d}\beta\right),$$

因而角平分线的旋转角度为

$$\mathrm{d}\alpha+\frac{1}{2}\left(\frac{\pi}{2}-\mathrm{d}\alpha-\mathrm{d}\beta\right)-\frac{\pi}{4}=\frac{1}{2}(\mathrm{d}\alpha-\mathrm{d}\beta).$$

我们定义微元体 $ABCD$ 的旋转角度为这条角平分线的转角. 由于图 3.6 的微元体位于 x^1x^2 平面,旋转角矢量按右手螺旋法确定方向,因此这条角平分线的转角定义为微元体的转角矢量在 x^3 方向的分量 ω^3,即

$$\omega^3=\frac{1}{2}\left(\frac{\partial u_2}{\partial x^1}-\frac{\partial u_1}{\partial x^2}\right).$$

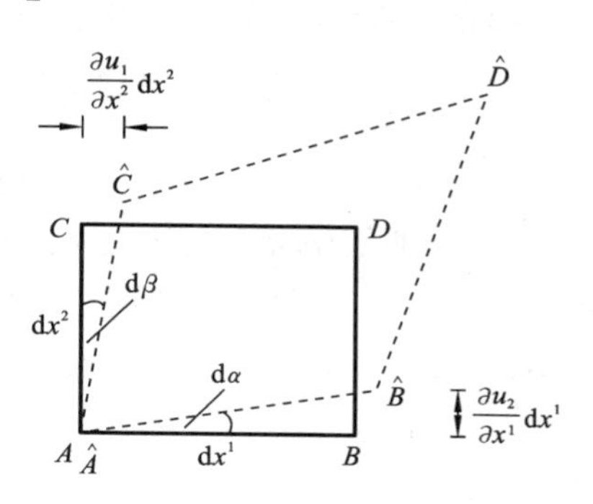

图 3.6　微元体的变形

此外我们再考察微元体 $ABCD$ 的剪切变形. 变形前,$ABCD$ 的左下角为直角,$\angle CAB=\frac{\pi}{2}$. 变形后,$\angle\hat{C}\hat{A}\hat{B}$ 与 $\angle CAB$ 相比,角度值减少量为 $\mathrm{d}\alpha+\mathrm{d}\beta$. 定义微元体的剪切变形为

$$\gamma=\frac{1}{2}(\mathrm{d}\alpha+\mathrm{d}\beta)=\frac{1}{2}\left(\frac{\partial u_2}{\partial x^1}+\frac{\partial u_1}{\partial x^2}\right)=\varepsilon_{12},$$

因此,ε_{12} 就表示微元体在 x^1x^2 平面上的剪切变形.

3.8　非完整坐标系和张量的物理分量

3.8.1　物理坐标架

前面我们多次提到任意的曲线坐标系 x^i 及基矢 $\boldsymbol{g}_i$,即

$$\boldsymbol{g}_i=\frac{\partial \boldsymbol{r}}{\partial x^i}.$$

有些坐标 x^i 具有长度量纲,例如极坐标的 r,有些坐标 x^i 无量纲,例如极坐标的幅角 θ(弧度量纲),因此协变基矢 $\boldsymbol{g}_i$ 可能有量纲,也可能无量纲. 逆变基矢 $\boldsymbol{g}^i$ 是伴生基矢,也同样可能有量纲,可能无量纲.

张量的实体由张量分量和并基矢构成,于是张量的量纲和张量分量的量纲不一定相同,并且,不同的张量分量(协变、逆变)的量纲也可能不相同. 例如,力为矢量,实体记法为

$$\boldsymbol{F}=F^i\boldsymbol{g}_i=F_i\boldsymbol{g}^i.$$

$\boldsymbol{F}$ 的量纲是 N(牛顿),如果基矢 $\boldsymbol{g}_i$,$\boldsymbol{g}^i$ 有量纲,则分量 F^i 或 F_i 的量纲就不是 N(牛顿). 这样,用张量和张量分量来描述数学物理问题就很不方便. 解决这个问题的办法很简单,就是将曲线坐标系的基矢标准化,即让每一个基矢都无量纲化,且其长度都是 1.

前面我们介绍过的曲线坐标系的基矢称为自然基矢,其中,协变基等于矢径对坐

标的导数,逆变基矢是伴生基矢.逆变基矢和协变基矢满足克罗内克尔关系.

现在引入一组基矢 $\boldsymbol{g}_{(i)}$ 和 $\boldsymbol{g}^{(i)}$：

$$\boldsymbol{g}_{(i)}=\frac{\boldsymbol{g}_i}{|\boldsymbol{g}_i|},\quad i\text{ 不求和},\tag{3.35a}$$

$$\boldsymbol{g}^{(i)}\cdot\boldsymbol{g}_{(j)}=\delta_j^i,\tag{3.35b}$$

式中,$\boldsymbol{g}_i$ 是曲线坐标系的协变基矢,$|\boldsymbol{g}_i|$是基矢的模.由式(3.35a)可以看出,$\boldsymbol{g}_{(i)}$ 是无量纲的,而且它与基矢 $\boldsymbol{g}_i$ 同方向.也就是说,$\boldsymbol{g}_{(1)}$,$\boldsymbol{g}_{(2)}$,$\boldsymbol{g}_{(3)}$ 是无量纲的单位矢量,但彼此不正交.此外,由式(3.35b)看出,$\boldsymbol{g}^{(i)}$ 是无量纲的,但不是单位矢量,例如,

$$\boldsymbol{g}^{(1)}\cdot\boldsymbol{g}_{(1)}=|\boldsymbol{g}^{(1)}|\cdot|\boldsymbol{g}_{(1)}|\cos\theta=1,$$

即

$$|\boldsymbol{g}^{(1)}|=1/\cos\theta.$$

$\boldsymbol{g}^{(1)}$ 不是单位矢量.由于 $\boldsymbol{g}_{(i)}$ 相互之间互不正交,因而 $\boldsymbol{g}^{(i)}$ 相互之间也不正交.

这样引入的协变基矢 $\boldsymbol{g}_{(i)}$ 和逆变基矢 $\boldsymbol{g}^{(i)}$ 称为物理坐标架.

3.8.2 非完整坐标系

前面我们提到的曲线坐标系,既有坐标 x^i,也有基矢 $\boldsymbol{g}_i$ 和 $\boldsymbol{g}^i$,这样的坐标系称为完整坐标系.

完整坐标系具有下列特征.

特征 1　协变基矢等于矢径对坐标的偏导数,逆变基矢和协变基矢满足克罗内克尔关系.

特征 2　不同坐标系之间满足雅可比行列式(Jacobian)不为零的条件,

$$\frac{\partial(x^1,x^2,x^3)}{\partial(x^{1'},x^{2'},x^{3'})}\neq0,\quad\frac{\partial(x^{1'},x^{2'},x^{3'})}{\partial(x^1,x^2,x^3)}\neq0.$$

特征 3　不同坐标系的基矢满足坐标变换关系.

由式(3.35a)和式(3.35b)定义的物理坐标架 $\boldsymbol{g}_{(i)}$ 和 $\boldsymbol{g}^{(i)}$ 并不是一个坐标系的自然基矢,因为它们不符合自然基矢的定义.如果我们将 $\boldsymbol{g}_{(i)}$ 和 $\boldsymbol{g}^{(i)}$ 所对应的坐标系记为 $x^{(i)}$,可以证明 $x^{(i)}$ 不存在,即找不出这样的坐标系 $x^{(i)}$,它能满足自然基矢的定义要求,即

$$\boldsymbol{g}_{(i)}=\frac{\partial\boldsymbol{r}}{\partial x^{(i)}}.$$

这种没有坐标系 $x^{(i)}$,只有基矢 $\boldsymbol{g}_{(i)}$ 和 $\boldsymbol{g}^{(i)}$ 的坐标系称为非完整坐标系.

下面我们从几个方面来说明,人为规定的基矢 $\boldsymbol{g}_{(i)}$ 和 $\boldsymbol{g}^{(i)}$ 所对应的坐标系 $x^{(i)}$ 是不存在的.

假设 $\boldsymbol{g}_{(i)}$ 所对应的坐标系是 $x^{(i)}$,另外有某个完整坐标系 x^i,它的基矢为 $\boldsymbol{g}_i$ 和 $\boldsymbol{g}^i$.我们试图求出坐标 $x^{(i)}$ 和 x^i 的函数关系:$x^{(i)}=x^{(i)}(x^i)$.

$$\boldsymbol{g}_{(i)}=\frac{\partial \boldsymbol{r}}{\partial x^{(i)}}=\frac{\partial x^{j}}{\partial x^{(i)}}\frac{\partial \boldsymbol{r}}{\partial x^{j}}=\beta^{j}_{(i)}\boldsymbol{g}_{j},$$

因此,两坐标系的变换系数是

$$\beta^{j}_{(i)}=\frac{\partial x^{j}}{\partial x^{(i)}},\quad \beta^{(i)}_{j}=\frac{\partial x^{(i)}}{\partial x^{j}}.$$

我们研究微分 $\mathrm{d}x^{(i)}$. 由于 $x^{(i)}=x^{(i)}(x^{j})$,因此

$$\mathrm{d}x^{(i)}=\frac{\partial x^{(i)}}{\partial x^{j}}\mathrm{d}x^{j}=\beta^{(i)}_{j}\mathrm{d}x^{j}=\beta^{(i)}_{1}\mathrm{d}x^{1}+\beta^{(i)}_{2}\mathrm{d}x^{2}+\beta^{(i)}_{3}\mathrm{d}x^{3}.$$

如果上式可以积分,则右边一定是全微分. $\beta^{(i)}_{j}$ 必定连续可微,即

$$\beta^{(i)}_{j,k}=\frac{\partial^{2}x^{(i)}}{\partial x^{k}\partial x^{j}}=\frac{\partial^{2}x^{(i)}}{\partial x^{j}\partial x^{k}}=\beta^{(i)}_{k,j}.$$

在实际问题中,物理坐标架是这样定义的:

$$\boldsymbol{g}_{(1)}=\frac{\boldsymbol{g}_{1}}{|\boldsymbol{g}_{1}|}=\beta^{j}_{(1)}\boldsymbol{g}_{j},\quad \beta^{j}_{(1)}=\begin{cases}\dfrac{1}{|\boldsymbol{g}_{1}|}, & j=1,\\ 0, & j\neq 1,\end{cases}$$

$$\boldsymbol{g}_{(i)}=\frac{\boldsymbol{g}_{i}}{|\boldsymbol{g}_{i}|}=\beta^{j}_{(i)}\boldsymbol{g}_{j},\quad \beta^{j}_{(i)}=\begin{cases}\dfrac{1}{|\boldsymbol{g}_{i}|}, & j=i,\\ 0, & j\neq i.\end{cases}$$

这样定义的变换系数,不能满足连续可微的条件,不能满足 $\beta^{(i)}_{j,k}=\beta^{(i)}_{k,j}$,因此 $x^{(i)}$ 无法求出.

下在以极坐标为例加以说明.

令 $x^{1}=r,x^{2}=\theta$(极坐标),用直角坐标矢 $\boldsymbol{i},\boldsymbol{j}$ 表示的协变基矢是

$$\boldsymbol{g}_{1}=\cos\theta\boldsymbol{i}+\sin\theta\boldsymbol{j},\quad \boldsymbol{g}_{2}=-r\sin\theta\boldsymbol{i}+r\cos\theta\boldsymbol{j},$$

$\boldsymbol{g}_{1}$ 是无量纲的单位矢,$\boldsymbol{g}_{2}$ 具有长度的量纲. $|\boldsymbol{g}_{1}|=1,|\boldsymbol{g}_{2}|=r$.

引入物理坐标架

$$\boldsymbol{g}_{(1)}=\frac{\boldsymbol{g}_{1}}{|\boldsymbol{g}_{1}|}=\boldsymbol{g}_{1},\quad \boldsymbol{g}_{(2)}=\frac{\boldsymbol{g}_{2}}{|\boldsymbol{g}_{2}|}=\frac{\boldsymbol{g}_{2}}{r},$$

$$\boldsymbol{g}_{1}=\boldsymbol{g}_{(1)},\quad \boldsymbol{g}_{2}=r\boldsymbol{g}_{(2)},$$

$$\boldsymbol{g}_{1}=\beta^{(j)}_{1}\boldsymbol{g}_{(j)},\quad \beta^{(1)}_{1}=1,\quad \beta^{(2)}_{1}=0,$$

$$\boldsymbol{g}_{2}=\beta^{(j)}_{2}\boldsymbol{g}_{(j)},\quad \beta^{(1)}_{2}=0,\quad \beta^{(2)}_{2}=r,$$

$$\mathrm{d}x^{(i)}=\frac{\partial x^{(i)}}{\partial x^{j}}\mathrm{d}x^{j}=\beta^{(i)}_{j}\mathrm{d}x^{j},$$

$$\mathrm{d}x^{(1)}=\beta^{(1)}_{1}\mathrm{d}x^{1}+\beta^{(1)}_{2}\mathrm{d}x^{2}=\mathrm{d}r,$$

$$\mathrm{d}x^{(2)}=\beta^{(2)}_{1}\mathrm{d}x^{1}+\beta^{(2)}_{2}\mathrm{d}x^{2}=r\mathrm{d}\theta.$$

r 和 θ 为独立变量,由最后一式无法积分求出 $x^{(2)}$,因此坐标 $x^{(2)}$ 不存在.

可见,物理坐标架对应的假想坐标系不满足完整坐标系的特性要求.

3.8.3 物理分量

将张量在物理坐标架上分解，其分量称为物理分量.

矢量 $\boldsymbol{v}$ 可以在物理坐标架上分解，也可以在完整坐标系 x^i 的基矢上分解：

$$\boldsymbol{v}=v^i\boldsymbol{g}_i=v^{(i)}\boldsymbol{g}_{(i)}.$$

注意到

$$\boldsymbol{g}_{(i)}=\boldsymbol{g}_i/|\boldsymbol{g}_i|,\quad i\text{ 不求和},$$

因而

$$v^i=\frac{v^{(i)}}{|\boldsymbol{g}_i|},\quad v^{(i)}=|\boldsymbol{g}_i|v^i,\quad i\text{ 不求和}. \tag{3.36a}$$

$$\boldsymbol{v}=v_i\boldsymbol{g}^i=v_{(i)}\boldsymbol{g}^{(i)}.$$

注意到

$$\boldsymbol{g}^{(i)}\cdot\boldsymbol{g}_{(j)}=\delta^i_j,\quad \boldsymbol{g}^{(i)}\cdot\frac{\boldsymbol{g}_j}{|\boldsymbol{g}_j|}=\delta^i_j,$$

$$\boldsymbol{g}^{(1)}=|\boldsymbol{g}_1|\boldsymbol{g}^1,\quad \boldsymbol{g}^{(2)}=|\boldsymbol{g}_2|\boldsymbol{g}^2,\quad \boldsymbol{g}^{(3)}=|\boldsymbol{g}_3|\boldsymbol{g}^3,$$

因此有

$$v_i=|\boldsymbol{g}_i|v_{(i)},\quad v_{(i)}=\frac{v_i}{|\boldsymbol{g}_i|},\quad i\text{ 不求和}. \tag{3.36b}$$

式(3.36a)和(3.36b)称为物理分量和矢量分量的关系式.

用同样的方法可以得到张量的物理分量和张量分量的关系式

$$\boldsymbol{T}=T^{i}_{\cdot j}\boldsymbol{g}_i\boldsymbol{g}^j=T^{(i)}_{\cdot(j)}\boldsymbol{g}_{(i)}\boldsymbol{g}^{(j)},$$

$$T^{i}_{\cdot j}=T^{(i)}_{\cdot(j)}\frac{|\boldsymbol{g}_j|}{|\boldsymbol{g}_i|},\quad T^{(i)}_{\cdot(j)}=T^{i}_{\cdot j}\frac{|\boldsymbol{g}_i|}{|\boldsymbol{g}_j|},$$

上式中的 i,j 皆不求和. $T^{(i)}_{\cdot(j)}$ 称为张量 $\boldsymbol{T}$ 的混变物理分量.

3.9 正交坐标系

正交坐标系就是三条坐标线互相正交的坐标系. 坐标系的协变基矢沿着坐标线的方向，因此正交坐标系的三个协变基矢互相正交. 对于直线正交坐标系，这三个协变基矢的方向处处相同，它们之间处处正交. 对于曲线正交坐标系协变基矢的方向是变化的，但在空间任一点，三个协变基矢互相正交.

正交坐标系是最常用的坐标系，圆柱坐标、球坐标都属于曲线正交坐标系. 正交坐标系有如下几个特点.

(1) 基矢正交.

在空间每一点上，三条坐标线互相正交，于是三个协变基矢互相正交.

逆变基矢是伴生基矢，$\boldsymbol{g}^i \cdot \boldsymbol{g}_j = \delta^i_j$，因而逆变基矢相互之间也正交. 并且，$\boldsymbol{g}^i$ 和 $\boldsymbol{g}_i$ 方向相同. 例如，$\boldsymbol{g}^1$ 与 $\boldsymbol{g}_2$，$\boldsymbol{g}_3$ 正交，于是 $\boldsymbol{g}^1$ 与 $\boldsymbol{g}_1$ 方向相同. 又由于 $\boldsymbol{g}^1 \cdot \boldsymbol{g}_1 = 1$，因此 $|\boldsymbol{g}^1| = 1/|\boldsymbol{g}_1|$，即 $\boldsymbol{g}^1$ 和 $\boldsymbol{g}_1$ 的模互为倒数.

（2）度量张量仅有对角线元素.

$$g_{ij} = \boldsymbol{g}_i \cdot \boldsymbol{g}_j = \begin{cases} g_{ii}, & i=j, i \text{ 不求和}, \\ 0, & i \neq j, \end{cases}$$

$$[g_{ij}] = \begin{bmatrix} g_{11} & 0 & 0 \\ 0 & g_{22} & 0 \\ 0 & 0 & g_{33} \end{bmatrix},$$

$$g^{ij} = \begin{cases} 1/g_{ii}, & i=j, \quad i \text{ 不求和}, \\ 0, & i \neq j, \end{cases}$$

$$[g^{ij}] = \left\{ \begin{matrix} 1/g_{11} & 0 & 0 \\ 0 & 1/g_{22} & 0 \\ 0 & 0 & 1/g_{33}. \end{matrix} \right].$$

（3）微分线元的长度用拉梅(Lamé)系数表示.

$$\mathrm{d}\boldsymbol{r} = \mathrm{d}x^i \boldsymbol{g}_i,$$

$$\mathrm{d}s^2 = \mathrm{d}\boldsymbol{r} \cdot \mathrm{d}\boldsymbol{r} = \mathrm{d}x^i \boldsymbol{g}_i \cdot \mathrm{d}x^j \boldsymbol{g}_j = g_{ij} \mathrm{d}x^i \mathrm{d}x^j,$$

对于正交坐标系，当 $i \neq j$ 时 $g_{ij} = 0$，因此

$$\mathrm{d}s^2 = g_{11} \mathrm{d}x^1 \mathrm{d}x^1 + g_{22} \mathrm{d}x^2 \mathrm{d}x^2 + g_{33} \mathrm{d}x^3 \mathrm{d}x^3.$$

令 $\sqrt{g_{11}} = A_1$，$\sqrt{g_{22}} = A_2$，$\sqrt{g_{33}} = A_3$，即 $\sqrt{g_{ii}} = A_i$，i 不求和，则

$$\mathrm{d}s^2 = (A_1 \mathrm{d}x^1)^2 + (A_2 \mathrm{d}x^2)^2 + (A_3 \mathrm{d}x^3)^2.$$

A_i 称为拉梅系数.

例如，圆柱坐标，$x^1 = r, x^2 = \theta, x^3 = z$，则

$$\mathrm{d}s^2 = (\mathrm{d}r)^2 + (r\mathrm{d}\theta)^2 + (\mathrm{d}z)^2,$$

$$A_1 = 1, \quad A_2 = r, \quad A_3 = 1.$$

球坐标，$x^1 = r, x^2 = \theta, x^3 = \varphi$，则

$$\mathrm{d}s^2 = (\mathrm{d}r)^2 + (r\mathrm{d}\theta)^2 + (r\sin\theta\mathrm{d}\varphi)^2,$$

$$A_1 = 1, \quad A_2 = r, \quad A_3 = r\sin\theta.$$

（4）正交坐标系中的克里斯托弗符号得到很大的简化.

$$\Gamma^k_{ij} = 0, \quad i \neq j \neq k, \tag{3.37a}$$

$$\Gamma^k_{ii} = -\frac{A_i}{A_k^2} \frac{\partial A_i}{\partial x^k}, \quad i \neq k, \quad i, k \text{ 不求和}, \tag{3.37b}$$

$$\Gamma^i_{ij} = \frac{1}{A_i} \frac{\partial A_i}{\partial x^j}, \quad i \text{ 不求和}. \tag{3.37c}$$

证明如下：

$$\Gamma_{ij}^{k}=\frac{1}{2}g^{km}\left(\frac{\partial g_{jm}}{\partial x^{i}}+\frac{\partial g_{im}}{\partial x^{j}}-\frac{\partial g_{ij}}{\partial x^{m}}\right),$$

如果 i,j,k 互不相等，由式(3.7b)看出，仅当 $m=k$ 时，Γ_{ij}^{k} 才为非零，于是 m 与 i,j 互不相等，式(3.7b)右边括号内每一项的度量张量皆为零.

当 $i=j$ 且 $i\neq k$ 时，由于 m 必须等于 k，因此 $i\neq m$，g_{im}，g_{jm} 皆为零，

$$g^{kk}=1/A_{k}^{2},\quad g_{ii}=A_{i}^{2},$$

$$\Gamma_{ii}^{k}=-\frac{1}{2}\frac{1}{A_{k}^{2}}\frac{\partial A_{i}^{2}}{\partial x^{k}}=-\frac{A_{i}}{A_{k}^{2}}\frac{\partial A_{i}}{\partial x^{k}}.$$

同样道理，

$$\Gamma_{ij}^{i}=\frac{1}{2}g^{ii}\left(\frac{\partial g_{ji}}{\partial x^{i}}+\frac{\partial g_{ii}}{\partial x^{j}}-\frac{\partial g_{ij}}{\partial x^{i}}\right)=\frac{1}{2A_{i}^{2}}\frac{\partial A_{i}^{2}}{\partial x^{j}}=\frac{1}{A_{i}}\frac{\partial A_{i}}{\partial x^{j}}.$$

上式，即式(3.37c)中的 i,j 可以相等，也可以不相等.

(5) 正交物理坐标架是归一化标准化基矢.

在正交曲线坐标系中引入正交物理坐标架：

$$\boldsymbol{g}_{(i)}=\frac{\boldsymbol{g}_{i}}{|\boldsymbol{g}_{i}|},\quad \boldsymbol{g}^{(i)}=|\boldsymbol{g}_{i}|\boldsymbol{g}^{i},\quad i\text{ 不求和}.$$

在这种情况下，协变基矢 $\boldsymbol{g}_{(i)}$ 是一组互相正交的无量纲的单位矢量. 同样地，逆变基矢 $\boldsymbol{g}^{(i)}$ 也是一组互相正交的无量纲的单位矢量. 理由如下：

$\boldsymbol{g}_{(i)}=\boldsymbol{g}_{i}/|\boldsymbol{g}_{i}|$ 本身就说明 $\boldsymbol{g}_{(i)}$ 是无量纲单位矢量. 而 $\boldsymbol{g}_{(i)}$ 与 $\boldsymbol{g}_{i}$ 同方向，因此 $\boldsymbol{g}_{(i)}$ 互相正交.

$\boldsymbol{g}^{(i)}\cdot\boldsymbol{g}_{(j)}=\delta_{j}^{i}$ 表明 $\boldsymbol{g}^{(i)}$ 与 $\boldsymbol{g}_{(i)}$ 同向，因而逆变基矢 $\boldsymbol{g}^{(i)}$ 互相正交. 并且，$\boldsymbol{g}_{(i)}$ 是无量纲单位矢量，于是 $\boldsymbol{g}^{(i)}$ 也是无量纲单位矢量.

协变基 $\boldsymbol{g}_{(i)}$ 和逆变基 $\boldsymbol{g}^{(i)}$ 都是方向相同的基矢，因此，基矢指标不必分上下，协变基 $\boldsymbol{g}_{(i)}$ 和逆变基 $\boldsymbol{g}^{(i)}$ 都是同向的正交无量纲单位矢量，这种基矢称为归一化的标准化基矢，记作

$$\boldsymbol{g}_{(i)}=\boldsymbol{g}^{(i)}=\boldsymbol{e}_{i}.$$

相应地，张量的物理分量在正交标准化基矢中也没有必要区分上下标，如

$$T^{(i)}_{\cdot(j)}=\frac{A_{i}}{A_{j}}T^{i}_{\cdot j}=T_{(i,j)}.$$

3.10 用物理分量表示的梯度、散度和旋度

数学、物理领域的梯度、散度和旋度都是用物理分量表示的.

在正交坐标中，用物理分量表示张量运算时，涉及两种取代运算. 一是用标准化的无量纲单位基矢 $\boldsymbol{e}_{i}$ 取代张量基矢 $\boldsymbol{g}_{i}$ 和 $\boldsymbol{g}^{i}$. 二是用物理分量取代张量分量. 取代关

系式是：

$$\boldsymbol{g}_{(i)}=\frac{\boldsymbol{g}_i}{A_i},\quad \boldsymbol{g}_i=A_i\boldsymbol{e}_i,\quad i\text{ 不求和},$$

$$\boldsymbol{g}^{(i)}=A_i\boldsymbol{g}^i,\quad \boldsymbol{g}^i=\frac{\boldsymbol{e}_i}{A_i},\quad i\text{ 不求和},$$

$$v_i=A_iv_{(i)},\quad v^i=\frac{v_{(i)}}{A_i},\quad i\text{ 不求和}.$$

1. 梯度

设 φ 为标量场函数，则 φ 的梯度是

$$\nabla\varphi=\boldsymbol{g}^m\frac{\partial\varphi}{\partial x^m}=\boldsymbol{e}^m\frac{\partial\varphi}{A_m\partial x^m}=\boldsymbol{e}_1\frac{\partial\varphi}{A_1\partial x^1}+\boldsymbol{e}_2\frac{\partial\varphi}{A_2\partial x^2}+\boldsymbol{e}_3\frac{\partial\varphi}{A_3\partial x^3}.\tag{3.38}$$

设 $\boldsymbol{T}$ 为二阶张量，则 $\boldsymbol{T}$ 的梯度是

$$\begin{aligned}\nabla\boldsymbol{T}&=T^{\cdot i}_{j;s}\boldsymbol{g}^s\boldsymbol{g}_i\boldsymbol{g}^j=(T^{\cdot i}_{j,s}+T^{\cdot m}_{j}\Gamma^{\ i}_{ms}-T^{\cdot i}_{m}\Gamma^{\ m}_{js})\boldsymbol{g}^s\boldsymbol{g}_i\boldsymbol{g}^j\\&=\sum_{s=1}^{3}\sum_{j=1}^{3}\sum_{i=1}^{3}\frac{1}{A_s}\Big[\frac{A_i}{A_j}\frac{\partial}{\partial x^s}\Big(T_{(i,j)}\frac{A_j}{A_i}\Big)+\frac{A_i}{A_m}T_{(m,j)}\Gamma^{\ i}_{ms}\\&\quad-\frac{A_m}{A_j}T_{(i,m)}\Gamma^{\ m}_{js}\Big]\boldsymbol{e}_s\boldsymbol{e}_i\boldsymbol{e}_j.\end{aligned}\tag{3.39}$$

这里我们使用求和符号，因为哑标数已经超过 2，不符合爱因斯坦求和约定.

2. 散度

矢量场函数 $\boldsymbol{v}$ 的散度为

$$\nabla\cdot\boldsymbol{v}=v^i_{\ ;i}=v^i_{\ ,i}+v^m\Gamma^{\ i}_{mi}=\frac{1}{\sqrt{g}}\frac{\partial}{\partial x^m}(v^m\sqrt{g}),\tag{3.40}$$

正交坐标中，

$$\sqrt{g}=A_1A_2A_3,\quad v^m=v_{(m)}/A_m.$$

二阶张量 $\boldsymbol{T}$ 的散度为

$$\begin{aligned}\nabla\cdot\boldsymbol{T}&=\boldsymbol{g}^m\cdot\frac{\partial\boldsymbol{T}}{\partial x^m}=\boldsymbol{g}^m\cdot T^{\cdot i}_{j;m}\boldsymbol{g}_i\boldsymbol{g}^j=T^{\cdot i}_{j;i}\boldsymbol{g}^j\\&=(T^{\cdot i}_{j,i}+T^{\cdot m}_{j}\Gamma^{\ i}_{mi}-T^{\cdot i}_{m}\Gamma^{\ m}_{ji})\boldsymbol{g}^j.\end{aligned}$$

用物理分量代入，得

$$\nabla\cdot\boldsymbol{T}=\sum_{m=1}^{3}\sum_{j=1}^{3}\sum_{i=1}^{3}\frac{1}{A_j}\Big[\frac{\partial}{\partial x^i}\Big(T_{(i,j)}\frac{A_j}{A_i}\Big)+T_{(m,j)}\frac{A_j}{A_m}\Gamma^{\ i}_{mj}-T_{(i,m)}\frac{A_m}{A_i}\Gamma^{\ m}_{ji}\Big]\boldsymbol{e}_j.\tag{3.41}$$

3. 旋度

矢量 $\boldsymbol{v}$ 的旋度为

$$\nabla\times\boldsymbol{v}=\frac{1}{\sqrt{g}}\begin{vmatrix}\boldsymbol{g}_1&\boldsymbol{g}_2&\boldsymbol{g}_3\\\dfrac{\partial}{\partial x^1}&\dfrac{\partial}{\partial x^2}&\dfrac{\partial}{\partial x^3}\\v_1&v_2&v_3\end{vmatrix}=\frac{1}{A_1A_2A_3}\begin{vmatrix}A_1\boldsymbol{e}_1&A_2\boldsymbol{e}_2&A_3\boldsymbol{e}_3\\\dfrac{\partial}{\partial x^1}&\dfrac{\partial}{\partial x^2}&\dfrac{\partial}{\partial x^3}\\A_1v_{(1)}&A_2v_{(2)}&A_3v_{(3)}\end{vmatrix}.\tag{3.42}$$

二阶张量 $\boldsymbol{T}$ 的旋度为

$$\begin{aligned}\nabla\times\boldsymbol{T}&=\boldsymbol{g}^s\times\frac{\partial\boldsymbol{T}}{\partial x^s}=\boldsymbol{g}^s\times T_{ij;s}\boldsymbol{g}^i\boldsymbol{g}^j=\varepsilon^{sik}T_{ij;s}\boldsymbol{g}_k\boldsymbol{g}^j\\&=\frac{e^{sik}}{\sqrt{g}}(T_{ij,s}-T_{mj}\Gamma_{is}^{m}-T_{im}\Gamma_{js}^{m})\boldsymbol{g}_k\boldsymbol{g}^j\\&=\frac{e^{sik}}{A_1A_2A_3}\left[\frac{\partial}{\partial x^s}(T_{(i,j)}A_iA_j)-T_{(m,j)}A_mA_j\Gamma_{js}^{m}-T_{(i,m)}A_iA_m\Gamma_{js}^{m}\right]\frac{A_k}{A_j}\boldsymbol{e}_k\boldsymbol{e}_j.\end{aligned}\tag{3.43}$$

4. 拉普拉斯算子

设 φ 为标量场,则

$$\begin{aligned}\nabla^2\varphi&=\frac{1}{\sqrt{g}}\frac{\partial}{\partial x^i}\left(\sqrt{g}g^{ij}\frac{\partial\varphi}{\partial x^j}\right)=\frac{1}{\sqrt{g}}\sum_{m=1}^{3}\frac{\partial}{\partial x^m}\left(\sqrt{g}g^{mm}\frac{\partial\varphi}{\partial x^m}\right)\\&=\frac{1}{A_1A_2A_3}\sum_{m=1}^{3}\frac{\partial}{\partial x^m}\left(\frac{A_1A_2A_3}{A_m^2}\frac{\partial\varphi}{\partial x^m}\right).\end{aligned}\tag{3.44}$$

3.11 用物理分量表示的弹性力学方程

1. 应变张量

应变张量的表达式为

$$\varepsilon_{ij}=\frac{1}{2}(u_{j;i}+u_{i,j}-2u_m\Gamma_{ij}^{m}).$$

以 $\varepsilon_{ij}=A_iA_j\varepsilon_{(i,j)}$,$u_i=A_iu_{(i)}$ 代入,以式(3.37)计算正交坐标系的克里斯托弗符号,则有

$$\varepsilon_{(i,j)}=\frac{1}{2A_iA_j}\left[\frac{\partial}{\partial x^i}(A_ju_{(j)})+\frac{\partial}{\partial x^j}(A_iu_{(i)})-2A_mu_{(m)}\Gamma_{ij}^{m}\right],$$

式中,i,j 是自由标,m 是哑标.

$$\left.\begin{aligned}\varepsilon_{(1,1)}&=\frac{1}{A_1}\frac{\partial u_{(1)}}{\partial x^1}+\frac{u_{(2)}}{A_1A_2}\frac{\partial A_1}{\partial x^2}+\frac{u_{(3)}}{A_1A_3}\frac{\partial A_1}{\partial x^3},\\\varepsilon_{(2,2)}&=\frac{1}{A_2}\frac{\partial u_{(2)}}{\partial x^2}+\frac{u_{(3)}}{A_2A_3}\frac{\partial A_2}{\partial x^3}+\frac{u_{(1)}}{A_2A_1}\frac{\partial A_2}{\partial x^1},\\\varepsilon_{(3,3)}&=\frac{1}{A_3}\frac{\partial u_{(3)}}{\partial x^3}+\frac{u_{(1)}}{A_3A_1}\frac{\partial A_3}{\partial x^1}+\frac{u_{(2)}}{A_3A_2}\frac{\partial A_3}{\partial x^2},\\\varepsilon_{(1,2)}&=\frac{1}{2}\left[\frac{A_2}{A_1}\frac{\partial}{\partial x^1}\left(\frac{u_{(2)}}{A_2}\right)+\frac{A_1}{A_2}\frac{\partial}{\partial x^2}\left(\frac{u_{(1)}}{A_1}\right)\right],\\\varepsilon_{(2,3)}&=\frac{1}{2}\left[\frac{A_3}{A_2}\frac{\partial}{\partial x^2}\left(\frac{u_{(3)}}{A_3}\right)+\frac{A_2}{A_3}\frac{\partial}{\partial x^3}\left(\frac{u_{(2)}}{A_2}\right)\right],\\\varepsilon_{(3,1)}&=\frac{1}{2}\left[\frac{A_1}{A_3}\frac{\partial}{\partial x^3}\left(\frac{u_{(1)}}{A_1}\right)+\frac{A_3}{A_1}\frac{\partial}{\partial x^1}\left(\frac{u_{(3)}}{A_3}\right)\right].\end{aligned}\right\}\tag{3.45}$$

2. 应力平衡方程

物体静止时，由式(3.33b)得到应力平衡方程：

$$\frac{\partial P^{ij}}{\partial x^j}+P^{mj}\Gamma^{\ i}_{mj}+P^{im}\Gamma^{\ j}_{mj}+\rho f^i=0, \tag{3.46a}$$

用物理分量表示，则有

$$\frac{\partial}{\partial x^j}\left(\frac{P_{(i,j)}}{A_iA_j}\right)+\frac{P_{(m,j)}}{A_mA_j}\Gamma^{\ i}_{mj}+\frac{P_{(i,m)}}{A_iA_m}\Gamma^{\ j}_{mj}+\rho\frac{f_{(i)}}{A_i}=0. \tag{3.46b}$$

例 3.2　导出圆柱坐标系用物理分量表示的应变张量和应力平衡方程式.

解　圆柱坐标系，$x^1=r,x^2=\theta,x^3=z,A_1=1,A_2=r,A_3=1$. 用式(3.37)算得的克里斯托弗符号：

$$\Gamma^{\ 1}_{22}=-r,\quad \Gamma^{\ 2}_{12}=\Gamma^{\ 2}_{21}=\frac{1}{r}.$$

由式(3.45)导出圆柱坐标的应变张量. 令 $\varepsilon_{(11)}=\varepsilon_{rr},\varepsilon_{(22)}=\varepsilon_{\theta\theta},\varepsilon_{(33)}=\varepsilon_{zz},u_{(1)}=u_r,u_{(2)}=u_\theta,u_{(3)}=u_z$，则

$$\varepsilon_{rr}=\varepsilon_{(11)}=\frac{\partial u_r}{\partial r},$$

$$\varepsilon_{\theta\theta}=\varepsilon_{(22)}=\frac{1}{r}\frac{\partial u_\theta}{\partial\theta}+\frac{u_r}{r},$$

$$\varepsilon_{zz}=\varepsilon_{(33)}=\frac{\partial u_z}{\partial z},$$

$$\varepsilon_{r\theta}=\varepsilon_{(12)}=\frac{1}{2}\left(\frac{\partial u_\theta}{\partial r}+\frac{\partial u_r}{r\partial\theta}-\frac{u_\theta}{r}\right)=\varepsilon_{\theta r},$$

$$\varepsilon_{\theta z}=\varepsilon_{(23)}=\frac{1}{2}\left(\frac{\partial u_z}{r\partial\theta}+\frac{\partial u_\theta}{\partial z}\right)=\varepsilon_{z\theta},$$

$$\varepsilon_{zr}=\varepsilon_{(31)}=\frac{1}{2}\left(\frac{\partial u_r}{\partial z}+\frac{\partial u_z}{\partial r}\right)=\varepsilon_{rz}.$$

应力平衡方程是

$$P^{1j}{}_{,j}+P^{22}\Gamma^{\ 1}_{22}+P^{11}\Gamma^{\ 2}_{12}+\rho f^1=0,$$

$$P^{2j}{}_{,j}+P^{12}\Gamma^{\ 2}_{12}+P^{21}\Gamma^{\ 2}_{21}+P^{21}\Gamma^{\ 2}_{12}+\rho f^{\,2}=0,$$

$$P^{3j}{}_{,j}+P^{31}\Gamma^{\ 2}_{12}+\rho f^3=0.$$

以 $P^{ij}=\frac{P_{(ij)}}{A_iA_j},f^i=\frac{f_{(i)}}{A_i}$ 代入上式，并记 $P_{rr}=P_{(11)},\cdots,P_{r\theta}=P_{(12)},\cdots,f_r=f_{(1)},\cdots$，则有

$$\frac{\partial P_{rr}}{\partial r}+\frac{1}{r}\frac{\partial P_{r\theta}}{\partial\theta}+\frac{\partial P_{rz}}{\partial z}+\frac{P_{rr}-P_{\theta\theta}}{r}+\rho f_r=0,$$

$$\frac{\partial P_{\theta r}}{\partial r}+\frac{1}{r}\frac{\partial P_{\theta\theta}}{\partial\theta}+\frac{\partial P_{\theta z}}{\partial z}+2\frac{P_{r\theta}}{r}+\rho f_{\theta}=0,$$

$$\frac{\partial P_{zr}}{\partial r}+\frac{1}{r}\frac{\partial P_{z\theta}}{\partial\theta}+\frac{\partial P_{zz}}{\partial z}+\frac{P_{rr}}{r}+\rho f_{z}=0.$$

例 3.3 导出球坐标系用物理分量表示的应变张量和应力平衡方程式.

解 球坐标系，$x^1=r,x^2=\theta,x^3=\varphi,A_1=1,A_2=r,A_3=r\sin\theta$. 用式(3.37)算得的克里斯托弗符号：

$$\Gamma^1_{22}=-r,\quad \Gamma^1_{33}=-r\sin^2\theta,\quad \Gamma^2_{33}=-\sin\theta\cos\theta,$$

$$\Gamma^2_{21}=\Gamma^2_{12}=\frac{1}{r},\quad \Gamma^3_{31}=\Gamma^3_{13}=\frac{1}{r},\quad \Gamma^3_{32}=\Gamma^3_{23}=\cot\theta.$$

由式(3.45)导出球坐标的应变张量. 令 $\varepsilon_{(11)}=\varepsilon_{rr},\varepsilon_{(22)}=\varepsilon_{\theta\theta},\cdots,\varepsilon_{(12)}=\varepsilon_{r\theta},\cdots,u_{(1)}=u_r,u_{(2)}=u_\theta,u_{(3)}=u_\varphi$，则有

$$\varepsilon_{rr}=\varepsilon_{(11)}=\frac{\partial u_r}{\partial r},$$

$$\varepsilon_{\theta\theta}=\varepsilon_{(22)}=\frac{1}{r}\frac{\partial u_\theta}{\partial\theta}+\frac{u_r}{r},$$

$$\varepsilon_{\varphi\varphi}=\varepsilon_{(33)}=\frac{1}{r\sin\theta}\frac{\partial u_\varphi}{\partial\varphi}+\frac{u_r}{r}+\frac{u_\theta}{r}\cot\theta,$$

$$\varepsilon_{r\theta}=\varepsilon_{(12)}=\frac{1}{2}\left(\frac{\partial u_\theta}{\partial r}+\frac{1}{r}\frac{\partial u_r}{\partial\theta}-\frac{u_\theta}{r}\right)=\varepsilon_{\theta r},$$

$$\varepsilon_{\theta\varphi}=\varepsilon_{(23)}=\frac{1}{2}\left(\frac{1}{r}\frac{\partial u_\varphi}{\partial\theta}+\frac{1}{r\sin\theta}\frac{\partial u_\theta}{\partial\varphi}-\frac{u_\varphi}{r}\cot\theta\right)=\varepsilon_{\varphi\theta},$$

$$\varepsilon_{\varphi r}=\varepsilon_{(31)}=\frac{1}{2}\left(\frac{1}{r\sin\theta}\frac{\partial u_r}{\partial\varphi}+\frac{\partial u_\varphi}{\partial r}-\frac{u_\varphi}{r}\right)=\varepsilon_{r\varphi}.$$

应力平衡方程式是(3.46a)，根据已算出的球坐标的克里斯托弗符号，则有

$$P^{1j}{}_{,j}+(P^{22}\Gamma^1_{22}+P^{33}\Gamma^1_{33})+(P^{12}\Gamma^3_{23}+P^{11}\Gamma^2_{12}+P^{11}\Gamma^3_{13})+\rho f^1=0,$$

$$P^{2j}{}_{,j}+(P^{21}\Gamma^2_{21}+P^{12}\Gamma^2_{12}+P^{33}\Gamma^2_{33})+(P^{21}\Gamma^2_{12}+P^{21}\Gamma^3_{13}+P^{22}\Gamma^3_{23})+\rho f^2=0,$$

$$P^{3j}{}_{,j}+(P^{13}\Gamma^3_{13}+P^{31}\Gamma^3_{31}+P^{32}\Gamma^3_{32}+P^{23}\Gamma^3_{23})+(P^{31}\Gamma^2_{12}+P^{31}\Gamma^3_{13}+P^{32}\Gamma^3_{23})+\rho f^3=0.$$

以物理分量代入，$P^{ij}=\dfrac{P_{(ij)}}{A_iA_j},f^i=\dfrac{f_{(i)}}{A_i}$，并记 $P_{rr}=P_{(11)},P_{r\theta}=P_{(12)},\cdots,f_r=f_{(1)},\cdots$，则有

$$\frac{\partial P_{rr}}{\partial r}+\frac{1}{r}\frac{\partial P_{r\theta}}{\partial\theta}+\frac{1}{r\sin\theta}\frac{\partial P_{r\varphi}}{\partial\varphi}+\frac{1}{r}(2P_{rr}-P_{\theta\theta}-P_{\varphi\varphi}+P_{r\theta}\cot\theta)+\rho f_r=0,$$

$$\frac{\partial P_{\theta r}}{\partial r}+\frac{1}{r}\frac{\partial P_{\theta\theta}}{\partial\theta}+\frac{1}{r\sin\theta}\frac{\partial P_{\theta\varphi}}{\partial\varphi}+\frac{1}{r}[3P_{\theta r}+(P_{\theta\theta}-P_{\varphi\varphi})\cot\theta]+\rho f_\theta=0,$$

$$\frac{\partial P_{\varphi r}}{\partial r}+\frac{1}{r}\frac{\partial P_{\varphi\theta}}{\partial\theta}+\frac{1}{r\sin\theta}\frac{\partial P_{\varphi\varphi}}{\partial\varphi}+\frac{1}{r}(3P_{r\varphi}+2P_{\varphi\theta}\cot\theta)+\rho f_\varphi=0.$$

习　题　3

3.1　求证：$\dfrac{\partial g^{ij}}{\partial x^k}=-(g^{jr}\Gamma^{\ i}_{rk}+g^{ir}\Gamma^{\ j}_{rk})$.

3.2　设 $\boldsymbol{\Omega}$ 为反对称二阶张量，求证：

$$\Omega_{ij;k}+\Omega_{jk;i}+\Omega_{ki;j}=\Omega_{ij,k}+\Omega_{jk,i}+\Omega_{ki,j}.$$

3.3　证明下列各式. 其中，$\boldsymbol{a}$ 为常矢量，$\boldsymbol{u},\boldsymbol{v}$ 为矢量场函数，$\boldsymbol{T}$ 为二阶张量场函数.

(1) $\boldsymbol{a}\times(\nabla\times\boldsymbol{v})=\boldsymbol{a}\cdot(\boldsymbol{v}\nabla-\nabla\boldsymbol{v})$；

(2) $\nabla\cdot(\boldsymbol{T}\cdot\boldsymbol{u})=(\nabla\cdot\boldsymbol{T})\cdot\boldsymbol{u}+\boldsymbol{T}:\nabla\boldsymbol{u}$；

(3) $\nabla\times(\boldsymbol{T}\times\boldsymbol{u})=(\nabla\times\boldsymbol{T})\cdot\boldsymbol{u}+(\nabla\times\boldsymbol{u})\cdot\boldsymbol{T}$；

(4) $\nabla\cdot(\boldsymbol{u}\boldsymbol{v})=(\nabla\cdot\boldsymbol{u})\boldsymbol{v}+\boldsymbol{u}\cdot\nabla\boldsymbol{v}$.

3.4　$\boldsymbol{T}$ 为二阶张量，$\boldsymbol{u}$ 为矢量，$T_{ij}=\dfrac{\partial u_i}{\partial x^j}-\dfrac{\partial u_j}{\partial x^i}$，求证：$T_{ij;k}+T_{jk;i}+T_{ki;j}=0$.

3.5　$\boldsymbol{S}$ 为二阶张量，试证：如果 $\boldsymbol{S}\cdot\nabla=\nabla\cdot\boldsymbol{S}$，则 $\boldsymbol{S}$ 必为对称张量.

3.6　曲线坐标 ξ,η,φ 与直角坐标 x,y,z 的关系为

$$x=\xi\eta\cos\varphi,\quad y=\xi\eta\sin\varphi,\quad z=\frac{1}{2}(\xi^2-\eta^2).$$

(1) 求该曲线坐标系的克里斯托弗符号 Γ^k_{ij}；

(2) 计算用物理分量表示的应变张量.

3.7　平面曲线坐标 ξ,η 与直角坐标 x,y 的关系为

$$x=\frac{1}{2}(\xi^2-\eta^2),\quad y=\xi\eta.$$

试导出用物理分量表示的应力平衡方程.

3.8　求证：$\nabla\cdot(\boldsymbol{P}\cdot\boldsymbol{u})=(\nabla\cdot\boldsymbol{P})\cdot\boldsymbol{u}+\boldsymbol{P}:\boldsymbol{E}$，式中，$\boldsymbol{P}$ 为应力张量，$\boldsymbol{E}$ 为应变张量，$\boldsymbol{u}$ 是质点位移矢量.

3.9　平面曲线 ξ,η 与直角坐标 x,y 的关系为

$$x=\frac{\xi}{\xi^2+\eta^2},\quad y=\frac{\eta}{\xi^2+\eta^2}.$$

(1) 计算 Γ^k_{ij}；

(2) φ 为标量函数，$\boldsymbol{u}$ 为矢量函数，试导出用物理分量表示的 $\nabla\varphi$，$\nabla^2\varphi$ 和 $\nabla\cdot\boldsymbol{u}$.

第 4 章　张量对时间的导数

前面研究的张量是点坐标的函数，称为张量场. 这种张量场实质上是静止状态的张量场. 例如，应变张量和应力张量是描述物体静止状态的应变和应力. 客观物质一般处在运动中，静止状态是相对的、短暂的. 物体受到力（应力）的作用，就会发生变形（运动）. 如果应力不大，只产生小变形，则物体最终会停止变形而静止. 应变张量反映的正是物体停止变形后的应变状态. 如果应力足够大，就会产生大变形，从而引起物体的破坏. 因此，有必要研究动态情况下的张量的特性及其运算方法. 连续介质动力学（弹性动力学、流体动力学）涉及到张量随时间而变的性质，即张量对时间的变化率. 这种情况下，张量是坐标和时间的函数.

4.1　两种坐标系

描述物体的运动，必须选用一个参考坐标系. 反映物体特性的张量是坐标的函数，坐标是张量的自变量，通常把时间称为张量变化的参数. 在 2.10 节中，我们曾经介绍过拉格朗日坐标系和欧拉坐标系，现在我们进一步介绍这两种坐标系.

4.1.1　拉格朗日坐标系

如前所述，拉格朗日坐标系是嵌入坐标系. 这里，我们将拉格朗日坐标点记为 (ξ^1, ξ^2, ξ^3)，简记为 (ξ^i)，其中的指标 i 取值 1,2,3. 每个拉格朗日坐标点 (ξ^i) 嵌入一个质点.

嵌入坐标的特点是：一个质点对应于一个固定的拉格朗日坐标点 (ξ^i)，一个拉格朗日坐标点表示一个质点. 图 2.4 表示平板变形前后的拉格朗日坐标 x^i（为便于区别，拉格朗日坐标记为 ξ^i）. a 表示平板上的一个质点. 变形前，质点 a 的坐标是 (3,2)，变形之后，平板移动了，变形了，但该质点的拉格朗日坐标值仍为 (3,2).

拉格朗日坐标系是嵌入物体的坐标系，物体是运动（变形）的，因而这个拉格朗日坐标是动坐标. 为了刻画质点的运动，有必要引入一个固定坐标系，例如图 2.4 的 x，y 坐标系，这种坐标系称为欧拉坐标系.

从固定坐标系的原点 O 向每个质点作一条矢径，用这个矢径可以刻画一个质点的空间位置. 例如,图 2.4 中的质点 $\hat{a}$ 的拉格朗日坐标为(ξ^i),则该质点的矢径可表示为

$$\hat{\boldsymbol{r}}=\hat{\boldsymbol{r}}(\xi^i,t). \tag{4.1}$$

对于不同的质点 ξ^i,矢径 $\hat{\boldsymbol{r}}$ 是不相同的,因此矢径 $\hat{\boldsymbol{r}}$ 是拉格朗日坐标 ξ^i 的函数. 对于一个固定的质点,不同时刻有不同的矢径. 因此,矢径 $\hat{\boldsymbol{r}}$ 也是时间 t 的函数. ξ^i 和 t 是两个相互独立的自变量.

现在考察固定时刻 t,任意两个相邻质点的矢径差:

$$\mathrm{d}\hat{\boldsymbol{r}}=\left(\frac{\partial\hat{\boldsymbol{r}}(\xi^j,t)}{\partial\xi^i}\right)_t\mathrm{d}\xi^i=\mathrm{d}\xi^i\hat{\boldsymbol{g}}_i, \tag{4.2}$$

式中,

$$\hat{\boldsymbol{g}}_i=\left(\frac{\partial\hat{\boldsymbol{r}}}{\partial\xi^i}\right)_t=\hat{\boldsymbol{g}}_i(\xi^j,t) \tag{4.3}$$

是该时刻 t,质点(所在位置)ξ^j 的基矢. ξ^j 和 t 是独立变数. 不同坐标点 ξ^j 的基矢不相同,相同坐标点 ξ^j,不同时刻的基矢也不相同.

拉格朗日坐标系的度量张量是

$$\hat{\boldsymbol{G}}=\hat{g}_{ij}\hat{\boldsymbol{g}}^i\hat{\boldsymbol{g}}^j,\quad \hat{g}_{ij}=\hat{\boldsymbol{g}}_i\cdot\hat{\boldsymbol{g}}_j,$$

$\hat{g}_{ij}$ 也是 ξ^j 和 t 的函数.

4.1.2　欧拉坐标系

欧拉坐标系是一个空间固定坐标系. 坐标点表示为(x^1,x^2,x^3),简记为(x^i),其中指标 i 取值 1,2,3. 欧拉坐标系是静止坐标系. 空间点的位置(x^i)与时间无关. 点的位置也可以用矢径表示,即

$$\boldsymbol{r}=\boldsymbol{r}(x^i). \tag{4.4}$$

相邻两个空间点的矢径差为

$$\mathrm{d}\boldsymbol{r}=\frac{\partial\boldsymbol{r}}{\partial x^i}\mathrm{d}x^i=\mathrm{d}x^i\boldsymbol{g}_i, \tag{4.5}$$

式中,基矢的定义是

$$\boldsymbol{g}_i=\frac{\partial\boldsymbol{r}}{\partial x^i}=\boldsymbol{g}_i(x^j). \tag{4.6}$$

可以看到,在欧拉坐标中,点的位置、点的矢径、各点的基矢仅与坐标 x^j 有关,与时间无关.

现在考虑质点在欧拉坐标中的运动. 对于某一个质点来说,它在不同时刻到达不同的位置,因此,质点的位置以及矢径都与时间有关,即表示为

$$x^i=x^i(t),\quad \boldsymbol{r}=\boldsymbol{r}(x^i(t)). \tag{4.7}$$

相邻两个运动质点的矢径为

$$\mathrm{d}\boldsymbol{r}=\frac{\partial \boldsymbol{r}(x^j(t))}{\partial x^i}\mathrm{d}x^i=\mathrm{d}x^i\boldsymbol{g}_i, \tag{4.8}$$

式中，基矢的定义是

$$\boldsymbol{g}_i=\frac{\partial \boldsymbol{r}}{\partial x^i}=\boldsymbol{g}_i(x^j(t)). \tag{4.9}$$

这里的基矢，是某时刻质点所在位置的基矢.

从上面的分析可以看到，欧拉坐标是一个静止坐标，点坐标 x^i 和坐标基矢 $\boldsymbol{g}_i$ 是与时间变量无关的. 但是，如果研究质点在欧拉坐标中的运动，则质点的坐标和基矢就与时间变量有关系了.

4.1.3 质点的速度和随体导数的概念

质点的速度等于质点的位移对时间的变化率，这是大家熟悉的定义.

我们选用固定坐标系描述质点的位移.

设有某一个质点，它在某时刻的位置坐标（或轨迹坐标）和矢径为

$$x^i=x^i(t),\quad \boldsymbol{r}=\boldsymbol{r}(x^i(t)),$$

质点所在位置的基矢为

$$\boldsymbol{g}_i=\frac{\partial \boldsymbol{r}}{\partial x^i}=\boldsymbol{g}_i(x^j(t)).$$

质点的速度 $\boldsymbol{v}$ 按复合函数的求导法则表示为

$$\boldsymbol{v}=\frac{\mathrm{d}\boldsymbol{r}}{\mathrm{d}t}=\frac{\partial \boldsymbol{r}}{\partial x^i}\frac{\mathrm{d}x^i}{\mathrm{d}t}=v^i\boldsymbol{g}_i,\quad v^i=\frac{\mathrm{d}x^i}{\mathrm{d}t}.$$

每个质点都有一组关于矢径 $\boldsymbol{r}$、基矢 $\boldsymbol{g}$ 和质点速度的表达式，无数个质点就有无数组表达式. 用这种方法描述质点的运动是不方便的.

现在用拉格朗日参数来描述质点的运动. 如前所述，一组拉格朗日坐标（ξ^1,ξ^2,ξ^3）表示一个点，即表示一个质点. 反之，一个质点对应一组拉格朗日坐标（ξ^i），因此，（ξ^i）也称为表示某个特定质点的拉格朗日参数.

利用拉格朗日参数，一个运动质点的欧拉坐标可以表示为

$$x^i=x^i(\xi^j,t). \tag{4.10}$$

这个式子既是质点的欧拉坐标随时间而变的函数关系，也是以时间 t 为参数的欧拉坐标 x^i 和拉格朗日坐标 ξ^j 的函数关系. 两种坐标的变换系数正是由这个关系式（4.10）导出的. 例如，

$$\hat{\boldsymbol{g}}_i=\frac{\partial \boldsymbol{r}}{\partial \xi^i}=\frac{\partial \boldsymbol{r}}{\partial x^j}\frac{\partial x^j}{\partial \xi^i}=\beta_i^j\boldsymbol{g}_j,\quad \beta_i^j=\frac{\partial x^j}{\partial \xi^i}.$$

下面继续讨论用拉格朗日参数表示的质点速度. 按定义，以拉格朗日参数 ξ^j 为标记的那个质点的速度是

$$v=\frac{\mathrm{d}\boldsymbol{r}(x^i(\xi^j,t))}{\mathrm{d}t}=\left(\frac{\partial\boldsymbol{r}(x^i(\xi^j,t))}{\partial t}\right)_{\xi^j}=\frac{\partial\boldsymbol{r}}{\partial x^i}\left(\frac{\partial x^i(\xi^j,t)}{\partial t}\right)_{\xi^j}=v^i\boldsymbol{g}_i.$$

第 2、第 3 个等号式中右下方的 ξ^j 表示求导过程中 ξ^j 保持不变. 第 4 个等号表明,质点的速度分量 v^i 等于质点的坐标 x^i 对时间的导数.

定义　质点的拉格朗日坐标 ξ^j 保持不变,对时间 t 的偏导数称为随体导数. 某种物理量 $\Phi(\xi^j,t)$的随体导数记作

$$\left(\frac{\partial\Phi(\xi^j,t)}{\partial t}\right)_{\xi^j}=\frac{\mathrm{d}\Phi}{\mathrm{d}t},\tag{4.11}$$

也就是说,物理量 $\Phi(\xi^j,t)$的随体导数就是固定参数 ξ^j 时,Φ 对时间的变化率.

质点的速度也是一种随体导数,即

$$v^i=\left(\frac{\partial x^i(\xi^j,t)}{\partial t}\right)_{\xi^j}=\frac{\mathrm{d}x^i}{\mathrm{d}t}=v^i(\xi^j,t),$$

v^i 仍然是 ξ^j 和 t 的函数,即不同的质点在不同的时刻具有不同的速度.

用于求随体导数的物理量 $\Phi(\xi^j,t)$通常是运动质点所具有(携带)的张量,如速度矢量、应变张量、应力张量. 随体的称谓也由此而来.

随体导数在连续介质动力学的研究中具有极其重要的意义. 物体是由质点组成的,物体的动力学问题可以归结于质点动力学问题. 研究质点的动力学,就用到随体导数的概念. 例如,牛顿第二定律:质点的动量对时间的变化率等于作用在质点上的外力和. 这里讲的动量(一阶张量)是定义在质点上的,是随质点一起运动的. 动量对时间的变化率就是质点动量的随体导数. 动力学所涉及的许多物理量,例如位移、速度、加速度、应力等都是定义在质点上的,这些物理量对时间的变化率就是随体导数.

本章研究的内容是张量对时间的变化率,也就是张量的随体导数.

张量由分量和并矢基组成. 张量的随体导数也由分量的随体导数和基矢的随体导数组成. 张量分量对时间的导数与普通函数对时间的导数没有多少差别. 下面我们先研究基矢的随体导数,基矢的时间变化率研究清楚了,张量的时间变化率也就明确了.

4.2　拉格朗日坐标中基矢的随体导数

1. 基矢的随体导数

在拉格朗日坐标中,质点的矢径和基矢可表示为

$$\hat{\boldsymbol{r}}=\hat{\boldsymbol{r}}(\xi^j,t),\quad \hat{\boldsymbol{g}}_i=\frac{\partial\hat{\boldsymbol{r}}}{\partial\xi^i}=\hat{\boldsymbol{g}}_i(\xi^j,t).\tag{4.12}$$

矢径和基矢都是独立变量 ξ^j 和 t 的函数,即对于固定时刻 t,不同的质点 ξ^j 有不同的矢径和基矢. 对于某个特定的质点 ξ^j,不同时刻有不同的矢径和基矢.

质点所在点 ξ^j 的基矢的时间变化率就是基矢的随体导数：

$$\frac{\mathrm{d}\hat{\boldsymbol{g}}_i}{\mathrm{d}t}=\left(\frac{\partial\hat{\boldsymbol{g}}_i(\xi^j,t)}{\partial t}\right)_{\xi^j}, \tag{4.13}$$

上式的右边进一步明确了随体导数的含义. 将基矢 $\hat{g}_i$ 的定义式(4.12)代入上式,并注意到 ξ^j 和 t 是独立自变量,则有

$$\frac{\mathrm{d}\hat{\boldsymbol{g}}_i}{\mathrm{d}t}=\left(\frac{\partial}{\partial t}\left(\frac{\partial\hat{\boldsymbol{r}}(\xi^j,t)}{\partial\xi^i}\right)_t\right)_{\xi^i}=\left(\frac{\partial}{\partial\xi^i}\left(\frac{\partial\hat{\boldsymbol{r}}(\xi^j,t)}{\partial t}\right)_{\xi^j}\right)_t=\left(\frac{\partial}{\partial\xi^i}\left(\frac{\mathrm{d}\hat{\boldsymbol{r}}}{\mathrm{d}t}\right)_{\xi^j}\right)_t=\frac{\partial\boldsymbol{v}}{\partial\xi^i}. \tag{4.14a}$$

第 2 个等号的注释：ξ^j 和 t 是独立变量,对 t 求导时,ξ^j 视为常数,对 ξ^j 求导时,t 视为常数.

第 3 个等号的注释：交叉导数的求导顺序可以改变.

第 4 个等号的注释：固定 ξ^j 对 t 求导的随体导数就是对时间的变化率.

可见,拉格朗日坐标中协变基矢的随体导数是

$$\frac{\mathrm{d}\hat{\boldsymbol{g}}_i}{\mathrm{d}t}=\frac{\partial\boldsymbol{v}}{\partial\xi^i}=\hat{v}^k{}_{;i}\hat{\boldsymbol{g}}_k=\hat{v}_{k;i}\hat{\boldsymbol{g}}^k, \tag{4.14b}$$

式中,$\left(\frac{\mathrm{d}\hat{\boldsymbol{r}}}{\mathrm{d}t}\right)_{\xi^j}=\boldsymbol{v}$ 是质点 ξ^j 的速度. 无论是在拉格朗日坐标系,还是在欧拉坐标系,$\boldsymbol{v}$ 都表示同一个矢量,即质点速度. 没有必要将拉格朗日坐标系中的速度矢量标注为 $\hat{\boldsymbol{v}}$. 式(4.14b)中的 $\hat{v}^k{}_{;i}$ 是拉格朗日坐标中矢量的逆变分量 $\hat{v}^k$ 对坐标 ξ^i 的协变导数,$\hat{v}_{k;i}$ 是协变分量对坐标 ξ^i 的协变导数.

利用伴生基矢的性质,可以求出拉格朗日坐标系的逆变基矢 $\hat{\boldsymbol{g}}^i$ 的随体导数.

$$\begin{aligned}&\hat{\boldsymbol{g}}^i\cdot\hat{\boldsymbol{g}}_j=\delta^i_j,\\&\frac{\mathrm{d}\hat{\boldsymbol{g}}^i}{\mathrm{d}t}\cdot\hat{\boldsymbol{g}}_j+\hat{\boldsymbol{g}}^i\cdot\frac{\mathrm{d}\hat{\boldsymbol{g}}_j}{\mathrm{d}t}=0,\\&\frac{\mathrm{d}\hat{\boldsymbol{g}}^i}{\mathrm{d}t}\cdot\hat{\boldsymbol{g}}_j=-\hat{\boldsymbol{g}}^i\cdot\frac{\mathrm{d}\hat{\boldsymbol{g}}_j}{\mathrm{d}t}=-\hat{\boldsymbol{g}}^i\cdot\hat{v}^k{}_{;j}\hat{\boldsymbol{g}}_k=-\hat{v}^i{}_{;j},\\&\frac{\mathrm{d}\hat{\boldsymbol{g}}^i}{\mathrm{d}t}=-\hat{v}^i{}_{;j}\hat{\boldsymbol{g}}^j.\end{aligned} \tag{4.15}$$

2. 度量张量的随体导数

在拉格朗日坐标中,度量张量的协变分量的随体导数是

$$\begin{aligned}\frac{\mathrm{d}\hat{g}_{ij}}{\mathrm{d}t}&=\frac{\mathrm{d}}{\mathrm{d}t}(\hat{\boldsymbol{g}}_i\cdot\hat{\boldsymbol{g}}_j)=\frac{\mathrm{d}\hat{\boldsymbol{g}}_i}{\mathrm{d}t}\cdot\hat{\boldsymbol{g}}_j+\hat{\boldsymbol{g}}_i\cdot\frac{\mathrm{d}\hat{\boldsymbol{g}}_j}{\mathrm{d}t}\\&=\hat{v}_{k;i}\hat{\boldsymbol{g}}^k\cdot\hat{\boldsymbol{g}}_j+\hat{\boldsymbol{g}}_i\cdot\hat{v}_{k;j}\hat{\boldsymbol{g}}^k=\hat{v}_{j;i}+\hat{v}_{i;j}.\end{aligned} \tag{4.16a}$$

容易看出,上面表示的是对称张量,为此,我们定义拉格朗日坐标下的应变张量：

$$\boldsymbol{E}=\hat{e}_{ij}\hat{\boldsymbol{g}}^i\hat{\boldsymbol{g}}^j,\quad \hat{e}_{ij}=\frac{1}{2}(\hat{v}_{j;i}+\hat{v}_{i;j}), \tag{4.16b}$$

$$\frac{\mathrm{d}\hat{g}_{ij}}{\mathrm{d}t}=2\hat{e}_{ij}. \tag{4.16c}$$

再引入与应变张量相对应的反对称张量，即

$$\boldsymbol{\Omega}=\hat{\Omega}_{ij}\hat{\boldsymbol{g}}^i\hat{\boldsymbol{g}}^j,\quad \hat{\Omega}_{ij}=\frac{1}{2}(\hat{v}_{j;i}-\hat{v}_{i;j}). \tag{4.16d}$$

对于反对称张量 $\boldsymbol{\Omega}$，有一个反偶矢量 $\boldsymbol{\omega}$ 与之对应：

$$\boldsymbol{\omega}=-\frac{1}{2}\boldsymbol{\varepsilon}:\boldsymbol{\Omega},\quad \boldsymbol{\Omega}=-\varepsilon\cdot\boldsymbol{\omega},$$

式中，$\boldsymbol{\varepsilon}$ 为置换张量.

应变张量 $\boldsymbol{E}=\hat{e}_{ij}\hat{\boldsymbol{g}}^i\hat{\boldsymbol{g}}^j$ 描述连续介质微团的剪切变形，反偶矢量 $\boldsymbol{\omega}$ 描述微团的旋转.

3. 质点速度的分解

在拉格朗日坐标中，两个质点的速度差反映微元体的变形速率，它应该与 $\boldsymbol{E},\boldsymbol{\Omega},\boldsymbol{\omega}$ 有关. 质点速度的定义是

$$\boldsymbol{v}=\frac{\mathrm{d}\boldsymbol{r}}{\mathrm{d}t}=\left(\frac{\partial\boldsymbol{r}(\xi^j,t)}{\partial t}\right)_{\xi^j}=\boldsymbol{v}(\xi^j,t).$$

两个坐标差为 $\mathrm{d}\xi^i$ 的质点的速度差为

$$\mathrm{d}\boldsymbol{v}=\frac{\partial\boldsymbol{v}}{\partial\xi^i}\mathrm{d}\xi^i=\hat{v}_{j;i}\hat{\boldsymbol{g}}^j\mathrm{d}\xi^i.$$

利用式(4.16b)和(4.16d)的定义，则有

$$\mathrm{d}\boldsymbol{v}=(\hat{e}_{ij}+\hat{\Omega}_{ij})\hat{\boldsymbol{g}}^j\mathrm{d}\xi^i=\mathrm{d}\xi^k\hat{\boldsymbol{g}}_k\cdot(\hat{e}_{ij}+\hat{\Omega}_{ij})\hat{\boldsymbol{g}}^i\hat{\boldsymbol{g}}^j=\mathrm{d}\boldsymbol{r}\cdot(\boldsymbol{E}+\boldsymbol{\Omega}). \tag{4.17a}$$

用反偶矢 $\boldsymbol{\omega}$ 取代 $\boldsymbol{\Omega}$，则有

$$\begin{aligned}\mathrm{d}\boldsymbol{r}\cdot\boldsymbol{\Omega}&=-\mathrm{d}\boldsymbol{r}\cdot\boldsymbol{\varepsilon}\cdot\boldsymbol{\omega}=-\mathrm{d}\xi^i\hat{\boldsymbol{g}}_i\cdot\hat{\varepsilon}_{mnr}\hat{\boldsymbol{g}}^m\hat{\boldsymbol{g}}^n\hat{\boldsymbol{g}}^r\cdot\hat{\omega}^j\hat{\boldsymbol{g}}_j\\&=-\mathrm{d}\xi^m\hat{\varepsilon}_{mnr}\hat{\boldsymbol{g}}^n\hat{\omega}^r=\mathrm{d}\xi^m\hat{\boldsymbol{g}}_m\times\hat{\boldsymbol{g}}_r\hat{\omega}^r=\mathrm{d}\boldsymbol{r}\times\boldsymbol{\omega},\end{aligned}$$

$$\mathrm{d}\boldsymbol{v}=\mathrm{d}\boldsymbol{r}\cdot\boldsymbol{E}+\mathrm{d}\boldsymbol{r}\times\boldsymbol{\omega}. \tag{4.17b}$$

可见，相邻两个质点的速度差是由微团的剪切变形和旋转引起的.

4. $\dfrac{\mathrm{d}\hat{\boldsymbol{g}}_i}{\mathrm{d}t}$和$\dfrac{\mathrm{d}\hat{\boldsymbol{g}}^i}{\mathrm{d}t}$的分解

由式(4.14b)和式(4.15)看出，拉格朗日坐标的基矢对时间 t 的变化率是由于质点的速度分布不均匀引起的. 下面我们再作进一步的分析. 由式(4.14b)，有

$$\frac{\mathrm{d}\hat{\boldsymbol{g}}_i}{\mathrm{d}t}=\frac{\partial\boldsymbol{v}}{\partial\xi^i}=\hat{v}_{j;i}\hat{\boldsymbol{g}}^j=(\hat{e}_{ij}+\hat{\Omega}_{ij})\hat{\boldsymbol{g}}^j=\hat{\boldsymbol{g}}_i\cdot(\boldsymbol{E}+\boldsymbol{\Omega}),$$

用 $\boldsymbol{\omega}$ 取代 $\boldsymbol{\Omega}$，

$$\hat{\boldsymbol{g}}_i\cdot\boldsymbol{\Omega}=-\hat{\boldsymbol{g}}_i\cdot\boldsymbol{\varepsilon}\cdot\boldsymbol{\omega}=-\hat{\varepsilon}_{ijk}\hat{\boldsymbol{g}}^j\hat{\omega}^k=\hat{\boldsymbol{g}}_i\times\hat{\boldsymbol{g}}_k\hat{\omega}^k,$$

$$\frac{\mathrm{d}\hat{\boldsymbol{g}}_i}{\mathrm{d}t}=\hat{\boldsymbol{g}}_i\cdot\boldsymbol{E}+\hat{\boldsymbol{g}}_i\times\boldsymbol{\omega}. \tag{4.18a}$$

由式(4.15)，有

$$\frac{\mathrm{d}\hat{\boldsymbol{g}}^i}{\mathrm{d}t}=-\hat{v}^i{}_{;j}\hat{\boldsymbol{g}}^j=-\hat{\boldsymbol{g}}^i\cdot\hat{v}^k{}_{;j}\hat{\boldsymbol{g}}_k\hat{\boldsymbol{g}}^j=-\hat{\boldsymbol{g}}^i\cdot\hat{v}_{k;j}\hat{\boldsymbol{g}}^k\hat{\boldsymbol{g}}^j=-\hat{\boldsymbol{g}}^i\cdot(\hat{e}_{jk}+\hat{\Omega}_{jk})\hat{\boldsymbol{g}}^k\hat{\boldsymbol{g}}^j.$$

注意到 $\hat{e}_{jk}$ 是对称张量，$\hat{\Omega}_{jk}$ 是反对称张量，因此，

$$\frac{\mathrm{d}\hat{\boldsymbol{g}}^i}{\mathrm{d}t}=-\hat{\boldsymbol{g}}^i\cdot\boldsymbol{E}+\hat{\boldsymbol{g}}^i\cdot\boldsymbol{\Omega}.$$

以 $\boldsymbol{\omega}$ 取代 $\boldsymbol{\Omega}$，则有

$$\frac{\mathrm{d}\hat{\boldsymbol{g}}^i}{\mathrm{d}t}=-\hat{\boldsymbol{g}}^i\cdot\boldsymbol{E}+\hat{\boldsymbol{g}}^i\times\boldsymbol{\omega}. \tag{4.18b}$$

我们再一次看到，拉格朗日坐标系的基矢对时间的变化率是由微元体的变形和旋转引起的.

4.3 欧拉坐标中基矢的随体导数

在欧拉坐标中，质点 ξ^j 的位置用坐标 x^i 和矢径 $\boldsymbol{r}$ 来描述，

$$x^i=x^i(\xi^j,t),\quad \boldsymbol{r}=\boldsymbol{r}(x^i(\xi^j,t)).$$

上面的两个式子都给出了不同时刻，质点 ξ^j 的位置，是质点 ξ^j 的轨迹方程.

质点所到达位置的基矢为

$$\boldsymbol{g}_i=\frac{\partial\boldsymbol{r}}{\partial x^i}=\boldsymbol{g}_i(x^k(\xi^j,t)).$$

协变基矢的随体导数为

$$\frac{\mathrm{d}\boldsymbol{g}_i}{\mathrm{d}t}=\frac{\partial\boldsymbol{g}_i}{\partial x^k}\left(\frac{\partial x^k(\xi^j,t)}{\partial t}\right)_{\xi^j}=v^k\Gamma^{\ j}_{ik}\boldsymbol{g}_j, \tag{4.19a}$$

式中，v^k 是质点速度在欧拉坐标基矢 $\boldsymbol{g}_k$ 的逆变分量.

逆变基矢的随体导数为

$$\frac{\mathrm{d}\boldsymbol{g}^i}{\mathrm{d}t}=\frac{\partial\boldsymbol{g}^i}{\partial x^k}\left(\frac{\partial x^k(\xi^j,t)}{\partial t}\right)_{\xi^j}=-v^k\Gamma^{\ i}_{jk}\boldsymbol{g}^j. \tag{4.19b}$$

比较式(4.18a)、(4.18b)和式(4.19a)、(4.19b)可以看出，在欧拉坐标中，基矢的随体导数出现克里斯托弗符号，而在拉格朗日坐标中，基矢的随体导数没有出现克里斯托弗符号. 产生这一差别的原因在于：拉格朗日坐标中，基矢是 ξ^j 和 t 的函数，ξ^j 和 t 是独立变量. 随体导数表示对 t 求导. 而对 t 求导就意味着 ξ^j 保持为常数，因此拉格朗日坐标基矢的随体导数不可能出现克里斯托弗符号.

4.4 拉格朗日坐标中张量的随体导数

张量由分量和基矢构成，张量的随体导数也由分量的随体导数和基矢的随体导数两部分构成.

1. 矢量的随体导数

设 $\boldsymbol{F}=\hat{F}^i\hat{\boldsymbol{g}}_i=\hat{F}_i\hat{\boldsymbol{g}}^i$ 为矢量场，则

$$\frac{\mathrm{d}\boldsymbol{F}}{\mathrm{d}t}=\frac{\mathrm{d}\hat{F}^i}{\mathrm{d}t}\hat{\boldsymbol{g}}_i+\hat{F}^m\frac{\mathrm{d}\hat{\boldsymbol{g}}_m}{\mathrm{d}t}=\left(\frac{\mathrm{d}\hat{F}^i}{\mathrm{d}t}+\hat{F}^m\hat{v}^i{}_{;m}\right)\hat{\boldsymbol{g}}_i, \tag{4.20a}$$

$$\frac{\mathrm{d}\boldsymbol{F}}{\mathrm{d}t}=\frac{\mathrm{d}\hat{F}_i}{\mathrm{d}t}\hat{\boldsymbol{g}}^i+\hat{F}_m\frac{\mathrm{d}\hat{\boldsymbol{g}}^m}{\mathrm{d}t}=\left(\frac{\mathrm{d}\hat{F}_i}{\mathrm{d}t}-\hat{F}_m\hat{v}^m{}_{;i}\right)\hat{\boldsymbol{g}}^i, \tag{4.20b}$$

式中，$\boldsymbol{v}=\hat{v}^i\hat{\boldsymbol{g}}_i=\hat{v}_i\hat{\boldsymbol{g}}^i$ 是质点的速度. 也可以用 $\boldsymbol{E},\boldsymbol{\Omega},\boldsymbol{\omega}$ 表示上式：

$$\frac{\mathrm{d}\boldsymbol{F}}{\mathrm{d}t}=\frac{\mathrm{d}\hat{F}^i}{\mathrm{d}t}\hat{\boldsymbol{g}}_i+\boldsymbol{F}\cdot(\boldsymbol{E}+\boldsymbol{\Omega})=\frac{\mathrm{d}\hat{F}^i}{\mathrm{d}t}\hat{\boldsymbol{g}}_i+\boldsymbol{F}\cdot\boldsymbol{E}+\boldsymbol{F}\times\boldsymbol{\omega}, \tag{4.20c}$$

$$\frac{\mathrm{d}\boldsymbol{F}}{\mathrm{d}t}=\frac{\mathrm{d}\hat{F}_i}{\mathrm{d}t}\hat{\boldsymbol{g}}^i-\boldsymbol{F}\cdot(\boldsymbol{E}-\boldsymbol{\Omega})=\frac{\mathrm{d}\hat{F}_i}{\mathrm{d}t}\hat{\boldsymbol{g}}^i-\boldsymbol{F}\cdot\boldsymbol{E}+\boldsymbol{F}\times\boldsymbol{\omega}. \tag{4.20d}$$

证明如下：

先处理式(4.20a)

$$\frac{\mathrm{d}\boldsymbol{F}}{\mathrm{d}t}=\left(\frac{\mathrm{d}\hat{F}^i}{\mathrm{d}t}+\hat{F}^m\hat{v}^i{}_{;m}\right)\hat{\boldsymbol{g}}_i,$$

对 $\hat{v}^i{}_{;m}$ 进行加法分解，

$$\hat{F}^m\hat{v}^i{}_{;m}\hat{\boldsymbol{g}}_i=\hat{F}^m\frac{\partial\boldsymbol{v}}{\partial\xi^m}=\hat{F}^m\hat{v}_{i;m}\hat{\boldsymbol{g}}^i=\hat{F}^m(\hat{e}_{mi}+\hat{\Omega}_{mi})\hat{\boldsymbol{g}}^i=\boldsymbol{F}\cdot(\boldsymbol{E}+\boldsymbol{\Omega}).$$

用 $\boldsymbol{\omega}$ 取代 $\boldsymbol{\Omega}$：

$$\boldsymbol{F}\cdot\boldsymbol{\Omega}=-\boldsymbol{F}\cdot\boldsymbol{\varepsilon}\cdot\boldsymbol{\omega}=-\hat{F}^i\varepsilon_{ijk}\hat{\boldsymbol{g}}^j\hat{\omega}^k=-\hat{F}^i\hat{g}_k\times\hat{g}_i\hat{\omega}^k=\hat{F}^i\hat{\boldsymbol{g}}_i\times\hat{\omega}^k\hat{\boldsymbol{g}}_k=\boldsymbol{F}\times\boldsymbol{\omega},$$

因而得到

$$\frac{\mathrm{d}\boldsymbol{F}}{\mathrm{d}t}=\frac{\mathrm{d}\hat{F}^i}{\mathrm{d}t}\hat{\boldsymbol{g}}_i+\boldsymbol{F}\cdot\boldsymbol{E}+\boldsymbol{F}\times\boldsymbol{\omega},$$

同样地，对于式(4.20a)

$$\frac{\mathrm{d}\boldsymbol{F}}{\mathrm{d}t}=\left(\frac{\mathrm{d}\hat{F}_i}{\mathrm{d}t}-\hat{F}_m\hat{v}^m{}_{;i}\right)\hat{\boldsymbol{g}}^i$$

对 $\hat{v}^m{}_{;i}$ 进行加法分解，

$$\begin{aligned}-\hat{F}_m\hat{v}^m{}_{;i}\hat{\boldsymbol{g}}^i&=-\hat{F}_k\hat{\boldsymbol{g}}^k\cdot\hat{v}^m{}_{;i}\hat{\boldsymbol{g}}_m\hat{\boldsymbol{g}}^i=-\boldsymbol{F}\cdot\frac{\partial\boldsymbol{v}}{\partial\xi^i}\hat{\boldsymbol{g}}^i=-\boldsymbol{F}\cdot\hat{v}_{m;i}\hat{\boldsymbol{g}}^m\hat{\boldsymbol{g}}^i\\&=-\boldsymbol{F}\cdot(\hat{e}_{im}+\hat{\Omega}_{im})\hat{\boldsymbol{g}}^m\hat{\boldsymbol{g}}^n=-\boldsymbol{F}\cdot(\hat{e}_{mi}-\hat{\Omega}_{mi})\hat{\boldsymbol{g}}^m\hat{\boldsymbol{g}}^i\\&=-\boldsymbol{F}\cdot(\boldsymbol{E}-\boldsymbol{\Omega}).\end{aligned}$$

用 $\boldsymbol{\omega}$ 取代 $\boldsymbol{\Omega}$：

$$\boldsymbol{F}\cdot\boldsymbol{\Omega}=-\boldsymbol{F}\cdot\boldsymbol{\varepsilon}\cdot\boldsymbol{\omega}=\boldsymbol{F}\times\boldsymbol{\omega},$$

$$\frac{\mathrm{d}\boldsymbol{F}}{\mathrm{d}t}=\frac{\mathrm{d}\hat{F}_i}{\mathrm{d}t}\hat{\boldsymbol{g}}^i-\boldsymbol{F}\cdot(\boldsymbol{E}-\boldsymbol{\Omega})=\frac{\mathrm{d}\hat{F}_i}{\mathrm{d}t}\hat{\boldsymbol{g}}_i-\boldsymbol{F}\cdot\boldsymbol{E}+\boldsymbol{F}\times\boldsymbol{\omega}.$$

2. 张量的随体导数

下面分析二阶张量的随体导数，高阶张量的随体导数可用类似的方法导出.

设 $\boldsymbol{T}=\hat{T}^i{}_{\cdot j}\hat{\boldsymbol{g}}_i\hat{\boldsymbol{g}}^j$ 为二阶张量场，其随体导数可仿照矢量的随体导数求出.

$$\frac{\mathrm{d}\boldsymbol{T}}{\mathrm{d}t}=\frac{\mathrm{d}\hat{T}^i{}_{\cdot j}}{\mathrm{d}t}\hat{\boldsymbol{g}}_i\hat{\boldsymbol{g}}^j+\hat{T}^m{}_{\cdot j}\frac{\mathrm{d}\hat{\boldsymbol{g}}_m}{\mathrm{d}t}\hat{\boldsymbol{g}}^j+\hat{T}^i{}_{\cdot m}\hat{\boldsymbol{g}}_i\frac{\mathrm{d}\hat{\boldsymbol{g}}^m}{\mathrm{d}t}$$

$$=\left(\frac{\mathrm{d}\hat{T}^{i}_{\cdot j}}{\mathrm{d}t}+\hat{T}^{m}_{\cdot j}\hat{v}^{i}_{;m}-\hat{T}^{i}_{\cdot m}\hat{v}^{m}_{;j}\right)\hat{\boldsymbol{g}}_{i}\hat{\boldsymbol{g}}^{j}. \tag{4.21a}$$

其他分量的随体导数也可以用同样的方法导出，例如，

$$\frac{\mathrm{d}\boldsymbol{T}}{\mathrm{d}t}=\left(\frac{\mathrm{d}\hat{T}^{ij}}{\mathrm{d}t}+\hat{T}^{mj}\hat{v}^{i}_{;m}+\hat{T}^{im}\hat{v}^{j}_{;m}\right)\hat{\boldsymbol{g}}_{i}\hat{\boldsymbol{g}}_{j}, \tag{4.21b}$$

$$\frac{\mathrm{d}\boldsymbol{T}}{\mathrm{d}t}=\left(\frac{\mathrm{d}\hat{T}_{ij}}{\mathrm{d}t}-\hat{T}_{mj}\hat{v}^{m}_{;i}-\hat{T}_{im}\hat{v}^{m}_{;j}\right)\hat{\boldsymbol{g}}^{i}\hat{\boldsymbol{g}}^{j}. \tag{4.21c}$$

随体导数也满足指标升降关系，例如，

$$\frac{\mathrm{d}\hat{T}^{ij}}{\mathrm{d}t}+\hat{T}^{mj}\hat{v}^{i}_{;m}+\hat{T}^{im}\hat{v}^{j}_{;m}=\hat{g}^{jr}\left(\frac{\mathrm{d}\hat{T}^{i}_{\cdot r}}{\mathrm{d}t}+\hat{T}^{m}_{\cdot r}\hat{v}^{i}_{;m}-\hat{T}^{i}_{\cdot m}\hat{v}^{m}_{;r}\right).$$

证明如下：

$$\frac{\mathrm{d}\hat{T}^{ij}}{\mathrm{d}t}=\frac{\mathrm{d}}{\mathrm{d}t}(\hat{g}^{jr}\hat{T}^{i}_{\cdot r})=\hat{g}^{jr}\frac{\mathrm{d}\hat{T}^{i}_{\cdot r}}{\mathrm{d}t}+\frac{\mathrm{d}\hat{g}^{jr}}{\mathrm{d}t}\hat{T}^{i}_{\cdot r},$$

$$\frac{\mathrm{d}\hat{g}^{jr}}{\mathrm{d}t}=\frac{\mathrm{d}\hat{\boldsymbol{g}}^{j}}{\mathrm{d}t}\cdot\hat{\boldsymbol{g}}^{r}+\hat{\boldsymbol{g}}^{j}\cdot\frac{\mathrm{d}\hat{\boldsymbol{g}}^{r}}{\mathrm{d}t}=-\hat{v}^{j}_{;k}\hat{\boldsymbol{g}}^{k}\cdot\hat{\boldsymbol{g}}^{r}-\hat{\boldsymbol{g}}^{j}\hat{v}^{r}_{;k}\hat{\boldsymbol{g}}^{k}=-\hat{v}^{j}_{;k}\hat{g}^{kr}-\hat{v}^{r}_{;k}\hat{g}^{jk},$$

$$\frac{\mathrm{d}\hat{T}^{ij}}{\mathrm{d}t}+\hat{T}^{mj}\hat{v}^{i}_{;m}+\hat{T}^{im}\hat{v}^{j}_{;m}=\hat{g}^{jr}\frac{\mathrm{d}\hat{T}^{i}_{\cdot r}}{\mathrm{d}t}-\hat{T}^{i}_{\cdot r}\hat{v}^{j}_{;k}\hat{g}^{kr}-\hat{T}^{i}_{\cdot r}\hat{v}^{r}_{;k}\hat{g}^{jk}+\hat{T}^{mj}\hat{v}^{i}_{;m}+\hat{T}^{im}\hat{v}^{j}_{;m},$$

$$-\hat{T}^{i}_{\cdot r}\hat{v}^{j}_{;k}\hat{g}^{kr}=-\hat{T}^{ik}\hat{v}^{j}_{;k}=-\hat{T}^{im}\hat{v}^{j}_{;m},$$

$$\hat{T}^{mj}\hat{v}^{i}_{;m}=\hat{g}^{jr}\hat{T}^{m}_{\cdot r}\hat{v}^{i}_{;m}.$$

故有

$$\frac{\mathrm{d}\hat{T}^{ij}}{\mathrm{d}t}=\hat{g}^{jr}\frac{\mathrm{d}\hat{T}^{i}_{\cdot r}}{\mathrm{d}t}+\hat{g}^{jr}\hat{T}^{m}_{\cdot r}\hat{v}^{i}_{;m}-\hat{T}^{i}_{\cdot m}\hat{v}^{m}_{;r}\hat{g}^{jr}$$

$$=\hat{g}^{jr}\left(\frac{\mathrm{d}\hat{T}^{i}_{\cdot r}}{\mathrm{d}t}+\hat{T}^{m}_{\cdot r}\hat{v}^{i}_{;m}-\hat{T}^{i}_{\cdot m}\hat{v}^{m}_{;r}\right).$$

4.5　欧拉坐标中张量的随体导数

欧拉坐标系是固定坐标系，坐标点的矢径以及坐标基矢都不是时间的函数.

如果考虑质点在欧拉坐标系的运动，情况就不同了.

质点是运动的，质点所在位置 $\boldsymbol{r}$ 与时间有关，质点所在位置的坐标基矢 $\boldsymbol{g}_i$ 也与时间有关. 标记为 ξ^k 的质点的矢径和基矢的表达式为

$$\boldsymbol{r}=\boldsymbol{r}(x^j(\xi^k,t)),\quad \boldsymbol{g}_i=\boldsymbol{g}_i(x^j(\xi^k,t)).$$

欧拉坐标中基矢的随体导数可参阅式(4.19a)、(4.19b).

1. 欧拉坐标中矢量场的随体导数

一般的矢量场是时间和坐标的函数. 在同一时刻，不同空间点的矢量分布是不一样的. 而在同一空间点，不同时刻的矢量也是变化的. 与时间变量 t 有关的矢量场称为非定常矢量场，与时间变量 t 无关的矢量场称为定常矢量场. 例如，板壳受到的荷

载除了与坐标点有关之外，还可能与时间有关. 随时间而变化的荷载称为可变荷载，或称活荷载. 又如，观察河道中的水流速度分布，在不同时刻去观察河道中各处的水流速度. 如果看到河道中各点的水流速度大小和方向不随时间而变，则这种流场称为定常流场. 如果看到各点的水流速度大小和方向随时间而变，则这种水流称为非定常水流. 因而，一般的矢量场函数可以表示为 $\boldsymbol{F}=\boldsymbol{F}(x^j,t)$. 矢量由分量和基矢构成，但基矢不可能有所谓非定常基矢. 欧拉坐标系的基矢与时间变量无关. 但是，如果考虑质点所在位置的基矢，则这种质点基矢就间接地与时间有关了. 不过，即使这样与时间有关，也不可能有非定常基矢. 由此可见，对于矢量场，只有矢量的分量才能出现非定常的情况. 矢量场的实体记法是

$$\boldsymbol{F}=F^i(x^j(\xi^k,t),t)\boldsymbol{g}_i(x^j(\xi^k,t)), \tag{4.22a}$$

$$\boldsymbol{F}=F_i(x^j(\xi^k,t),t)\boldsymbol{g}^i(x^j(\xi^k,t)). \tag{4.22b}$$

现在求式(4.22a)的随体导数.

$$\frac{\mathrm{d}\boldsymbol{F}}{\mathrm{d}t}=\frac{\mathrm{d}F^i}{\mathrm{d}t}\boldsymbol{g}_i+F^r\frac{\mathrm{d}\boldsymbol{g}_r}{\mathrm{d}t}.$$

根据式(4.22a)，有

$$\frac{\mathrm{d}F^i}{\mathrm{d}t}=\frac{\partial F^i}{\partial t}+\frac{\partial F^i}{\partial x^m}\left(\frac{\partial x^m}{\partial t}\right)_{\xi^k}=\frac{\partial F^i}{\partial t}+v^m\frac{\partial F^i}{\partial x^m},$$

根据式(4.19a)，有

$$\frac{\mathrm{d}\boldsymbol{g}_r}{\mathrm{d}t}=v^m\Gamma^i_{rm}\boldsymbol{g}_i,$$

于是得到

$$\begin{aligned}\frac{\mathrm{d}\boldsymbol{F}}{\mathrm{d}t}&=\left[\frac{\partial F^i}{\partial t}+v^m\left(\frac{\partial F^i}{\partial x^m}+F^r\Gamma^i_{rm}\right)\right]\boldsymbol{g}_i\\&=\left(\frac{\partial F^i}{\partial t}+v^mF^i{}_{;m}\right)\boldsymbol{g}_i\\&=\frac{DF^i}{Dt}\boldsymbol{g}_i.\end{aligned} \tag{4.23a}$$

式中，

$$\frac{DF^i}{Dt}=\frac{\partial F^i}{\partial t}+v^mF^i{}_{;m}$$

称为逆变分量 F^i 对时间的全导数.

同理，

$$\frac{\mathrm{d}\boldsymbol{F}}{\mathrm{d}t}=\frac{DF_i}{Dt}\boldsymbol{g}^i, \tag{4.23b}$$

式中，

$$\frac{DF_i}{Dt}=\frac{\partial F_i}{\partial t}+v^mF_{i;m}$$

是协变分量 F_i 的全导数.

在流体力学中，$\dfrac{\partial F^i}{\partial t}$和$\dfrac{\partial F_i}{\partial t}$称为局部导数，它们反映同一空间点由于非定常场引起的变化率. $v^m F^i{}_{;m}$ 和 $v^m F_{i;m}$ 称为对流导数，它们反映同一时刻不同空间点的变化率.

2. 欧拉坐标中张量的随体导数

下面以二阶张量为例研究张量的随体导数. 设 $\boldsymbol{T}$ 为二阶张量，混变分量的实体记法为

$$\boldsymbol{T}=T^{i}_{\cdot j}(x^m(\xi^k,t),t)\boldsymbol{g}_i(x^m(\xi^k,t))\boldsymbol{g}^j(x^m(\xi^k,t)).$$

使用类似于矢量场的处理方法，就得到张量的随体导数.

$$\begin{aligned}
&\frac{\mathrm{d}\boldsymbol{T}}{\mathrm{d}t}=\frac{\mathrm{d}T^{i}_{\cdot j}}{\mathrm{d}t}\boldsymbol{g}_i\boldsymbol{g}^j+T^{r}_{\cdot j}\frac{\mathrm{d}\boldsymbol{g}_r}{\mathrm{d}t}\boldsymbol{g}^j+T^{i}_{\cdot r}\boldsymbol{g}_i\frac{\mathrm{d}\boldsymbol{g}^r}{\mathrm{d}t},\\
&\frac{\mathrm{d}T^{i}_{\cdot j}}{\mathrm{d}t}=\frac{\partial T^{i}_{\cdot j}}{\partial t}+v^m\frac{\partial T^{i}_{\cdot j}}{\partial x^m},\\
&\frac{\mathrm{d}\boldsymbol{g}_r}{\mathrm{d}t}=\frac{\partial \boldsymbol{g}_r}{\partial x^m}\left(\frac{\partial x^m}{\partial t}\right)_{\xi^k}=v^m\Gamma^{\ i}_{rm}\boldsymbol{g}_i,\\
&\frac{\mathrm{d}\boldsymbol{g}^r}{\mathrm{d}t}=\frac{\partial \boldsymbol{g}^r}{\partial x^m}\left(\frac{\partial x^m}{\partial t}\right)_{\xi^k}=-v^m\Gamma^{\ r}_{jm}\boldsymbol{g}^j,\\
&\frac{\mathrm{d}\boldsymbol{T}}{\mathrm{d}t}=\left(\frac{\partial T^{i}_{\cdot j}}{\partial t}+v^m\frac{\partial T^{i}_{\cdot j}}{\partial x^m}+v^mT^{r}_{\cdot j}\Gamma^{\ i}_{rm}-v^mT^{i}_{\cdot r}\Gamma^{\ r}_{jm}\right)\boldsymbol{g}_i\boldsymbol{g}^j\\
&\quad=\left(\frac{\partial T^{i}_{\cdot j}}{\partial t}+v^mT^{i}_{\cdot j;m}\right)\boldsymbol{g}_i\boldsymbol{g}^j\\
&\quad=\frac{DT^{i}_{\cdot j}}{Dt}\boldsymbol{g}_i\boldsymbol{g}^j,
\end{aligned}\tag{4.24a}$$

式中，$\dfrac{DT^{i}_{\cdot j}}{Dt}=\dfrac{\partial T^{i}_{\cdot j}}{\partial t}+v^mT^{i}_{\cdot j;m}$称为混变分量的全导数.

同理，

$$\frac{\mathrm{d}\boldsymbol{T}}{\mathrm{d}t}=\frac{DT^{ij}}{Dt}\boldsymbol{g}_i\boldsymbol{g}_j=\left(\frac{\partial T^{ij}}{\partial t}+v^mT^{ij}{}_{;m}\right)\boldsymbol{g}_i\boldsymbol{g}_j,\tag{4.24b}$$

$$\frac{\mathrm{d}\boldsymbol{T}}{\mathrm{d}t}=\frac{DT_{ij}}{Dt}\boldsymbol{g}^i\boldsymbol{g}^j=\left(\frac{\partial T_{ij}}{\partial t}+v^mT_{ij;m}\right)\boldsymbol{g}^i\boldsymbol{g}^j.\tag{4.24c}$$

全导数满足指标升降关系，例如，

$$\frac{DT^{ij}}{Dt}=g^{jr}\frac{DT^{i}_{\cdot r}}{Dt}.$$

证明如下：

方法 1

$$\frac{\mathrm{d}\boldsymbol{T}}{\mathrm{d}t}=\frac{DT^{ij}}{Dt}\boldsymbol{g}_i\boldsymbol{g}_j=\frac{DT^{i}_{\cdot r}}{Dt}\boldsymbol{g}_i\boldsymbol{g}^r=\frac{DT^{i}_{\cdot r}}{Dt}\boldsymbol{g}_ig^{jr}\boldsymbol{g}_j,$$

$$\frac{DT^{ij}}{Dt}=g^{jr}\frac{DT^{i}_{\cdot r}}{Dt}.$$

方法 2

$$\frac{DT^{ij}}{Dt}=\frac{D}{Dt}(g^{jr}T^{i}_{\cdot r})=g^{jr}\frac{DT^{i}_{\cdot r}}{Dt}+\frac{Dg^{jr}}{Dt}T^{i}_{\cdot r},$$

$$\frac{Dg^{jr}}{Dt}=\frac{\partial g^{jr}}{\partial t}+v^{m}g^{jr}{}_{;m},$$

$$g^{jr}=g^{jr}(x^{k}(\xi^{l},t)),\quad \frac{\partial g^{jr}}{\partial t}=0,$$

$$g^{jr}{}_{;m}=g^{jr}{}_{,m}+g^{kr}\Gamma^{j}_{km}+g^{jk}\Gamma^{r}_{km},$$

$$g^{jr}{}_{,m}=\frac{\partial \boldsymbol{g}^{j}}{\partial x^{m}}\cdot\boldsymbol{g}^{r}+\boldsymbol{g}^{j}\cdot\frac{\partial \boldsymbol{g}^{r}}{\partial x^{m}}=-\Gamma^{j}_{km}\boldsymbol{g}^{k}\cdot\boldsymbol{g}^{r}-\boldsymbol{g}^{j}\cdot\Gamma^{r}_{km}\boldsymbol{g}^{k}=-g^{kr}\Gamma^{j}_{km}-g^{jr}\Gamma^{r}_{km},$$

$$g^{jr}{}_{;m}=0,\quad \frac{Dg^{jr}}{Dt}=0,$$

$$\frac{DT^{ij}}{Dt}=g^{jr}\frac{DT^{i}_{\cdot j}}{Dt}.$$

4.6　欧拉坐标中用物理分量表示的加速度

在流体力学动力学方程中出现质点加速度的表达式，下面推导正交曲线坐标中用物理分量表示的加速度的一般表达式.

设 $\boldsymbol{v}=v^{i}\boldsymbol{g}_{i}$ 是质点的速度，则质点的加速度为 $\boldsymbol{a}=\frac{\mathrm{d}\boldsymbol{v}}{\mathrm{d}t}$，根据式(4.23a)，则有

$$\boldsymbol{a}=\frac{\mathrm{d}\boldsymbol{v}}{\mathrm{d}t}=\frac{Dv^{i}}{Dt}\boldsymbol{g}_{i},$$

$$\frac{Dv^{i}}{Dt}=\frac{\partial v^{i}}{\partial t}+v^{m}v^{i}{}_{;m}=\frac{\partial v^{i}}{\partial t}+v^{m}(v^{i}{}_{,m}+v^{r}\Gamma^{i}_{rm}).$$

现在使用正交标准化基矢

$$\boldsymbol{g}_{(i)}=\frac{\boldsymbol{g}_{i}}{A_{i}},\quad \boldsymbol{g}_{i}=A_{i}\boldsymbol{g}_{(i)}=A_{i}\boldsymbol{e}_{i}.$$

将张量分量用物理分量代替，$v^{i}=\frac{v_{(i)}}{A_{i}}$，就可以导出用物理分量表示的加速度.

$$\boldsymbol{a}=a^{(i)}\boldsymbol{e}_{i}=\left(\frac{\partial v^{i}}{\partial t}+v^{m}v^{i}{}_{,m}+v^{m}v^{r}\Gamma^{i}_{rm}\right)A_{i}\boldsymbol{e}_{i},$$

$$a_{(i)}=\left(\frac{\partial v^{i}}{\partial t}+v^{m}v^{i}{}_{,m}+v^{m}v^{r}\Gamma^{i}_{rm}\right)A_{i}. \tag{4.25}$$

正交坐标中，克里斯托弗符号按式(3.37)计算. 当 $i=1$ 时，

$$a_{(1)}=\left(\frac{\partial v^{1}}{\partial t}+v^{m}v^{1}{}_{,m}+v^{m}v^{r}\Gamma^{1}_{mr}\right)A_{1}.$$

对于 $i=1$,非零的克里斯托弗符号有

$$\Gamma^1_{22}\Gamma^1_{33}\Gamma^1_{11}\Gamma^1_{12}\Gamma^1_{21}\Gamma^1_{13}\Gamma^1_{31}$$

逐项计算:

(1) $\dfrac{\partial v^1}{\partial t}=\dfrac{\partial}{\partial t}\left(\dfrac{v_{(1)}}{A_1}\right)=\dfrac{1}{A_1}\dfrac{\partial v_{(1)}}{\partial t}$,

(2)
$$v^m v^1{}_{,m}=\frac{1}{A_1}\left(\frac{v_{(1)}}{A_1}\frac{\partial}{\partial x^1}+\frac{v_{(2)}}{A_2}\frac{\partial}{\partial x^2}+\frac{v_{(3)}}{A_3}\frac{\partial}{\partial x^3}\right)v_{(1)}$$
$$-\frac{v_{(1)}}{A_1^2}\left(\frac{v_{(1)}}{A_1}\frac{\partial A_1}{\partial x^1}+\frac{v_{(2)}}{A_2}\frac{\partial A_1}{\partial x^2}+\frac{v_{(3)}}{A_3}\frac{\partial A_1}{\partial x^3}\right),$$

(3)
$$v^{mr}\Gamma^1_{mr}=v^1v^1\Gamma^1_{11}+v^2v^2\Gamma^1_{22}+v^3v^3\Gamma^1_{33}+2v^1v^2\Gamma^1_{12}+2v^3v^1\Gamma^1_{13}$$
$$=\frac{v_{(1)}^2}{A_1^3}\frac{\partial A_1}{\partial x^1}-\frac{v_{(2)}^2}{A_2A_1^2}\frac{\partial A_2}{\partial x^1}-\frac{v_{(3)}^2}{A_3A_1^2}\frac{\partial A_3}{\partial x^1}+2\frac{v_{(1)}v_{(2)}}{A_1^2A_2}\frac{\partial A_1}{\partial x^2}+2\frac{v_{(3)}v_{(1)}}{A_3A_1^2}\frac{\partial A_1}{\partial x^3}$$

因此有:

$$a_{(1)}=\frac{\partial v_{(1)}}{\partial t}+\left(v_{(1)}\frac{\partial}{A_1\partial x^1}+v_{(2)}\frac{\partial}{A_2\partial x^2}+v_{(3)}\frac{\partial}{A_3\partial x^3}\right)v_{(1)}$$
$$+\frac{v_{(2)}}{A_1A_2}\left(v_{(1)}\frac{\partial A_1}{\partial x^2}-v_{(2)}\frac{\partial A_2}{\partial x^1}\right)+\frac{v_{(3)}}{A_3A_1}\left(v_{(1)}\frac{\partial A_1}{\partial x^3}-v_{(3)}\frac{\partial A_3}{\partial x^1}\right). \tag{4.26a}$$

加速度的表达式具有对称性,将 1,2,3 分别换成 2,3,1,就得到

$$a_{(2)}=\frac{\partial v_{(2)}}{\partial t}+\left(v_{(1)}\frac{\partial}{A_1\partial x^1}+v_{(2)}\frac{\partial}{A_2\partial x^2}+v_{(3)}\frac{\partial}{A_3\partial x^3}\right)v_{(2)}$$
$$+\frac{v_{(3)}}{A_2A_3}\left(v_{(2)}\frac{\partial A_2}{\partial x^3}-v_{(3)}\frac{\partial A_3}{\partial x^2}\right)+\frac{v_{(1)}}{A_1A_2}\left(v_{(2)}\frac{\partial A_2}{\partial x^1}-v_{(1)}\frac{\partial A_1}{\partial x^2}\right), \tag{4.26b}$$

$$a_{(3)}=\frac{\partial v_{(3)}}{\partial t}+\left(v_{(1)}\frac{\partial}{A_1\partial x^1}+v_{(2)}\frac{\partial}{A_2\partial x^2}+v_{(3)}\frac{\partial}{A_3\partial x^3}\right)v_{(3)}$$
$$+\frac{v_{(1)}}{A_3A_1}\left(v_{(3)}\frac{\partial A_3}{\partial x^1}-v_{(1)}\frac{\partial A_1}{\partial x^3}\right)+\frac{v_{(2)}}{A_2A_3}\left(v_{(3)}\frac{\partial A_3}{\partial x^2}-v_{(2)}\frac{\partial A_2}{\partial x^3}\right). \tag{4.26c}$$

例 4.1　曲线坐标 $x^1=\xi,x^2=\eta,x^3=z$ 与直角坐标 x,y,z 的关系为

$$x=\frac{b\sin\eta}{\mathrm{ch}\xi-\cos\eta},\quad y=\frac{b\,\mathrm{sh}\xi}{\mathrm{ch}\xi-\cos\eta},$$
$$\xi=\frac{1}{2}\ln\frac{x^2+(y+b)^2}{x^2+(y-b)^2},\quad 或\quad \mathrm{th}\xi=\frac{2by}{x^2+y^2+b^2},$$
$$\eta=\arctan\frac{y+b}{x}-\arctan\frac{y-b}{x}.$$

求:(1) 曲线坐标 x^1,x^2,x^3 与直角坐标 $x^{1'}=x,x^{2'}=y,x^{3'}=z$ 的转换系数 $\beta^{i'}_j$.

(2) 曲线坐标系的 $\boldsymbol{g}_i,g_{ij},\Gamma^k_{ij}$.

(3) 用物理分量表示的$\nabla\cdot\boldsymbol{F},\nabla\times\boldsymbol{F},\nabla^2\varphi$,以及 $\rho\dfrac{\mathrm{d}\boldsymbol{v}}{\mathrm{d}t}=\rho\boldsymbol{f}+\nabla\cdot\boldsymbol{P}$. 这里,$\boldsymbol{F}$ 为矢量,φ 为标量,$\boldsymbol{v}$ 为质点速度,$\boldsymbol{f}$ 为单位质量力,$\boldsymbol{P}$ 为应力张量.

解　此曲线坐标属双曲线坐标.

由
$$\text{th}\xi=\frac{2by}{x^2+y^2+b^2},$$
得到
$$x^2+(y-b\text{cth}\xi)^2=\left(\frac{b}{\text{sh}\xi}\right)^2.$$

当 ξ 为常数时,这是一个圆心为 $(0,y_0)$,$y_0=b\text{cth}\xi$,半径 $r=b/\text{sh}\xi$ 的圆周,参见图 4.1(a).

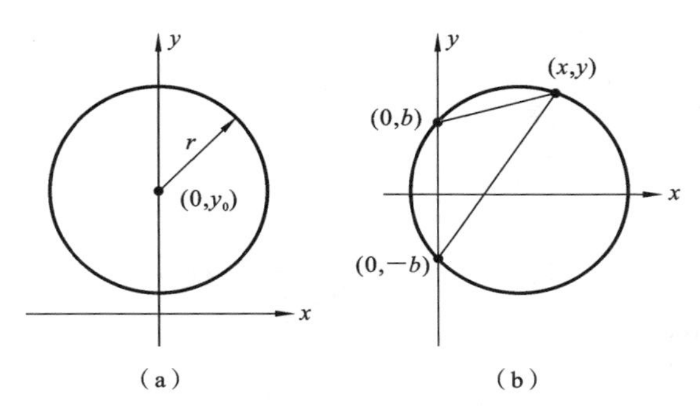

图 4.1　例 4.1 图

另一方面,
$$\eta=\arctan\frac{y+b}{x}-\arctan\frac{y-b}{x}=\theta_1-\theta_2.$$

当 η 为常数时,该曲线是经过点 $(0,b)$ 和点 $(0,-b)$,圆心位于 x 轴上的圆周,如图 4.1(b)所示.在弹性力学中,分析偏心物体的应力应变,在流体力学中,分析偏心圆环的流动,使用这种曲线坐标是十分方便的.

1. 求坐标变换系数 $\beta^{i'}_{j}$

$$\beta^{1'}_{1}=\frac{\partial x}{\partial \xi}=-\frac{b\sin\eta\,\text{sh}\xi}{(\text{ch}\xi-\cos\eta)^2}=\beta^{2'}_{2},$$
$$\beta^{1'}_{2}=\frac{\partial x}{\partial \eta}=-\frac{b(1-\text{ch}\xi\cos\eta)}{(\text{ch}\xi-\cos\eta)^2}=-\beta^{2'}_{1},$$
$$\beta^{3'}_{3}=1,$$
其余 $\beta^{i'}_{j}$ 为零.

2. 求协变基矢 $\boldsymbol{g}_i$ **和度量张量** g_{ij}

$$\boldsymbol{g}_1=\frac{\partial x}{\partial \xi}\boldsymbol{i}+\frac{\partial y}{\partial \xi}\boldsymbol{j}=\frac{b}{(\text{ch}\xi-\cos\eta)^2}[-\text{sh}\xi\sin\eta\,\boldsymbol{i}+(1-\text{ch}\xi\cos\eta)\boldsymbol{j}],$$
$$\boldsymbol{g}_2=\frac{\partial x}{\partial \eta}\boldsymbol{i}+\frac{\partial y}{\partial \eta}\boldsymbol{j}=\frac{b}{(\text{ch}\xi-\cos\eta)^2}[-(1-\text{ch}\xi\cos\eta)\boldsymbol{i}-\text{sh}\xi\sin\eta\,\boldsymbol{j}],$$
$$\boldsymbol{g}_3=\boldsymbol{k},$$

$$g_{11}=g_{22}=\frac{b^2}{(\text{ch}\xi-\cos\eta)^2},\quad g_{33}=1,\text{其余 } g_{ij}=0.$$

求克里斯托弗符号 Γ_{ij}^k：

$$A_1=A_2=A=\frac{b}{\text{ch}\xi-\cos\eta},\quad A_3=1,$$

$$\Gamma_{12}^1=\Gamma_{21}^1=\Gamma_{22}^2=-\Gamma_{11}^2=-\frac{\sin\eta}{\text{ch}\xi-\cos\eta}=\frac{1}{A}\frac{\partial A}{\partial\eta},$$

$$\Gamma_{12}^2=\Gamma_{21}^2=\Gamma_{11}^1=-\Gamma_{22}^1=-\frac{\text{sh}\xi}{\text{ch}\xi-\cos\eta}=\frac{1}{A}\frac{\partial A}{\partial\xi},$$

其余 $\Gamma_{ij}^k=0$.

3. 非完整正交坐标系的基矢

非完整正交坐标系的基矢：

$$\boldsymbol{g}_i=A_i\boldsymbol{e}_i,\quad \boldsymbol{g}^i=\boldsymbol{e}_i/A_i.$$

物理分量：$F^i=F_{(i)}/A_i$，$F_i=A_iF_{(i)}$，记 $F_{(1)}=F_\xi$，$F_{(2)}=F_\eta$，$F_{(3)}=F_z$.
矢量 $\boldsymbol{F}$ 的散度表达式为

$$\nabla\cdot\boldsymbol{F}=\frac{1}{\sqrt{g}}\frac{\partial}{\partial x^m}(\sqrt{g}F^m)=\frac{1}{A^2}\left[\frac{\partial}{\partial\xi}(AF_\xi)+\frac{\partial}{\partial\eta}(AF_\eta)\right]+\frac{\partial F_z}{\partial z},$$

矢量 $\boldsymbol{F}$ 的旋度表达式为

$$\nabla\times\boldsymbol{F}=\frac{1}{A^2}\begin{vmatrix}A\boldsymbol{e}_1 & A\boldsymbol{e}_2 & \boldsymbol{e}_3\\ \dfrac{\partial}{\partial\xi} & \dfrac{\partial}{\partial\eta} & \dfrac{\partial}{\partial z}\\ AF_\xi & AF_\eta & F_3\end{vmatrix},$$

拉普拉斯算子作用的表达式为

$$\nabla^2\varphi=\frac{1}{\sqrt{g}}\frac{\partial}{\partial x^m}\left(\frac{\sqrt{g}}{A_m^2}\frac{\partial\varphi}{\partial x^m}\right)=\frac{1}{A^2}\left[\frac{\partial^2\varphi}{\partial\xi^2}+\frac{\partial^2\varphi}{\partial\eta^2}\right]+\frac{\partial^2\varphi}{\partial z^2},$$

$$\rho\frac{Dv^i}{Dt}=\rho f^i+P^{ij}{}_{;j},$$

加速度的一般表达式为

$$\frac{Dv^i}{Dt}=\frac{\partial v^i}{\partial t}+v^kv^i{}_{,k}+v^mv^k\Gamma_{mk}^i,$$

下面是三个坐标方向的加速度的表达式：

$$\frac{Dv^1}{Dt}=\frac{\partial v^1}{\partial t}+v^k\frac{\partial v^1}{\partial x^k}+v^1v^2\Gamma_{12}^1+v^2v^1\Gamma_{21}^1+v^1v^1\Gamma_{11}^1+v^2v^2\Gamma_{22}^1$$

$$=\frac{1}{A}\left[\frac{\partial v_\xi}{\partial t}+\left(\frac{v_\xi}{A}\frac{\partial}{\partial\xi}+\frac{v_\eta}{A}\frac{\partial}{\partial\eta}+v_z\frac{\partial}{\partial z}\right)v_\xi+\frac{v_\xi v_\eta}{A^2}\frac{\partial A}{\partial\eta}-\frac{v_\eta^2}{A^2}\frac{\partial A}{\partial\xi}\right],$$

$$\frac{Dv^2}{Dt}=\frac{\partial v^2}{\partial t}+v^k\frac{\partial v^2}{\partial x^k}+v^1v^1\Gamma_{11}^2+v^2v^2\Gamma_{22}^2+v^1v^2\Gamma_{12}^2+v^2v^1\Gamma_{21}^2$$

$$=\frac{1}{A}\left[\frac{\partial v_\eta}{\partial t}+\left(\frac{v_\xi}{A}\frac{\partial}{\partial \xi}+\frac{v_\eta}{A}\frac{\partial}{\partial \eta}+v_z\frac{\partial}{\partial z}\right)v_\eta+\frac{v_\xi v_\eta}{A^2}\frac{\partial A}{\partial \xi}-\frac{v_\xi^2}{A^2}\frac{\partial A}{\partial \eta}\right],$$

$$\frac{Dv^3}{Dt}=\frac{\partial v^3}{\partial t}+v^k\frac{\partial v^3}{\partial x^k}=\frac{\partial v_z}{\partial t}+\left(\frac{v_\xi}{A}\frac{\partial}{\partial \xi}+\frac{v_\eta}{A}\frac{\partial}{\partial \eta}+v_z\frac{\partial}{\partial z}\right)v_z,$$

应力分量 P^{ij} 的协变导数的一般表达式为

$$P^{ij}{}_{;j}=P^{ij}{}_{,j}+P^{mj}\Gamma^{i}_{mj}+P^{im}\Gamma^{j}_{mj}.$$

下面给出 $i=1,2,3$ 的应力分量的协变导数的表达式：

$$\begin{aligned}P^{1j}{}_{;j}&=P^{1j}{}_{,j}+(P^{12}\Gamma^1_{12}+P^{21}\Gamma^1_{21}+P^{11}\Gamma^1_{11}+P^{22}\Gamma^1_{22})\\&\quad+(P^{12}\Gamma^1_{21}+P^{12}\Gamma^2_{22}+P^{11}\Gamma^2_{12}+P^{11}\Gamma^1_{11})\\&=\frac{1}{A}\left[\frac{\partial P_{\xi\xi}}{A\partial \xi}+\frac{\partial P_{\xi\eta}}{A\partial \eta}+\frac{\partial P_{\xi z}}{\partial z}+(P_{\xi\xi}-P_{\eta\eta})\frac{1}{A^2}\frac{\partial A}{\partial \xi}+2\frac{P_{\xi\eta}}{A^2}\frac{\partial A}{\partial \eta}\right],\end{aligned}$$

$$\begin{aligned}P^{2j}{}_{;j}&=P^{2j}{}_{,j}+(P^{11}\Gamma^2_{11}+P^{22}\Gamma^2_{22}+P^{12}\Gamma^2_{12}+P^{21}\Gamma^2_{21})\\&\quad+(P^{22}\Gamma^1_{21}+P^{22}\Gamma^2_{22}+P^{21}\Gamma^2_{12}+P^{21}\Gamma^1_{11})\\&=\frac{1}{A}\left[\frac{\partial P_{\eta\xi}}{A\partial \xi}+\frac{\partial P_{\eta\eta}}{A\partial \eta}+\frac{\partial P_{\eta z}}{\partial z}+(P_{\eta\eta}-P_{\xi\xi})\frac{1}{A^2}\frac{\partial A}{\partial \eta}+2\frac{P_{\eta\xi}}{A^2}\frac{\partial A}{\partial \xi}\right],\end{aligned}$$

$$\begin{aligned}P^{3j}{}_{;j}&=P^{3j}{}_{,j}+P^{32}\Gamma^1_{21}+P^{32}\Gamma^2_{22}+P^{31}\Gamma^2_{12}+P^{31}\Gamma^1_{11}\\&=\frac{\partial P_{z\xi}}{A\partial \xi}+\frac{\partial P_{z\eta}}{A\partial \eta}+\frac{\partial P_{zz}}{\partial z}+\frac{P_{z\xi}}{A^2}\frac{\partial A}{\partial \xi}+\frac{P_{z\eta}}{A^2}\frac{\partial A}{\partial \eta},\end{aligned}$$

下面的三个式子分别是沿坐标 ξ,η,z 的连续介质动力学方程：

$$\begin{aligned}&\rho\left[\left(\frac{\partial}{\partial t}+\frac{v_\xi}{A}\frac{\partial}{\partial \xi}+\frac{v_\eta}{A}\frac{\partial}{\partial \eta}+v_z\frac{\partial}{\partial z}\right)v_\xi+\frac{v_\xi v_\eta}{A^2}\frac{\partial A}{\partial \eta}-\frac{v_\eta^2}{A^2}\frac{\partial A}{\partial \xi}\right]\\&=\rho f_\xi+\frac{\partial P_{\xi\xi}}{A\partial \xi}+\frac{\partial P_{\xi\eta}}{A\partial \eta}+\frac{\partial P_{\xi z}}{\partial z}+\frac{P_{\xi\xi}-P_{\eta\eta}}{A^2}\frac{\partial A}{\partial \xi}+2\frac{P_{\xi\eta}}{A^2}\frac{\partial A}{\partial \eta},\end{aligned}$$

$$\begin{aligned}&\rho\left[\left(\frac{\partial}{\partial t}+\frac{v_\xi}{A}\frac{\partial}{\partial \xi}+\frac{v_\eta}{A}\frac{\partial}{\partial \eta}+v_z\frac{\partial}{\partial z}\right)v_\eta+\frac{v_\eta v_\xi}{A^2}\frac{\partial A}{\partial \xi}-\frac{v_\xi^2}{A^2}\frac{\partial A}{\partial \eta}\right]\\&=\rho f_\eta+\frac{\partial P_{\xi\eta}}{A\partial \xi}+\frac{\partial P_{\eta\eta}}{A\partial \eta}+\frac{\partial P_{\eta z}}{\partial z}+\frac{P_{\eta\eta}-P_{\xi\xi}}{A^2}\frac{\partial A}{\partial \eta}+2\frac{P_{\eta\xi}}{A^2}\frac{\partial A}{\partial \xi},\end{aligned}$$

$$\rho\left(\frac{\partial}{\partial t}+\frac{v_\xi}{A}\frac{\partial}{\partial \xi}+\frac{v_\eta}{A}\frac{\partial}{\partial \eta}+v_z\frac{\partial}{\partial z}\right)v_z=\rho f_z+\frac{\partial P_{z\xi}}{A\partial \xi}+\frac{\partial P_{z\eta}}{A\partial \eta}+\frac{\partial P_{zz}}{\partial z}+\frac{P_{z\xi}}{A^2}\frac{\partial A}{\partial \xi}+\frac{P_{z\eta}}{A^2}\frac{\partial A}{\partial \eta}.$$

习　题　4

4.1　设 $\boldsymbol{v}$ 为质点速度，求证：

$$\frac{\mathrm{d}\hat{g}_{ij}}{\mathrm{d}t}=\hat{v}_{i;j}+\hat{v}_{j;i},\quad \frac{\mathrm{d}g_{ij}}{\mathrm{d}t}=v^m(\Gamma_{im,j}+\Gamma_{jm,i}).$$

4.2　平面椭圆双曲坐标 ξ,η 与直角坐标 x,y 的关系为

$$x=\mathrm{ch}\xi\cos\eta,\quad y=\mathrm{sh}\xi\sin\eta.$$

(1) 求 $\boldsymbol{g}_i$ 及 g_{ij}；

(2) 计算 Γ_{ij}^{k}；

(3) 试导出用物理分量表示的加速度表达式

$$a^i=\frac{\partial v^i}{\partial t}+v^m v^i{}_{;m}.$$

4.3　导出圆柱坐标中用物理分量表示的加速度.

4.4　导出球坐标中用物理分量表示的加速度.

第5章 曲面微分法

在连续介质力学及其他物理学的领域中，许多物理现象发生在曲面上.例如，曲面薄板的应力计算，板、壳大变形的动力计算，曲面上的粘性流体动力学的相关计算，都涉及张量在曲面上的微分.本章将介绍曲面微分的基础知识，另外还介绍与曲面微分有密切关系的曲面几何的有关概念.

5.1 曲面度量

曲面上的一个点的位置需要用两个坐标来确定，即 $\boldsymbol{r}=\boldsymbol{r}(x^1,x^2)$.例如，在直角坐标系中，$z=f(x,y)$ 表示一个曲面，曲面上任一点矢径可表示为 $\boldsymbol{r}=(x,y,f(x,y))$，括号内的3项表示点的矢径 $\boldsymbol{r}$ 在坐标轴的投影值.在本章中，曲面上的张量指标用希腊字母 α,β 等表示，以便与三维坐标中张量的指标(英文字母)i,j,k 等区别开来.例如曲面坐标记为 x^α，$\alpha=1,2$.曲面上一个点的矢径记为 $\boldsymbol{r}=\boldsymbol{r}(x^\alpha)$.

曲面上有两个坐标变量，其基矢也有两个，即

$$\boldsymbol{g}_\alpha=\frac{\partial \boldsymbol{r}}{\partial x^\alpha},\quad \alpha=1,2.$$

显然，基矢 $\boldsymbol{g}_\alpha$ 与曲面相切，这两个坐标基矢与三维坐标的基矢的定义完全一样.现在引进第三个基矢，是曲面上的外法向单位矢量 $\boldsymbol{n}$，即 $\boldsymbol{g}_3=\boldsymbol{n}$. $\boldsymbol{n}$ 与 $\boldsymbol{g}_\alpha$ 的关系可表示为

$$\boldsymbol{n}=\frac{\boldsymbol{g}_1\times\boldsymbol{g}_2}{|\boldsymbol{g}_1\times\boldsymbol{g}_2|}. \tag{5.1a}$$

显然 $\boldsymbol{g}^3$ 与 $\boldsymbol{g}_3$ 相同，$\boldsymbol{g}^3=\boldsymbol{g}_3=\boldsymbol{n}$，这个基矢的指标不分上下标. $\boldsymbol{g}_1$ 和 $\boldsymbol{g}_2$ 一般不正交，但 $\boldsymbol{n}$ 和 $\boldsymbol{g}_1$ 及 $\boldsymbol{g}_2$ 皆正交，$\boldsymbol{g}_1,\boldsymbol{g}_2,\boldsymbol{n}$ 组成一个活动坐标架，称为单晶斜坐标架，也称为单晶斜坐标系.

曲面坐标与三维坐标在基矢方面的区别仅仅在于曲面上的第三个基矢是人为规定的，因此，指标为3的曲面度量张量具有特定的含义.

下面分析曲面上的度量张量 $g_{\alpha\beta}$ 的特性.

(1) 由于 $\boldsymbol{g}_3=\boldsymbol{n}$ 与 $\boldsymbol{g}_1,\boldsymbol{g}_2$ 正交，因此，$g_{3\alpha}=0$，$\alpha=1,2$.

(2) $g_{\alpha\beta}=\boldsymbol{g}_\alpha\cdot\boldsymbol{g}_\beta$，$g_{\alpha\beta}=g_{\beta\alpha}$.

(3) 由于 $\boldsymbol{g}_\alpha=\dfrac{\partial \boldsymbol{r}}{\partial x^\alpha}$,因此,$\dfrac{\partial \boldsymbol{g}_\alpha}{\partial x^\beta}=\dfrac{\partial}{\partial x^\beta}\left(\dfrac{\partial \boldsymbol{r}}{\partial x^\alpha}\right)=\dfrac{\partial}{\partial x^\alpha}\left(\dfrac{\partial \boldsymbol{r}}{\partial x^\beta}\right)=\dfrac{\partial \boldsymbol{g}_\beta}{\partial x^\alpha}$.

(4) $\boldsymbol{g}_3=\boldsymbol{n}$ 为单位矢量,$\boldsymbol{g}^3=\boldsymbol{g}_3=\boldsymbol{n}$,$g_{33}=1$,$g^{33}=1$.

(5) 曲面上的逆变基矢 $\boldsymbol{g}^1$,$\boldsymbol{g}^2$ 与协变基矢 $\boldsymbol{g}_1$,$\boldsymbol{g}_2$ 都在切面上,因此 $g^{3\alpha}=0$.

(6) 曲面度量张量的行列式为

$$g=|g_{ij}|=\begin{vmatrix} g_{11} & g_{12} & 0 \\ g_{21} & g_{22} & 0 \\ 0 & 0 & 1 \end{vmatrix}=\begin{vmatrix} g_{11} & g_{12} \\ g_{21} & g_{22} \end{vmatrix}=|g_{\alpha\beta}|.$$

(7)
$$\begin{aligned} g &=g_{11}g_{22}-g_{12}^2 \\ &=(\boldsymbol{g}_1\cdot\boldsymbol{g}_1)(\boldsymbol{g}_2\cdot\boldsymbol{g}_2)-(\boldsymbol{g}_1\cdot\boldsymbol{g}_2)(\boldsymbol{g}_1\cdot\boldsymbol{g}_2) \\ &=\boldsymbol{g}_1\cdot[\boldsymbol{g}_1(\boldsymbol{g}_2\cdot\boldsymbol{g}_2)-\boldsymbol{g}_2(\boldsymbol{g}_1\cdot\boldsymbol{g}_2)] \\ &=\boldsymbol{g}_1\cdot[\boldsymbol{g}_2\times(\boldsymbol{g}_1\times\boldsymbol{g}_2)]=(\boldsymbol{g}_1\times\boldsymbol{g}_2)\cdot(\boldsymbol{g}_1\times\boldsymbol{g}_2) \\ &=|\boldsymbol{g}_1\times\boldsymbol{g}_2|^2, \end{aligned}$$

因而式(5.1a)的曲面外法单位矢量 $\boldsymbol{n}$ 可表示为

$$\boldsymbol{n}=\frac{\boldsymbol{g}_1\times\boldsymbol{g}_2}{\sqrt{g}}. \tag{5.1b}$$

曲面上的克里斯托弗符号反映曲面基矢沿坐标线的变化情况:

$$\Gamma_{ij}^k=\frac{\partial \boldsymbol{g}_i}{\partial x^j}\cdot\boldsymbol{g}^k.$$

它们具有如下特性:

(1)
$$\boldsymbol{g}_\alpha\cdot\boldsymbol{g}_3=0,$$
$$\frac{\partial \boldsymbol{g}_\alpha}{\partial x^\beta}\cdot\boldsymbol{g}_3+\boldsymbol{g}_\alpha\cdot\frac{\partial \boldsymbol{g}_3}{\partial x^\beta}=0,$$
$$\Gamma_{\alpha\beta,3}=-\Gamma_{3\beta,\alpha}.$$

此式说明,如果第一类克里斯托弗符号的第三个指标为 3,则当它与第一个指标交换位置时,克里斯托弗符号将变号,即这组指标具有反对称性.

由对称性,还可导出下列关系式.

$$\Gamma_{\alpha\beta,3}=-\Gamma_{3\beta,\alpha}=-\Gamma_{\beta3,\alpha}=\Gamma_{\beta\alpha,3}=-\Gamma_{3\alpha,\beta}=-\Gamma_{\alpha3,\beta}.$$

(2)
$$\boldsymbol{g}_3\cdot\boldsymbol{g}_3=1,\quad \frac{\partial \boldsymbol{g}_3}{\partial x^\alpha}\cdot\boldsymbol{g}_3=0,\quad \Gamma_{3\alpha,3}=\Gamma_{\alpha3,3}=0.$$

由性质(1)还得到 $\Gamma_{33,\alpha}=0$,即:第一类克里斯托弗符号的指标出现两个 3 的时候,其值为零.

(3) 利用指标升降关系求出第二类克里斯托弗符号.

由于 $g^{3\alpha}=0$,$g^{33}=1$,因此,

$$\Gamma_{3\alpha}^3=g^{3m}\Gamma_{3\alpha,m}=g^{33}\Gamma_{3\alpha,3}=0,$$

$$\Gamma_{33}^{\alpha}=g^{\alpha m}\Gamma_{33,m}=0.$$

即：当第二类克里斯托弗符号的指标出现两个 3 的时候，其值为零.

(4) 记 $\Gamma_{\alpha\beta}^{3}=\frac{\partial \boldsymbol{g}_{\alpha}}{\partial x^{\beta}}\cdot\boldsymbol{n}=b_{\alpha\beta}$.

$b_{\alpha\beta}$等于曲面基矢 $\boldsymbol{g}_{\alpha}$ 沿坐标 x^{β} 方向的变化率在外法矢 $\boldsymbol{n}$ 的投影值. 曲面越弯曲，$b_{\alpha\beta}$的值就越大. 由于 $b_{\alpha\beta}$反映了曲面的弯曲程度，因此被称为曲面张量.

$b_{\alpha\beta}$具有对称性，$b_{\alpha\beta}=b_{\beta\alpha}$.

由于 $\boldsymbol{g}_3=\boldsymbol{g}^3$，因此指标 3 可以上下移动而不改变克里斯托弗符号的取值，即

$$\Gamma_{\alpha\beta}^{3}=\Gamma_{\alpha\beta,3},\quad 或\quad b_{\alpha\beta}=\Gamma_{\alpha\beta}^{3}=\Gamma_{\alpha\beta,3}.$$

由性质(1)，还可以得到

$$-b_{\alpha\beta}=\Gamma_{3\beta,\alpha}=\Gamma_{\beta 3,\alpha}=-\Gamma_{\alpha 3,\beta}=-\Gamma_{3\alpha,\beta}.$$

(5) 曲面张量满足指标升降关系.

$$\Gamma_{3\beta}^{\alpha}=g^{\alpha m}\Gamma_{3\beta,m}=-g^{\alpha m}\Gamma_{m\beta,3}=-g^{\alpha m}b_{m\beta}=-g^{\alpha\lambda}b_{\lambda\beta}=-b_{\cdot\beta}^{\alpha}.$$

最后的第二个符号表示 m 不取 3，这是因为 $g^{\alpha 3}=0$. 上式还表明：

$$b_{\cdot\beta}^{\alpha}=g^{\alpha\lambda}b_{\lambda\beta}.$$

5.2　空间曲线的基本公式

曲面是由无数条空间曲线组成的，曲面的几何性质常常用曲面上的曲线的几何性质来描述. 通常用一组矢量来描述曲线的方向性、弯曲性和扭曲性.

设有一个曲面，曲面上一个点的矢径为 $\boldsymbol{r}=\boldsymbol{r}(x^1,x^2)=\boldsymbol{r}(x^{\alpha})$. 曲面上有一条曲线，曲线上一个点的矢径通常用某个参数表示，即

$$\boldsymbol{r}=\boldsymbol{r}(x^1(t),\quad x^2(t))=\boldsymbol{r}(t).$$

曲线微段的弧长为 $\mathrm{d}s=|\mathrm{d}\boldsymbol{r}|$. 规定一个起始点，则曲线某点的弧长可表示为 s. 空间曲线的矢径表达式通常选择弧长 s 为参数，即 $\boldsymbol{r}=\boldsymbol{r}(s)$.

曲线上某点的单位切向量 $\boldsymbol{T}$ 描述曲线的方向性，其定义是

$$\boldsymbol{T}=\frac{\mathrm{d}\boldsymbol{r}}{\mathrm{d}s}.\tag{5.2}$$

式中，$\mathrm{d}\boldsymbol{r}$ 是曲线上两个邻点的矢径，$\mathrm{d}s$ 是这两个邻点的弧长. 显然，$\boldsymbol{T}$ 是无量纲单位矢量.

切向量 $\boldsymbol{T}$ 沿曲线的方向变化反映了该曲线的弯曲程度. 曲线在弧长 s 处的曲率用 κ 表示，其定义是

$$\kappa=\left|\frac{\mathrm{d}\boldsymbol{T}}{\mathrm{d}s}\right|.\tag{5.3a}$$

曲率 κ 的倒数就是曲线在该处的曲率半径 $\rho=\frac{1}{\kappa}$.

图 5.1 表示曲线上两个邻点 1 和 2 的切向量 $\boldsymbol{T}_1$ 和 $\boldsymbol{T}_2$ 以及它们的差值

$$\Delta\boldsymbol{T}=\boldsymbol{T}_2-\boldsymbol{T}_1,$$

容易看出，$\Delta\boldsymbol{T}$ 指向曲线在该处的曲率中心 O.

$$|\Delta\boldsymbol{T}|=|\boldsymbol{T}_2-\boldsymbol{T}_1|=2|\boldsymbol{T}_1|\sin\frac{\Delta\theta}{2},$$

$$\Delta s=\rho\Delta\theta,$$

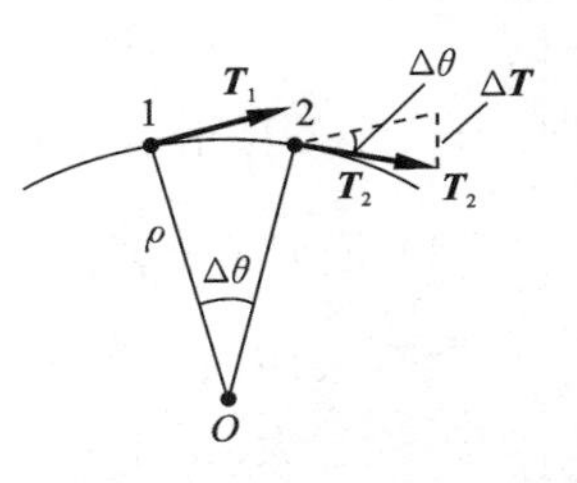

图 5.1 曲率半径

$$\kappa=\lim_{\Delta\theta\to 0}\frac{2|\boldsymbol{T}_1|\sin\frac{\Delta\theta}{2}}{\rho\Delta\theta}=\frac{1}{\rho}. \tag{5.3b}$$

可见，曲率 κ 就等于曲率半径 ρ 的倒数. 在上式中，$\Delta\theta$ 是 $\boldsymbol{T}_1$ 和 $\boldsymbol{T}_2$ 的方向偏角，$\Delta s=s_2-s_1$ 是点 1 和点 2 的弧长.

设 $\boldsymbol{N}$ 是曲线上某点的指向曲率中心的单位矢量，则有

$$\frac{\mathrm{d}\boldsymbol{T}}{\mathrm{d}s}=\kappa\boldsymbol{N}. \tag{5.3c}$$

$\boldsymbol{N}$ 称为曲线的**主法向量**. 曲线上某点的切向量 $\boldsymbol{T}$ 和主法向量 $\boldsymbol{N}$ 构成的平面称为**密切面**. 密切面上的单位法向量 $\boldsymbol{B}=\boldsymbol{T}\times\boldsymbol{N}$ 称为**副法向量**，$\boldsymbol{B},\boldsymbol{T},\boldsymbol{N}$ 构成曲线上一点的活动正交坐标架，如图 5.2 所示.

式(5.3c)表示，切向量 $\boldsymbol{T}$ 沿弧线的变化率是一个指向曲率中心的矢量 $\kappa\boldsymbol{N}$. 下面再分析副法向量和主法向量沿曲线弧长的变化率.

$$\frac{\mathrm{d}\boldsymbol{B}}{\mathrm{d}s}=\frac{\mathrm{d}\boldsymbol{T}}{\mathrm{d}s}\times\boldsymbol{N}+\boldsymbol{T}\times\frac{\mathrm{d}\boldsymbol{N}}{\mathrm{d}s}=\boldsymbol{T}\times\frac{\mathrm{d}\boldsymbol{N}}{\mathrm{d}s}.$$

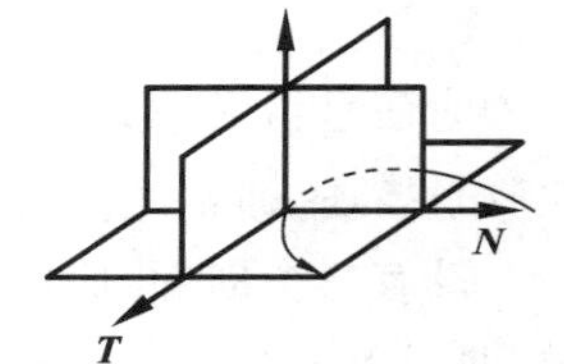

图 5.2 曲线的切向量、主法向量和副法向量

上面第一个等号右边第一项为零，这是因为

$$\frac{\mathrm{d}\boldsymbol{T}}{\mathrm{d}s}\times\boldsymbol{N}=\kappa\boldsymbol{N}\times\boldsymbol{N}=\boldsymbol{0}.$$

可见，副法向量 $\boldsymbol{B}$ 对于弧长 s 的变化率 $\frac{\mathrm{d}\boldsymbol{B}}{\mathrm{d}s}$ 是一个与 $\boldsymbol{T}$ 和 $\frac{\mathrm{d}\boldsymbol{N}}{\mathrm{d}s}$ 都正交的矢量.

另一方面，$\boldsymbol{N}\cdot\boldsymbol{N}=1$，故有

$$\boldsymbol{N}\cdot\frac{\mathrm{d}\boldsymbol{N}}{\mathrm{d}s}=0.$$

这说明，$\boldsymbol{N}$ 和 $\frac{\mathrm{d}\boldsymbol{N}}{\mathrm{d}s}$ 正交. 而根据定义，$\boldsymbol{N}$ 是与 $\boldsymbol{T}$ 正交的.

既然 $\frac{\mathrm{d}\boldsymbol{B}}{\mathrm{d}s}$ 和 $\boldsymbol{N}$ 都与 $\boldsymbol{T}$ 及 $\frac{\mathrm{d}\boldsymbol{N}}{\mathrm{d}s}$ 正交，则 $\frac{\mathrm{d}\boldsymbol{B}}{\mathrm{d}s}$ 与 $\boldsymbol{N}$ 必然平行，故有

$$\frac{\mathrm{d}\boldsymbol{B}}{\mathrm{d}s}=-\tau\boldsymbol{N}. \tag{5.4}$$

τ 称为曲线的挠率.

下面分析主法向量沿弧长 s 的变化率.

$\boldsymbol{N},\boldsymbol{T},\boldsymbol{B}$ 是正交的单位矢量,

$$\begin{aligned}\boldsymbol{N}&=\boldsymbol{B}\times\boldsymbol{T},\\ \frac{\mathrm{d}\boldsymbol{N}}{\mathrm{d}s}&=\frac{\mathrm{d}\boldsymbol{B}}{\mathrm{d}s}\times\boldsymbol{T}+\boldsymbol{B}\times\frac{\mathrm{d}\boldsymbol{T}}{\mathrm{d}s}\\ &=-\tau\boldsymbol{N}\times\boldsymbol{T}+\boldsymbol{B}\times\kappa\boldsymbol{N}\\ &=-\kappa\boldsymbol{T}+\tau\boldsymbol{B}.\end{aligned}\tag{5.5}$$

用"′"表示对弧长 s 的导数,则切向量、主法向量和副法向量的导数可写成如下的矩阵形式:

$$\begin{bmatrix}\boldsymbol{T}'\\ \boldsymbol{N}'\\ \boldsymbol{B}'\end{bmatrix}=\begin{bmatrix}0&\kappa&0\\ -\kappa&0&\tau\\ 0&-\tau&0\end{bmatrix}\begin{bmatrix}\boldsymbol{T}\\ \boldsymbol{N}\\ \boldsymbol{B}\end{bmatrix},\tag{5.6}$$

上式称为 Frenet 公式.

5.3 曲面上的曲线弧长和曲面面积

设在曲面上有一条空间曲线,其方程为

$$\boldsymbol{r}=\boldsymbol{r}(x^{\alpha}).$$

该曲线上两个邻点的矢径为

$$\mathrm{d}\boldsymbol{r}=\frac{\partial\boldsymbol{r}}{\partial x^{\alpha}}\mathrm{d}x^{\alpha}=\mathrm{d}x^{\alpha}\boldsymbol{g}_{\alpha}.$$

这两个点之间的曲线微弧长度 $\mathrm{d}s$ 的计算式为

$$(\mathrm{d}s)^2=\mathrm{d}\boldsymbol{r}\cdot\mathrm{d}\boldsymbol{r}=g_{\alpha\beta}\mathrm{d}x^{\alpha}\mathrm{d}x^{\beta}.$$

曲线的弧长用积分表示为

$$s=\int\sqrt{g_{\alpha\beta}\mathrm{d}x^{\alpha}\mathrm{d}x^{\beta}}.\tag{5.7a}$$

在微分几何中,

$$\varphi_1=g_{\alpha\beta}\mathrm{d}x^{\alpha}\mathrm{d}x^{\beta}.\tag{5.7b}$$

称为曲面的第一基本形式. φ_1 描述曲线上两个邻点的距离,这个距离不因不同的坐标系而变化,属于张量不变量.

曲面上任一点有两个曲面基矢,即

$$\boldsymbol{g}_{\alpha}=\frac{\partial\boldsymbol{r}}{\partial x^{\alpha}},\quad \alpha=1,2.$$

基矢 $\boldsymbol{g}_{\alpha}$ 与曲面相切. 以微弧矢量 $\mathrm{d}x^{\alpha}\boldsymbol{g}_{\alpha}$ 和 $\mathrm{d}x^{\beta}\boldsymbol{g}_{\beta}$ 为边可以构造一个平行四边形,这个平行四边形就是曲面上的微元面积 $\mathrm{d}A$,记微元面积矢量为 $\mathrm{d}\boldsymbol{A}=\boldsymbol{n}\mathrm{d}A$,$\boldsymbol{n}$ 为曲面外法单位矢量,则有

$$dA = dx^{\alpha}\boldsymbol{g}_{\alpha} \times dx^{\beta}\boldsymbol{g}_{\beta} = dx^1 dx^2 \boldsymbol{g}_1 \times \boldsymbol{g}_2,$$

$$dA = dx^1 dx^2 |\boldsymbol{g}_1 \times \boldsymbol{g}_2|.$$

由于

$$|\boldsymbol{g}_1 \times \boldsymbol{g}_2|^2 = g = \begin{vmatrix} g_{11} & g_{12} \\ g_{21} & g_{22} \end{vmatrix} = g_{11}g_{22} - (g_{12})^2,$$

因此，

$$dA = \sqrt{g}\, dx^1 dx^2,$$

$$A = \int \sqrt{g}\, dx^1 dx^2. \tag{5.8}$$

由式(5.7a)和式(5.8)看出，曲线长度和曲面面积都与度量张量 $g_{\alpha\beta}$ 有关.

5.4 曲面的曲率

曲面由无数条曲线组成，每条曲线都发生弯曲和扭曲. 曲线弯曲和扭曲的程度，可以用曲线的切向单位矢量 $\boldsymbol{T}$ 沿着曲线的方向变化情况来描述. 曲面的弯曲和扭曲的程度，则可以用基矢的方向变化情况来描述.

曲面上的两个基矢 $\boldsymbol{g}_{\alpha}$，$\alpha=1,2$ 和单位法向量 $\boldsymbol{n}(=\boldsymbol{g}_3)$组成一个活动坐标架. 下边分析基矢沿曲面坐标线的变化率.

$$\frac{\partial \boldsymbol{g}_{\alpha}}{\partial x^{\beta}} = \Gamma^{m}_{\alpha\beta}\boldsymbol{g}_m \quad (m \text{ 遍取 } 1,2,3 \text{ 并求和}),$$

$$= \Gamma^{\lambda}_{\alpha\beta}\boldsymbol{g}_{\lambda} + \Gamma^{3}_{\alpha\beta}\boldsymbol{g}_3 \quad (\lambda \text{ 遍取 } 1,2 \text{ 求和}).$$

根据定义，

$$\Gamma^{3}_{\alpha\beta} = \frac{\partial \boldsymbol{g}_{\alpha}}{\partial x^{\beta}} \cdot \boldsymbol{n} = b_{\alpha\beta},$$

因此有

$$\frac{\partial \boldsymbol{g}_{\alpha}}{\partial x^{\beta}} = \Gamma^{\lambda}_{\alpha\beta}\boldsymbol{g}_{\lambda} + b_{\alpha\beta}\boldsymbol{n}.$$

至于 $\boldsymbol{n}=\boldsymbol{g}_3$ 的导数，可用下面的方法导出.

$$\boldsymbol{n} \cdot \boldsymbol{g}_{\alpha} = 0,$$

$$\frac{\partial \boldsymbol{n}}{\partial x^{\beta}} \cdot \boldsymbol{g}_{\alpha} + \boldsymbol{n} \cdot \frac{\partial \boldsymbol{g}_{\alpha}}{\partial x^{\beta}} = 0,$$

$$\frac{\partial \boldsymbol{n}}{\partial x^{\beta}} \cdot \boldsymbol{g}_{\alpha} = -\boldsymbol{n} \cdot \frac{\partial \boldsymbol{g}_{\alpha}}{\partial x^{\beta}} = -\Gamma_{\alpha\beta,3} = -b_{\alpha\beta},$$

$$\frac{\partial \boldsymbol{n}}{\partial x^{\beta}} = -b_{\alpha\beta}\boldsymbol{g}^{\alpha} = -b^{\alpha}_{\cdot\beta}\boldsymbol{g}_{\alpha},$$

$b_{\alpha\beta}$ 和 $b^{\alpha}_{\cdot\beta}$ 是张量，证明如下：

$$b_{\alpha'\beta'}=\frac{\partial \boldsymbol{g}_{\alpha'}}{\partial x^{\beta'}}\cdot \boldsymbol{n}'.$$

根据曲面单位外法向量的定义，可以推得新老坐标中单位外法向量的关系.

$$\boldsymbol{n}'=\frac{\boldsymbol{g}_{1'}\times \boldsymbol{g}_{2'}}{|\boldsymbol{g}_{1'}\times \boldsymbol{g}_{2'}|},$$

$$\boldsymbol{g}_{1'}\times \boldsymbol{g}_{2'}=\beta^{\alpha}_{1'}\boldsymbol{g}_{\alpha}\times \beta^{\gamma}_{2'}\boldsymbol{g}_{\gamma}=\beta^{1}_{1'}\boldsymbol{g}_{1}\times \beta^{2}_{2'}\boldsymbol{g}_{2},$$

$$\boldsymbol{n}'=\frac{\beta^{1}_{1'}\beta^{2}_{2'}\boldsymbol{g}_{1}\times \boldsymbol{g}_{2}}{\beta^{1}_{1'}\beta^{2}_{2'}|\boldsymbol{g}_{1}\times \boldsymbol{g}_{2}|}=\frac{\boldsymbol{g}_{1}\times \boldsymbol{g}_{2}}{|\boldsymbol{g}_{1}\times \boldsymbol{g}_{2}|}=\boldsymbol{n}.$$

上述关系的几何意义是非常明显的. 无论对于什么样的曲面坐标系，曲面单位外法向量都垂直于曲面的切面，且长度为 1. 对于任何曲面坐标系，$\boldsymbol{n}$ 保持不变. 另外，

$$\frac{\partial \boldsymbol{g}_{\alpha'}}{\partial x^{\beta'}}=\frac{\partial}{\partial x^{\beta'}}(\beta^{\alpha}_{\alpha'}\boldsymbol{g}_{\alpha})=\frac{\partial^2 x^{\alpha}}{\partial x^{\beta'}\partial x^{\alpha'}}\boldsymbol{g}_{\alpha}+\beta^{\alpha}_{\alpha'}\frac{\partial x^{\beta}}{\partial x^{\beta'}}\frac{\partial \boldsymbol{g}_{\alpha}}{\partial x^{\beta}}.$$

注意到 $\boldsymbol{g}_{\alpha}\cdot \boldsymbol{n}=0$，故有

$$b_{\alpha'\beta'}=\beta^{\alpha}_{\alpha'}\beta^{\beta}_{\beta'}\frac{\partial \boldsymbol{g}_{\alpha}}{\partial x^{\beta}}\cdot \boldsymbol{n}=\beta^{\alpha}_{\alpha'}\beta^{\beta}_{\beta'}b_{\alpha\beta}.$$

如前所述，$b_{\alpha\beta}$ 称为曲面张量. 下面我们将会看到，曲面张量刻画曲率的特征.

下面研究曲面的曲率. 所谓曲面的曲率，就是曲面上各条曲线的曲率的分布情况，何处的曲率最大，何处曲率最小. 曲面的曲率，归根到底就是曲线的曲率. 曲线的曲率特征是由曲线的切向量 $\boldsymbol{T}$ 沿曲线方向的变化情况来刻画的.

设有一条空间曲线 $\boldsymbol{r}=\boldsymbol{r}(s)$，其中 s 是弧线长度，曲线的切向单位矢量是

$$\boldsymbol{T}=\frac{\mathrm{d}\boldsymbol{r}}{\mathrm{d}s}.$$

切向量沿曲线各点的方向变化描述了曲线的弯曲程度.

式(5.3c)描述了单位切向量沿曲线的变化情况.

$$\kappa \boldsymbol{N}=\frac{\mathrm{d}\boldsymbol{T}}{\mathrm{d}s}.$$

式中 κ 是曲线的曲率，即曲率半径 ρ 的倒数.

下面分析切向量的方向变化在外法向量 $\boldsymbol{n}$ 的投影值. 为此，上式点乘 $\boldsymbol{n}$：

$$\kappa \boldsymbol{N}\cdot \boldsymbol{n}=\frac{\mathrm{d}\boldsymbol{T}}{\mathrm{d}s}\cdot \boldsymbol{n}. \tag{5.9}$$

图 5.3 标出了曲面上的外法向量、曲线 s 的切向量和主法向量.

对于式(5.9)的右边，

$$\boldsymbol{T}=\frac{\mathrm{d}\boldsymbol{r}}{\mathrm{d}s}=\frac{\mathrm{d}x^{\alpha}}{\mathrm{d}s}\frac{\partial \boldsymbol{r}}{\partial x^{\alpha}}=\frac{\mathrm{d}x^{\alpha}}{\mathrm{d}s}\boldsymbol{g}_{\alpha},$$

$$\frac{\mathrm{d}\boldsymbol{T}}{\mathrm{d}s}=\frac{\mathrm{d}x^{\alpha}}{\mathrm{d}s}\frac{\mathrm{d}\boldsymbol{g}_{\alpha}}{\mathrm{d}s}+\frac{\mathrm{d}}{\mathrm{d}s}\left(\frac{\mathrm{d}x^{\alpha}}{\mathrm{d}s}\right)\boldsymbol{g}_{\alpha},$$

$$\frac{\mathrm{d}\boldsymbol{T}}{\mathrm{d}s}\cdot \boldsymbol{n}=\frac{\mathrm{d}x^{\alpha}}{\mathrm{d}s}\frac{\mathrm{d}x^{\beta}}{\mathrm{d}s}\frac{\partial \boldsymbol{g}_{\alpha}}{\partial x^{\beta}}\cdot \boldsymbol{n}+\frac{\mathrm{d}}{\mathrm{d}s}\left(\frac{\mathrm{d}x^{\alpha}}{\mathrm{d}s}\right)\boldsymbol{g}_{\alpha}\cdot \boldsymbol{n}=\frac{\mathrm{d}x^{\alpha}}{\mathrm{d}s}\frac{\mathrm{d}x^{\beta}}{\mathrm{d}s}b_{\alpha\beta}=\frac{b_{\alpha\beta}\mathrm{d}x^{\alpha}\mathrm{d}x^{\beta}}{g_{\alpha\beta}\mathrm{d}x^{\alpha}\mathrm{d}x^{\beta}}.$$

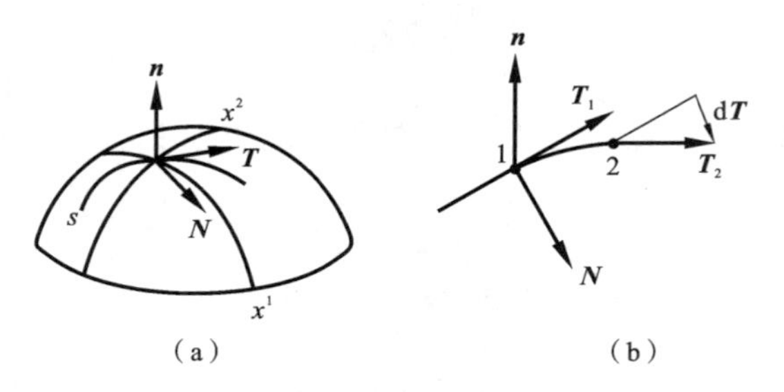

图 5.3 曲面上的外法向量、曲线上的切向量和主法向量

对于式(5.9)的左边，

$$\kappa \boldsymbol{N}\cdot \boldsymbol{n}=\kappa\cos\theta=\kappa_n,$$

式中，θ 是外法向量 $\boldsymbol{n}$(单位矢量)和主法向量 $\boldsymbol{N}$(单位向量)的夹角. κ_n 是包含了 κ 和 θ 的一个综合量. 式(5.9)可表示为

$$\kappa_n=\frac{b_{\alpha\beta}\mathrm{d}x^\alpha \mathrm{d}x^\beta}{g_{\alpha\beta}\mathrm{d}x^\alpha \mathrm{d}x^\beta}, \tag{5.10}$$

其中，分母部分 $\varphi_1=g_{\alpha\beta}\mathrm{d}x^\alpha \mathrm{d}x^\beta$ 是张量不变量，称为曲面第一基本形式，它描述了曲线上一段微弧长度 ds 的平方. 分子部分 $\varphi_2=b_{\alpha\beta}\mathrm{d}x^\alpha \mathrm{d}x^\beta$ 称为曲面第二基本形式. 它也有明确的几何意义. 考察式(5.9)的右边，d$\boldsymbol{T}$ 表示曲线上邻点 2 和 1 的切向量的差值 $\mathrm{d}\boldsymbol{T}=\boldsymbol{T}_2-\boldsymbol{T}_1$，点积 $\mathrm{d}\boldsymbol{T}\cdot\boldsymbol{n}=\mathrm{d}\delta$ 表示矢量 d$\boldsymbol{T}$ 在外法向量 $\boldsymbol{n}$ 的投影值，从图 5.3(b)看出 $\mathrm{d}\boldsymbol{T}\cdot\boldsymbol{n}=\mathrm{d}\delta$ 就是曲线从点 1 到点 2 的垂直下降高度，可见，曲面第二基本形式描述这个高度值的平方 $(\mathrm{d}\delta)^2$.

κ_n 的值随点坐标而变化，对于一条特定的曲线，不同点的曲率 κ 不同，主法向量 $\boldsymbol{N}$ 与曲面外法向量的夹角 θ 也不相同. 我们关心的常常是主曲率(或曲率半径). 为此，我们求式(5.10)中 κ_n 的极大值.

将式(5.10)改写为

$$(\kappa_n g_{\alpha\beta}-b_{\alpha\beta})\mathrm{d}x^\alpha \mathrm{d}x^\beta=0,$$

$$(\kappa_n g_{11}-b_{11})\mathrm{d}x^1\mathrm{d}x^1+2(\kappa_n g_{12}-b_{12})\mathrm{d}x^1\mathrm{d}x^2+(\kappa_n g_{22}-b_{22})\mathrm{d}x^2\mathrm{d}x^2=0. \tag{5.11a}$$

式中，$\mathrm{d}x^1$ 和 $\mathrm{d}x^2$ 是曲线微弧 ds 两端的坐标差，参见图 5.4.

式(5.11a)的各项同除 $\mathrm{d}x^2\mathrm{d}x^2$，并令

$$\lambda=\frac{\mathrm{d}x^1}{\mathrm{d}x^2}.$$

则有

$$(\kappa_n g_{11}-b_{11})\lambda^2+2(\kappa_n g_{12}-b_{12})\lambda+(\kappa_n g_{22}-b_{22})=0. \tag{5.11b}$$

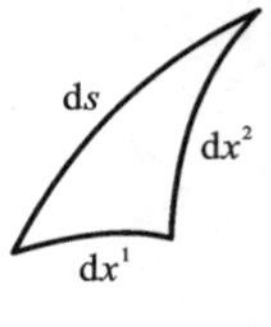

图 5.4 曲线微弧 ds 的坐标增量

对于曲面上的一点，$g_{\alpha\beta}$ 和 $b_{\alpha\beta}$ 是固定不变的，过这点的不同

曲线(表现为曲线方向 λ 不同)，κ_n 有不同的值.也就是说，κ_n 是 λ 的函数.为了求 κ_n 的极大值，可对式(5.11b)求导，并令 $\frac{d\kappa_n}{d\lambda}=0$，则有

$$2(\kappa_n g_{11}-b_{11})\lambda+2(\kappa_n g_{12}-b_{12})+\frac{d\kappa_n}{d\lambda}(g_{11}\lambda^2+2g_{12}\lambda+g_{22})=0.$$

令 $\frac{d\kappa_n}{d\lambda}=0$，则有

$$2(\kappa_n g_{11}-b_{11})\lambda+2(\kappa_n g_{12}-b_{12})=0,$$

$$(\kappa_n g_{11}-b_{11})dx^1+(\kappa_n g_{12}-b_{12})dx^2=0. \tag{5.12a}$$

式(5.11a)的各项同除 dx^1dx^1，并令

$$\mu=\frac{dx^2}{dx^1},$$

则有

$$(\kappa_n g_{11}-b_{11})+2(\kappa_n g_{12}-b_{12})\mu+(\kappa_n g_{22}-b_{22})\mu^2=0. \tag{5.12b}$$

κ_n 是 μ 的函数.上式对 μ 求导，有

$$2(\kappa_n g_{12}-b_{12})+2(\kappa_n g_{22}-b_{22})\mu+\frac{d\kappa_n}{d\mu}(g_{22}\mu^2+2g_{12}\mu+g_{11})=0,$$

令 $\frac{d\kappa_n}{d\mu}=0$，则有

$$2(\kappa_n g_{12}-b_{12})+2(\kappa_n g_{22}-b_{22})\mu=0,$$

$$(\kappa_n g_{12}-b_{12})dx^1+(\kappa_n g_{22}-b_{22})dx^2=0. \tag{5.12c}$$

式(5.12a)和式(5.12c)是关于 dx^1，dx^2 的线性齐次方程组，存在非零解的条件是系数行列式为零.于是有

$$\frac{dx^2}{dx^1}=-\frac{\kappa_n g_{11}-b_{11}}{\kappa_n g_{12}-b_{12}}=-\frac{\kappa_n g_{12}-b_{12}}{\kappa_n g_{22}-b_{22}},$$

$$(\kappa_n g_{11}-b_{11})(\kappa_n g_{22}-b_{22})=(\kappa_n g_{12}-b_{12})^2.$$

化简得

$$\kappa_n^2-\kappa_n\frac{g_{11}b_{22}+g_{22}b_{11}-2g_{12}b_{12}}{g_{11}g_{22}-g_{12}^2}+\frac{b_{11}b_{22}-b_{12}^2}{g_{11}g_{22}-g_{12}^2}=0.$$

方程的两个解是主曲率 κ_1 和 κ_2，容易看出：

$$\kappa_1+\kappa_2=\frac{g_{11}b_{22}+g_{22}b_{11}-2g_{12}b_{12}}{g_{11}g_{22}-g_{12}^2},$$

$$\kappa_1\kappa_2=\frac{b_{11}b_{22}-b_{12}^2}{g_{11}g_{22}-g_{12}^2}. \tag{5.13a}$$

将式(5.12a)和式(5.12c)改写为

$$(\kappa_n g_{11}-b_{11})+(\kappa_n g_{12}-b_{12})\mu=0,$$

$$(\kappa_n g_{12}-b_{12})+(\kappa_n g_{22}-b_{22})\mu=0,$$

消去 κ_n，则有

$$(g_{11}+g_{12}\mu)(b_{12}+b_{22}\mu)=(g_{12}+g_{22}\mu)(b_{11}+b_{12}\mu),$$

化简得

$$\mu^2-\mu\frac{g_{22}b_{11}-g_{11}b_{22}}{g_{12}b_{22}-g_{22}b_{12}}+\frac{g_{11}b_{12}-g_{12}b_{11}}{g_{12}b_{22}-g_{22}b_{12}}=0.$$

$\mu=\frac{\mathrm{d}x^2}{\mathrm{d}x^1}$表示主方向，沿此方向的曲线的曲率达到极大值. 主方向 μ_1 和 μ_2 满足

$$\mu_1+\mu_2=\frac{g_{22}b_{11}-g_{11}b_{22}}{g_{12}b_{22}-g_{22}b_{12}},$$

$$\mu_1\mu_2=\frac{g_{11}b_{12}-g_{12}b_{11}}{g_{12}b_{22}-g_{22}b_{12}}. \tag{5.13b}$$

5.5 黎曼-克里斯托弗张量

5.5.1 张量方程

在连续介质力学中出现很多运动学、动力学的方程. 研究一个有限体的运动学、动力学的特征会得到积分形式的连续介质方程，研究一个微元体的运动学、动力学的特征就会得到微分形式的连续介质方程.

下面以弹性力学的应力平衡方程为例说明一些方程的推导方法.

选择一个直角坐标系，取一个边长为 $\mathrm{d}x,\mathrm{d}y,\mathrm{d}z$ 的微元件，不计重力影响，作用在此微元体上的表面力达到平衡，这个方程称为应力静止平衡方程. 不难推出直角坐标系的应力平衡方程为

$$\begin{cases}\dfrac{\partial P_{xx}}{\partial x}+\dfrac{\partial P_{xy}}{\partial y}+\dfrac{\partial P_{xz}}{\partial z}=0,\\[2mm] \dfrac{\partial P_{yx}}{\partial x}+\dfrac{\partial P_{yy}}{\partial y}+\dfrac{\partial P_{yz}}{\partial z}=0,\\[2mm] \dfrac{\partial P_{zx}}{\partial x}+\dfrac{\partial P_{zy}}{\partial y}+\dfrac{\partial P_{zz}}{\partial z}=0.\end{cases} \tag{5.14}$$

对于直线边界问题，使用直角坐标系的应力平衡方程十分方便. 但对于圆柱边界、圆球边界的弹性力学问题，使用直角坐标系则多有不便，应该使用圆柱坐标系或球坐标系. 如果要导出圆柱坐标系、球坐标系的应力平衡方程，是否要分析圆柱坐标系的微元体（即边长为 $\mathrm{d}r,r\mathrm{d}\theta,\mathrm{d}z$）或球坐标系的微元体（即边长为 $\mathrm{d}r,r\mathrm{d}\theta,r\sin\theta\mathrm{d}\varphi$）的应力平衡呢？ 否！

导出圆柱坐标系、球坐标系的应力平衡方程的正确方法是使用张量方程.

张量方程是张量函数不依赖于任何坐标系的数学方程.

导出应力平衡的张量方程的步骤如下.

(1) 推导出形如式(5.14)的直角坐标系的应力平衡方程.

(2) 用求和约定法表示应力平衡方程.

$$\frac{\partial P_{ij}}{\partial x^j}=0, \quad 或 \quad P_{ij,j}=0.$$

(3) 将直角坐标系的应力平衡方程改写为张量方程:普通导数改为协变导数;哑标改为一上一下;方程中各项的自由标的上下标位保持一致.

$$P^{ij}{}_{;j}=0.$$

张量方程出现在连续介质力学、电学、电磁场理论等众多学科中,张量方程常常用上述方法推导出来.

如果要导出曲线坐标系的应力平衡方程,则可以将张量方程改写为

$$P^{ij}{}_{,j}+P^{mj}\Gamma^{\ i}_{mj}+P^{im}\Gamma^{\ j}_{mj}=0.$$

将曲线坐标系的克里斯托弗符号 Γ^k_{ij} 代入,就得到相应坐标系的应力平衡方程.

5.5.2 欧几里得空间和黎曼空间

上面介绍的推导应力平衡方程的方法很简单,即在直角坐标系中导出应力平衡方程,再将直角坐标系的方程表示为张量方程. 对于某个特定的坐标系,将该坐标系的克里斯托弗符号 Γ^k_{ij} 代入,就得到某种坐标系的应力平衡方程.

直角坐标系中的应力平衡方程相对而言是很简单的,而直角坐标系的应力平衡方程之所以简单,是因为直角坐标系中的克里斯托弗符号 Γ^k_{ij} 全部为零.

我们经常使用的曲线坐标系,其克里斯托弗符号 Γ^k_{ij} 不为零. 但我们总可以找到一个坐标系 $x^{i'}$,使该坐标系的克里斯托弗符号 $\Gamma^{k'}_{i'j'}$ 全部为零,即 $\Gamma^{k'}_{i'j'}=0$.

直角坐标系的克里斯托弗符号 Γ^k_{ij} 全部为零,反过来说,克里斯托弗符号 Γ^k_{ij} 全部为零的坐标系必为直角坐标系.

能够找到一种坐标系,其克里斯托弗符号全部为零的空间称为欧几里得(Euclid)空间.

不能找到一种克里斯托弗符号全部为零的空间称为黎曼(Riemann)空间.

除了克里斯托弗符号 Γ^k_{ij} 是否全部为零之外,欧几里得空间和黎曼空间还存在许多差异.

通俗地说,欧几里得空间就是欧几里得几何学公理能够成立的空间. 例如,两点之间只能连接为一条直线,三角形三个内角之和等于 $180°$,等等.

一维的欧几里得空间记作 E^1,E^1 空间就是一条直线. 两条相交的直线构成二维的欧几里得空间 E^2. 一维欧几里得空间中的点用一个坐标参数 x^1 表示,二维欧几里得空间中的点用两个独立的坐标参数(x^1,x^2)表示. 推广至 E^n 空间,n 维的欧几里得空间由 n 条相交的直线构成,n 维欧几里得空间中的一点用 n 个独立的坐标参数

$(x^1,x^2,\cdots,x^n)$表示.

二维欧几里得空间 E^2 具有等距变换的特性:在保持平面两点距离不变的前提下,可将平面弯曲成为圆柱面、圆锥面.反之,圆柱面、圆锥面可以展开成平面.因此,平面、圆柱面、圆锥面都属于二维欧几里得空间 E^2.

黎曼空间也有一维,二维,n 维之分.但在黎曼空间中,找不到一种坐标系 $x^{i'}$,能将黎曼空间中的度量张量 g_{ij} 通过坐标变换能变为 $g_{i'j'}\equiv$常数(如同欧几里得空间中的直角坐标系那样),也找不到一个坐标系,其克里斯托弗符号 Γ^k_{ij} 全部为零.

在黎曼空间中,常见的几何学公理不成立.

球面是一种二维黎曼空间.

地球上的南极和北极之间有无数条连接线,这就是大圆,亦即经线.球面三角形的三个内角之和大于 180°.平面通过等距变换不能变成球面,球面也不能展开成平面.

从张量分析的角度来说,球面上的应力平衡方程不能由直角坐标系的应力平衡方程变换过来.前面几章研究的张量特征及其运算规律,只能适用于欧几里得空间,不能完全适用于黎曼空间.黎曼空间的张量分析还需另作研究.

5.5.3 黎曼-克里斯托弗张量

在多元函数的微分中,混合导数与求导先后次序无关.

前面 3.3 节分析了张量二次协变导数是否与求导次序有关,并从中引出黎曼-克里斯托弗(Riemann-Christoffel)张量.下面简单回顾这部分内容.

设 $\boldsymbol{u}=u^i\boldsymbol{g}_i$ 为矢量,$\boldsymbol{u}$ 对坐标的混合导数为

$$\frac{\partial \boldsymbol{u}}{\partial x^i}=u^k{}_{;i}\boldsymbol{g}_k,\quad \frac{\partial}{\partial x^j}\left(\frac{\partial \boldsymbol{u}}{\partial x^i}\right)=u^k{}_{;ij}\boldsymbol{g}_k,$$

$$\frac{\partial \boldsymbol{u}}{\partial x^j}=u^k{}_{;j}\boldsymbol{g}_k,\quad \frac{\partial}{\partial x^i}\left(\frac{\partial \boldsymbol{u}}{\partial x^j}\right)=u^k{}_{;ji}\boldsymbol{g}_k.$$

仿照 3.3 节的推导,得到矢量分量的二次协变导数:

$$\begin{aligned} u^k{}_{;ij}&=(u^k{}_{;i})_{,j}+u^r{}_{;i}\Gamma^k_{rj}-u^k{}_{;r}\Gamma^r_{ij} \\ &=u^k{}_{,ij}+u^m{}_{,j}\Gamma^k_{mi}+u^m(\Gamma^k_{mi})_{,j}+(u^r{}_{,i}+u^m\Gamma^r_{mi})-u^k{}_{;r}\Gamma^r_{ij}, \end{aligned}$$

交换求导顺序 i,j,则有

$$u^k{}_{;ji}=u^k{}_{,ji}+u^m{}_{,i}\Gamma^k_{mj}+u^m(\Gamma^k_{mj})_{,i}+(u^r{}_{,j}+u^m\Gamma^r_{mj})-u^k{}_{;r}\Gamma^r_{ij}.$$

两式相减,得到

$$\begin{aligned} u^k{}_{;ij}-u^k{}_{;ji}&=u^m\left(\frac{\partial \Gamma^k_{mi}}{\partial x^j}-\frac{\partial \Gamma^k_{mj}}{\partial x^i}+\Gamma^r_{mi}\Gamma^k_{rj}-\Gamma^r_{mj}\Gamma^k_{ri}\right) \\ &=u^m R^{k}_{\cdot mij}, \end{aligned} \tag{5.15}$$

$$R^{k}_{\cdot mij}=\frac{\partial \Gamma^k_{mi}}{\partial x^j}-\frac{\partial \Gamma^k_{mj}}{\partial x^i}+\Gamma^r_{mi}\Gamma^k_{rj}-\Gamma^r_{mj}\Gamma^k_{ri}.$$

$R^{k}_{\cdot mij}$是黎曼-克里斯托弗张量,它仅与坐标系的性质有关.

$R^{k}_{\cdot mij}$是四阶张量,证明如下:

$\boldsymbol{u}$是矢量,它的右梯度是二阶张量,记为$\boldsymbol{T}$,则

$$\boldsymbol{T}=\boldsymbol{u}\,\boldsymbol{\nabla}=\frac{\partial \boldsymbol{a}}{\partial x^{i}}\boldsymbol{g}^{i}=u^{k}{}_{;i}\boldsymbol{g}_{k}\boldsymbol{g}^{i}.$$

二阶张量$\boldsymbol{T}$的右梯度是三阶张量,

$$\boldsymbol{T}\,\boldsymbol{\nabla}=\frac{\partial \boldsymbol{T}}{\partial x^{j}}\boldsymbol{g}^{j}=u^{k}{}_{;ij}\boldsymbol{g}_{k}\boldsymbol{g}^{i}\boldsymbol{g}^{j}.$$

可见,$u^{k}{}_{;ij}$是三阶张量.同样地,$u^{k}{}_{;ji}$也是三阶张量,考察式(5.15),左边是三阶张量.右边的u^{m}是一阶张量$\boldsymbol{u}$的逆变分量.根据商定律,$R^{k}_{\cdot mij}$是四阶张量,记作

$$\boldsymbol{R}=R^{k}_{\cdot mij}\boldsymbol{g}_{k}\boldsymbol{g}^{m}\boldsymbol{g}^{i}\boldsymbol{g}^{j}.$$

黎曼-克里斯托弗张量$R^{k}_{\cdot mij}$具有下列性质:

(1) $R^{k}_{\cdot mij}$仅与坐标系的度量张量g_{ij}有关.

由式(5.15)看出,$R^{k}_{\cdot mij}$仅与克里斯托弗符号Γ^{k}_{ij}及其导数有关,而Γ^{k}_{ij}仅与g_{ij}有关.可见$R^{k}_{\cdot mij}$仅与坐标系的度量张量g_{ij}有关.

(2) 向量的二阶协变导数可以交换求导次序的必要和充分条件是黎曼-克里斯托弗张量恒为零:$R^{k}_{\cdot mij}\equiv 0$.

我们分析圆柱坐标系的黎曼-克里斯托弗张量$R^{k}_{\cdot mij}$.

圆柱坐标的拉梅系数为:$A_{1}=1, A_{2}=r, A_{3}=1$.非零的克里斯托弗符号只有3个:$\Gamma^{1}_{22}=-r, \Gamma^{2}_{12}=\Gamma^{2}_{21}=\dfrac{1}{r}$.

由$R^{k}_{\cdot mij}$的定义式(5.15)看出,k只能取值1和2,这是因为圆柱坐标系中,$\Gamma^{3}_{ij}=0$.当$k=1$时,m,i,j只能取值2,因为仅有$\Gamma^{1}_{22}\neq 0$.当$k=2$时,m,i,j不能相同,因为仅有$\Gamma^{2}_{12}=\Gamma^{2}_{21}$不为零.

可见,仅$R^{1}_{\cdot 222}, R^{2}_{\cdot 122}, R^{2}_{\cdot 211}$可能不为零.

$$R^{1}_{\cdot 222}=\frac{\partial \Gamma^{1}_{22}}{\partial x^{2}}-\frac{\partial \Gamma^{1}_{22}}{\partial x^{2}}+\Gamma^{r}_{22}\Gamma^{1}_{r2}-\Gamma^{r}_{22}\Gamma^{1}_{r2}=0,$$

$$R^{2}_{\cdot 122}=\frac{\partial \Gamma^{2}_{12}}{\partial x^{2}}-\frac{\partial \Gamma^{2}_{12}}{\partial x^{2}}+\Gamma^{r}_{12}\Gamma^{2}_{r2}-\Gamma^{r}_{12}\Gamma^{2}_{r2}=0,$$

$$R^{2}_{\cdot 211}=\frac{\partial \Gamma^{2}_{21}}{\partial x^{1}}-\frac{\partial \Gamma^{2}_{21}}{\partial x^{1}}+\Gamma^{r}_{21}\Gamma^{2}_{r1}-\Gamma^{r}_{21}\Gamma^{2}_{r1}=0.$$

结论:圆柱坐标系中$R^{k}_{\cdot mij}=0$.

还可以验证,球坐标系的$R^{k}_{\cdot mij}$全部为零.直角坐标系中$\Gamma^{k}_{ij}=0$,因而$R^{k}_{\cdot mij}=0$.

在欧几里得空间中,$R^{k}_{\cdot mij}=0$.

5.5.4 黎曼-克里斯托弗张量定理

前面提到,我们所作的张量分析,仅仅适用于欧几里得空间.欧几里得空间的一

个重要特征是克里斯托弗符号全部为零，$\Gamma_{ij}^{k}=0$. 下面的定理将说明，在什么条件下，克里斯托弗符号全部为零.

定理 对于曲线坐标系 x^i，存在一个新坐标系 $x^{j'}$，经坐标变换后得到的新坐标系中的克里斯托弗符号 $\Gamma_{i'j'}^{k'}$ 全部为零的充分必要条件是：曲线坐标系 x^i 的黎曼-克里斯托弗张量 $R^{k}_{\cdot mij}$ 为零.

证明 对于给定的坐标系 x^1,x^2,x^3，它的克里斯托弗符号 Γ_{ij}^{k} 是已知的. 现在通过坐标变换求新坐标系 $x^{1'},x^{2'},x^{3'}$ 的克里斯托弗符号 $\Gamma_{i'j'}^{k'}$.

式(3.9)已给出了新旧坐标系的克里斯托弗符号的坐标变换式：

$$\Gamma_{i'j'}^{k'}=\frac{\partial^2 x^k}{\partial x^{i'}\partial x^{j'}}\frac{\partial x^{k'}}{\partial x^k}+\beta_{i'}^{i}\beta_{j'}^{j}\beta_{k}^{k'}\Gamma_{ij}^{k},$$

此式可以改写为

$$\begin{aligned}\Gamma_{i'j'}^{k'}&=\frac{\partial x^{k'}}{\partial x^k}\left(\frac{\partial^2 x^k}{\partial x^{i'}\partial x^{j'}}+\frac{\partial x^i}{\partial x^{i'}}\frac{\partial x^j}{\partial x^{j'}}\Gamma_{ij}^{k}\right)\\&=\frac{\partial x^{k'}}{\partial x^k}T^{k}_{\cdot i'j'}.\end{aligned}\tag{5.16a}$$

式中的 $T^{k}_{\cdot i'j'}$ 是为了使式子记法简单化而引入的一个中间量.

$$T^{k}_{\cdot i'j'}=\frac{\partial^2 x^k}{\partial x^{i'}\partial x^{j'}}+\frac{\partial x^i}{\partial x^{i'}}\frac{\partial x^j}{\partial x^{j'}}\Gamma_{ij}^{k}.\tag{5.16b}$$

下面仅证明定理的必要条件：如果新坐标 $x^{i'}$ 中有 $\Gamma_{i'j'}^{k'}=0$，则必然存在一个老坐标系 $x^j=x^j(x^{i'})$，经坐标变换后，有 $R^{k}_{\cdot ijr}=0$.

必要性的证明如下：

假设 $\Gamma_{i'j'}^{k'}=0$，由式(5.16a)得到

$$\frac{\partial x^{k'}}{\partial x^k}T^{k}_{\cdot i'j'}=0.\tag{5.17}$$

$T^{k}_{\cdot i'j'}$ 共有 27 个分量，由式(5.16b)看出，$T^{k}_{\cdot i'j'}=T^{k}_{\cdot j'i'}$，即 $T^{k}_{\cdot i'j'}$ 关于 i',j' 对称，因而 $T^{k}_{\cdot i'j'}$ 只有 6×3 个分量是独立的. 为便于分析，不妨先固定指标 i' 和 j'，这样式(5.17)只有一个自由标 k'. 对于每个自由标 k'，哑标 k 遍取 1,2,3，并求和. 换句话说，式(5.17)表示 3 个线性方程组，每个方程有 3 项，即

$$\begin{aligned}&\frac{\partial x^{1'}}{\partial x^1}T^{1}_{\cdot i'j'}+\frac{\partial x^{1'}}{\partial x^2}T^{2}_{\cdot i'j'}+\frac{\partial x^{1'}}{\partial x^3}T^{3}_{\cdot i'j'}=0,\\&\frac{\partial x^{2'}}{\partial x^1}T^{1}_{\cdot i'j'}+\frac{\partial x^{2'}}{\partial x^2}T^{2}_{\cdot i'j'}+\frac{\partial x^{2'}}{\partial x^3}T^{3}_{\cdot i'j'}=0,\\&\frac{\partial x^{3'}}{\partial x^1}T^{1}_{\cdot i'j'}+\frac{\partial x^{3'}}{\partial x^2}T^{2}_{\cdot i'j'}+\frac{\partial x^{3'}}{\partial x^3}T^{3}_{\cdot i'j'}=0.\end{aligned}$$

这是齐次方程组. 由于系数行列式不为零，即

$$\frac{\partial(x^{1'},x^{2'},x^{3'})}{\partial(x^1,x^2,x^3)}\neq 0.$$

也就是说，曲线坐标系 x^j 是存在的，两坐标系的关系式 $x^j=x^j(x^{i'})$ 或 $x^{i'}=x^{i'}(x^j)$ 是连续函数，雅可比行列式必然不为零. 因此方程组无非零解，$T^{k}_{\cdot i'j'}=0$. 即

$$T^{k}_{\cdot i'j'}=\frac{\partial^2 x^k}{\partial x^{i'}\partial x^{j'}}+\frac{\partial x^i}{\partial x^{i'}}\frac{\partial x^j}{\partial x^{j'}}\Gamma^{k}_{ij}=0. \tag{5.18}$$

上式对坐标 $x^{r'}$ 求导，有

$$\frac{\partial^3 x^k}{\partial x^{i'}\partial x^{j'}\partial x^{r'}}+\left(\frac{\partial^2 x^i}{\partial x^{i'}\partial x^{r'}}\frac{\partial x^j}{\partial x^{j'}}+\frac{\partial x^i}{\partial x^{i'}}\frac{\partial x^j}{\partial x^{j'}\partial x^{r'}}\right)\Gamma^{k}_{ij}+\frac{\partial x^i}{\partial x^{i'}}\frac{\partial x^j}{\partial x^{j'}}\frac{\partial\Gamma^{k}_{ij}}{\partial x^r}\frac{\partial x^r}{\partial x^{r'}}=0,$$

交换 j,r'，得

$$\frac{\partial^3 x^k}{\partial x^{i'}\partial x^{r'}\partial x^{j'}}+\left(\frac{\partial^2 x^i}{\partial x^{i'}\partial x^{j'}}\frac{\partial x^j}{\partial x^{r'}}+\frac{\partial x^i}{\partial x^{i'}}\frac{\partial x^j}{\partial x^{r'}\partial x^{j'}}\right)\Gamma^{k}_{ij}+\frac{\partial x^i}{\partial x^{i'}}\frac{\partial x^j}{\partial x^{r'}}\frac{\partial\Gamma^{k}_{ij}}{\partial x^r}\frac{\partial x^r}{\partial x^{j'}}=0.$$

两式相减得

$$\frac{\partial^2 x^i}{\partial x^{i'}\partial x^{r'}}\frac{\partial x^j}{\partial x^{j'}}\Gamma^{k}_{ij}-\frac{\partial^2 x^i}{\partial x^{i'}\partial x^{j'}}\frac{\partial x^j}{\partial x^{r'}}\Gamma^{k}_{ij}+\frac{\partial x^i}{\partial x^{i'}}\frac{\partial x^j}{\partial x^{j'}}\frac{\partial x^r}{\partial x^{r'}}\left(\frac{\partial\Gamma^{k}_{ij}}{\partial x^r}-\frac{\partial\Gamma^{k}_{ir}}{\partial x^j}\right)=0.$$

由式(5.18)求出二阶导数，

$$\frac{\partial^2 x^i}{\partial x^{i'}\partial x^{r'}}\frac{\partial x^j}{\partial x^{j'}}\Gamma^{k}_{ij}=-\frac{\partial x^i}{\partial x^{i'}}\frac{\partial x^r}{\partial x^{r'}}\Gamma^{m}_{ir}\frac{\partial x^j}{\partial x^{j'}}\Gamma^{k}_{mj},$$

$$\frac{\partial^2 x^i}{\partial x^{i'}\partial x^{j'}}\frac{\partial x^j}{\partial x^{r'}}\Gamma^{k}_{ij}=-\frac{\partial x^i}{\partial x^{i'}}\frac{\partial x^j}{\partial x^{j'}}\Gamma^{m}_{ij}\frac{\partial x^r}{\partial x^{r'}}\Gamma^{k}_{mr},$$

因此，

$$\frac{\partial x^i}{\partial x^{i'}}\frac{\partial x^j}{\partial x^{j'}}\frac{\partial x^r}{\partial x^{r'}}\left(\frac{\partial\Gamma^{k}_{ij}}{\partial x^r}-\frac{\partial\Gamma^{k}_{ir}}{\partial x^j}+\Gamma^{m}_{ij}\Gamma^{k}_{mr}-\Gamma^{m}_{ir}\Gamma^{k}_{mj}\right)=0,$$

或

$$\frac{\partial x^i}{\partial x^{i'}}\frac{\partial x^j}{\partial x^{j'}}\frac{\partial x^r}{\partial x^{r'}}R^{k}_{\cdot ijr}=0,$$

式中，i,j,r 是哑标，k,i',j',r' 是自由标. 为方便分析，仅将 i' 视为自由标，将 i 视为哑标，其他指标视为常数，并用坐标变换系数表示微商，则有

$$\frac{\partial x^i}{\partial x^{i'}}\beta^{j}_{j'}\beta^{r}_{r'}R^{k}_{\cdot ijr}=0,$$

$$\frac{\partial x^1}{\partial x^{1'}}(\beta^{j}_{j'}\beta^{r}_{r'}R^{k}_{\cdot 1jr})+\frac{\partial x^2}{\partial x^{1'}}(\beta^{j}_{j'}\beta^{r}_{r'}R^{k}_{\cdot 2jr})+\frac{\partial x^3}{\partial x^{1'}}(\beta^{j}_{j'}\beta^{r}_{r'}R^{k}_{\cdot 3jr})=0,$$

$$\frac{\partial x^1}{\partial x^{2'}}(\beta^{j}_{j'}\beta^{r}_{r'}R^{k}_{\cdot 1jr})+\frac{\partial x^2}{\partial x^{2'}}(\beta^{j}_{j'}\beta^{r}_{r'}R^{k}_{\cdot 2jr})+\frac{\partial x^3}{\partial x^{2'}}(\beta^{j}_{j'}\beta^{r}_{r'}R^{k}_{\cdot 3jr})=0,$$

$$\frac{\partial x^1}{\partial x^{3'}}(\beta^{j}_{j'}\beta^{r}_{r'}R^{k}_{\cdot 1jr})+\frac{\partial x^2}{\partial x^{3'}}(\beta^{j}_{j'}\beta^{r}_{r'}R^{k}_{\cdot 2jr})+\frac{\partial x^3}{\partial x^{3'}}(\beta^{j}_{j'}\beta^{r}_{r'}R^{k}_{\cdot 3jr})=0.$$

这是一组齐次方程组，系数行列式不为零，即

$$\frac{\partial(x^1,x^2,x^3)}{\partial(x^{1'},x^{2'},x^{3'})}\neq 0.$$

方程只有零解，即

$$\frac{\partial x^{j}}{\partial x^{j'}}\frac{\partial x^{r}}{\partial x^{r'}}R^{k}_{\cdot ijr}=0.$$

用同样方法再进行两次运算，便得到

$$R^{k}_{\cdot ijr}=0.$$

必要性证毕.

定理的充分性证明从略.

常用的曲线坐标系，其克里斯托弗符号并非全部为零，$\Gamma^{k}_{ij}\neq 0$. 但我们总可以找到一个坐标系 $x^{i'}$，其克里斯托弗符号全部为零，$\Gamma^{k'}_{i'j'}=0$，这就是直角坐标系.

在一个空间里，如果存在一个坐标系，其克里斯托弗符号全部为零，这样的空间称为欧几里得空间. 一般的数学物理问题涉及的空间就是欧几里得空间.

如果在所讨论的空间里，找不到一个克里斯托弗符号全部为零的坐标系，则这样的空间称为黎曼空间.

黎曼空间的一些问题将在后面讨论.

5.6　曲面上的黎曼-克里斯托弗张量

上节我们提到，锥面、柱面属于二维欧几里得空间，球面属于二维黎曼空间. 判断一个曲面是欧几里得曲面还是黎曼曲面，就是要看该曲面的黎曼-克里斯托弗张量是否为零. 因此有必要研究曲面上的黎曼-克里斯托弗张量的具体形式.

在式(5.15)中，黎曼-克里斯托弗张量出现在二阶协变导数的关系式中，

$$u^{k}{}_{;ij}-u^{k}{}_{;ji}=u^{m}R^{k}_{\cdot mij}.$$

上节提到，矢量 $\boldsymbol{u}$ 的右梯度 $\boldsymbol{u}\,\boldsymbol{\nabla}$ 是二阶张量，而二阶张量 $\boldsymbol{u}\,\boldsymbol{\nabla}$ 的右梯度 $(\boldsymbol{u}\,\boldsymbol{\nabla})\boldsymbol{\nabla}$ 是三阶张量，记作 $\boldsymbol{S}$：

$$\boldsymbol{S}=(\boldsymbol{u}\,\boldsymbol{\nabla})\boldsymbol{\nabla}=u^{k}{}_{;ij}\boldsymbol{g}_{k}\boldsymbol{g}^{i}\boldsymbol{g}^{j}.$$

令 $\boldsymbol{S}^{*}$ 表示关于两个下标的转置，

$$\boldsymbol{S}^{*}=u^{k}{}_{;ji}\boldsymbol{g}_{k}\boldsymbol{g}^{i}\boldsymbol{g}^{j},$$

则有

$$\begin{aligned}\boldsymbol{S}-\boldsymbol{S}^{*}&=(u^{k}{}_{;ij}-u^{k}{}_{;ji})\boldsymbol{g}_{k}\boldsymbol{g}^{i}\boldsymbol{g}^{j}\\&=u^{m}R^{k}_{\cdot mij}\boldsymbol{g}_{k}\boldsymbol{g}^{i}\boldsymbol{g}^{j}.\end{aligned}$$

在欧几里得空间中，$R^{k}_{\cdot mij}=0$，因此 $\boldsymbol{S}=\boldsymbol{S}^{*}$，$u^{k}{}_{;ij}=u^{k}{}_{;ji}$. 而在黎曼空间中，$R^{k}_{\cdot mij}\neq 0$，因而二阶协变导数与求导的先后次序有关.

在曲面坐标中，

$$u^{\gamma}{}_{;\alpha\beta}-u^{\gamma}{}_{;\beta\alpha}=u^{\zeta}R^{\gamma}_{\cdot\zeta\alpha\beta}.$$

要判断一个曲面是否为欧几里得曲面，就是要看曲面上 $R^{\gamma}_{\cdot\zeta\alpha\beta}$ 是否为零. 下面推导曲面黎曼-克里斯托弗张量 $R^{\gamma}_{\cdot\zeta\alpha\beta}$ 的表达式.

矢量的分量对坐标的二阶协变导数与求导的先后次序有关. 但是,矢量对坐标的二次普通导数与求导的先后次序无关.

考察曲面上的基矢 $\boldsymbol{g}_\alpha$ 对坐标 x^β 和 x^γ 的二次导数.

$$\boldsymbol{g}_\alpha=\frac{\partial \boldsymbol{r}}{\partial x^\alpha},$$

$$\boldsymbol{g}_{\alpha,\beta}=\frac{\partial \boldsymbol{g}_\alpha}{\partial x^\beta}=\Gamma_{\alpha\beta}^{\ m}\boldsymbol{g}_m=\Gamma_{\alpha\beta}^{\ \lambda}\boldsymbol{g}_\lambda+b_{\alpha\beta}\boldsymbol{n}.$$

式中,哑标 m 遍取 1,2,3 并求和,曲面哑标 λ 遍取 1,2 并求和. $b_{\alpha\beta}=\Gamma_{\alpha\beta}^{\ 3}=\Gamma_{\alpha\beta,3}$.

$$\boldsymbol{g}_{\alpha,\beta\gamma}=\frac{\partial \Gamma_{\alpha\beta}^{\ \lambda}}{\partial x^\gamma}\boldsymbol{g}_\lambda+\Gamma_{\alpha\beta}^{\ \zeta}\frac{\partial \boldsymbol{g}_\zeta}{\partial x^\gamma}+b_{\alpha\beta,\gamma}\boldsymbol{n}+b_{\alpha\beta}\frac{\partial \boldsymbol{n}}{\partial x^\gamma}.$$

利用 5.4 节的推导公式,有

$$\frac{\partial \boldsymbol{g}_\zeta}{\partial x^\gamma}=\Gamma_{\zeta\gamma}^{\ \lambda}\boldsymbol{g}_\lambda+b_{\zeta\gamma}\boldsymbol{n},$$

$$\boldsymbol{n}\cdot\boldsymbol{g}_\lambda=0,$$

$$\frac{\partial \boldsymbol{n}}{\partial x^\gamma}\cdot\boldsymbol{g}_\lambda=-\boldsymbol{n}\cdot\frac{\partial \boldsymbol{g}_\lambda}{\partial x^\gamma}=-b_{\lambda\gamma},$$

$$\frac{\partial \boldsymbol{n}}{\partial x^\gamma}=-b_{\lambda\gamma}\boldsymbol{g}^\lambda=-b_{\cdot\gamma}^{\lambda}\boldsymbol{g}_\lambda.$$

将上述式子代入 $\boldsymbol{g}_{\alpha,\beta\gamma}$ 的表达式中,得到

$$\boldsymbol{g}_{\alpha,\beta\gamma}=\left(\frac{\partial \Gamma_{\alpha\beta}^{\ \lambda}}{\partial x^\gamma}+\Gamma_{\alpha\beta}^{\ \zeta}\Gamma_{\zeta\gamma}^{\ \lambda}-b_{\alpha\beta}b_{\cdot\gamma}^{\lambda}\right)\boldsymbol{g}_\lambda+(b_{\alpha\beta,\gamma}+b_{\zeta\gamma}\Gamma_{\alpha\beta}^{\ \zeta})\boldsymbol{n},\tag{5.19a}$$

互换 β,γ,有

$$\boldsymbol{g}_{\alpha,\gamma\beta}=\left(\frac{\partial \Gamma_{\alpha\gamma}^{\ \lambda}}{\partial x^\beta}+\Gamma_{\alpha\gamma}^{\ \zeta}\Gamma_{\zeta\beta}^{\ \lambda}-b_{\alpha\gamma}b_{\cdot\beta}^{\lambda}\right)\boldsymbol{g}_\lambda+(b_{\alpha\gamma,\beta}+b_{\zeta\beta}\Gamma_{\alpha\gamma}^{\ \zeta})\boldsymbol{n}.\tag{5.19b}$$

由于 $\boldsymbol{g}_{\alpha,\beta\gamma}=\boldsymbol{g}_{\alpha,\gamma\beta}$,因此,上面两式的切向量和法向量相等,即

$$\frac{\partial \Gamma_{\alpha\beta}^{\ \lambda}}{\partial x^\gamma}-\frac{\partial \Gamma_{\alpha\gamma}^{\ \lambda}}{\partial x^\beta}+\Gamma_{\alpha\beta}^{\ \zeta}\Gamma_{\zeta\gamma}^{\ \lambda}-\Gamma_{\alpha\gamma}^{\ \zeta}\Gamma_{\zeta\beta}^{\ \lambda}=b_{\alpha\beta}b_{\cdot\gamma}^{\lambda}-b_{\alpha\gamma}b_{\cdot\beta}^{\lambda},\tag{5.20a}$$

$$b_{\alpha\beta,\gamma}+b_{\zeta\gamma}\Gamma_{\alpha\beta}^{\ \zeta}=b_{\alpha\gamma,\beta}+b_{\zeta\beta}\Gamma_{\alpha\gamma}^{\ \zeta}.\tag{5.20b}$$

根据定义,式(5.20a)是 $R_{\cdot\alpha\beta\gamma}^{\lambda}$ 的表达式,

$$R_{\cdot\alpha\beta\gamma}^{\lambda}=b_{\alpha\beta}b_{\cdot\gamma}^{\lambda}-b_{\alpha\gamma}b_{\cdot\beta}^{\lambda},$$

或

$$R_{\lambda\alpha\beta\gamma}=b_{\alpha\beta}b_{\lambda\gamma}-b_{\alpha\gamma}b_{\lambda\beta}.\tag{5.21a}$$

式(5.20b)作如下处理,得到

$$b_{\alpha\beta,\gamma}-b_{\zeta\beta}\Gamma_{\alpha\gamma}^{\ \zeta}-b_{\alpha\zeta}\Gamma_{\beta\gamma}^{\ \zeta}=b_{\alpha\gamma,\beta}-b_{\zeta\gamma}\Gamma_{\alpha\beta}^{\ \zeta}-b_{\alpha\zeta}\Gamma_{\gamma\beta}^{\ \zeta},\quad b_{\alpha\beta;\gamma}=b_{\alpha\gamma;\beta}.\tag{5.21b}$$

在曲面微分几何学中,式(5.21a)称为 Gauss 方程,式(5.21b)称为 Codazzi 方程. Gauss 方程建立了曲面黎曼-克里斯托弗张量 $\boldsymbol{R}$ 和曲率张量 $\boldsymbol{b}$ 的关系,Codazzi 方程

则给出曲率张量的协变导数的一个公式.

特别地，

$$b_{11}b_{22}-b_{12}^2=R_{1221}=R_{2112}.$$

由式(5.13a)得到的曲面两个主曲率的乘积为

$$\kappa_1\kappa_2=\frac{b_{11}b_{22}-b_{12}^2}{g_{11}g_{22}-g_{12}^2}=\frac{R_{1221}}{g_{11}g_{22}-g_{12}^2}.$$

锥面、柱面是欧几里得二维曲面，其黎曼-克里斯托弗张量 $R_{\lambda\alpha\beta\gamma}=0$. 一般曲面有两个主曲率. 锥面、柱面的一个主曲率为零(即曲率半径无限大). 球面属于黎曼二维曲面，其黎曼-克里斯托弗张量 $R_{\lambda\alpha\beta\gamma}\neq 0$. 球面的两个主曲率均不为零(两个主曲率半径就是球半径).

5.7 曲面上的协变导数和梯度、散度、旋度

曲面上的张量是曲面坐标的函数. 曲面上基矢 $\boldsymbol{g}_\alpha$ 与曲面法向单位矢量 $\boldsymbol{n}$ 组成活动坐标架. 曲面上的张量不一定只有切向分量，还可以有法向分量. 例如，曲面上的矢量函数可表示为

$$\boldsymbol{F}(x^k)=F^i\boldsymbol{g}_i=F^\alpha\boldsymbol{g}_\alpha+F^3\boldsymbol{n}.$$

曲面上张量的协变导数与空间上张量的协变导数并无本质的区别. 坐标值变化时，曲面张量以及张量所具有的曲面基矢也发生变化. 从 5.4 节的分析我们已经看到，基矢的偏导数出现垂直分量，曲面法向矢量的导数出现曲面的切向基矢.

曲面的基矢是矢径沿某个坐标线的变化率，

$$\boldsymbol{g}_\alpha=\frac{\partial\boldsymbol{r}}{\partial x^\alpha},\quad \alpha=1,2,$$

曲面的第 3 个基矢是人为规定的. $\boldsymbol{g}_3=\boldsymbol{g}^3=\boldsymbol{n}$，这是曲面上某点的外法向单位矢量.

矢量 $\boldsymbol{F}=F^\alpha\boldsymbol{g}_\alpha+F^3\boldsymbol{n}$ 的分量 F^α，F^3，基矢 $\boldsymbol{g}_\alpha$，$\boldsymbol{n}$ 都与曲面坐标 x^β 有关. 矢量 $\boldsymbol{F}$ 对坐标 x^β 的导数为

$$\frac{\partial\boldsymbol{F}}{\partial x^\beta}=F^\alpha{}_{,\beta}\boldsymbol{g}_\alpha+F^\lambda\boldsymbol{g}_{\lambda,\beta}+F^3{}_{,\beta}\boldsymbol{n}+F^3\boldsymbol{n}_{,\beta}.$$

仿照 5.4 节的办法，则有

$$\boldsymbol{g}_{\lambda,\beta}=\frac{\partial g_\lambda}{\partial x^\beta}=\Gamma^m_{\lambda\beta}\boldsymbol{g}_m=\Gamma^\alpha_{\lambda\beta}\boldsymbol{g}_\alpha+b_{\lambda\beta}\boldsymbol{n},$$

$$\boldsymbol{n}\cdot\boldsymbol{g}_\alpha=0,$$

$$\frac{\partial\boldsymbol{n}}{\partial x^\beta}\cdot\boldsymbol{g}_\alpha=-\boldsymbol{n}\cdot\frac{\partial\boldsymbol{g}_\alpha}{\partial x^\beta}=-\Gamma_{\alpha\beta,3}=-b_{\alpha\beta},$$

$$\boldsymbol{n}_{,\beta}=\frac{\partial\boldsymbol{n}}{\partial x^\beta}=-b_{\alpha\beta}\boldsymbol{g}^\alpha=-b^\alpha{}_{\cdot\beta}\boldsymbol{g}_\alpha,$$

于是得到

$$\frac{\partial \boldsymbol{F}}{\partial x^{\beta}}=(F^{\alpha}{}_{,\beta}+F^{\lambda}\Gamma^{\alpha}_{\lambda\beta}-F^{3}b^{\alpha}_{\cdot\beta})\boldsymbol{g}_{\alpha}+(F^{3}{}_{,\beta}+F^{\lambda}b_{\lambda\beta})\boldsymbol{n}$$

$$=F^{\alpha}{}_{;\beta}\boldsymbol{g}_{\alpha}+F^{3}{}_{;\beta}\boldsymbol{n}$$

$$=F^{i}{}_{;\beta}\boldsymbol{g}_{i}, \tag{5.22a}$$

式中，

$$F^{i}{}_{;\beta}\boldsymbol{g}_{i}=F^{\alpha}{}_{;\beta}\boldsymbol{g}_{\alpha}+F^{3}{}_{;\beta}\boldsymbol{n},$$

$$F^{\alpha}{}_{;\beta}=F^{\alpha}{}_{,\beta}+F^{m}\Gamma^{\alpha}_{m\beta}$$

$$=F^{\alpha}{}_{,\beta}+F^{\lambda}\Gamma^{\alpha}_{\lambda\beta}+F^{3}\Gamma^{\alpha}_{3\beta}$$

$$=F^{\alpha}{}_{,\beta}+F^{\lambda}\Gamma^{\alpha}_{\lambda\beta}-F^{3}b^{\alpha}_{\cdot\beta},$$

$$F^{3}{}_{;\beta}=F^{3}{}_{,\beta}+F^{m}\Gamma^{3}_{m\beta}$$

$$=F^{3}{}_{,\beta}+F^{\lambda}\Gamma^{3}_{\lambda\beta}+F^{3}\Gamma^{3}_{3\beta}$$

$$=F^{3}{}_{,\beta}+F^{\lambda}b_{\lambda\beta}.$$

由此可见，曲面的协变导数与空间的协变导数并无本质区别.

矢量 $\boldsymbol{F}$ 的导数也可以用协变分量的协变导数表示，

$$\frac{\partial \boldsymbol{F}}{\partial x^{\beta}}=F_{i;\beta}\boldsymbol{g}^{i}$$

$$=F_{\alpha;\beta}\boldsymbol{g}^{\alpha}+F_{3;\beta}\boldsymbol{n}, \tag{5.22b}$$

$$F_{i;\beta}\boldsymbol{g}^{i}=F_{\alpha;\beta}\boldsymbol{g}^{\alpha}+F_{3;\beta}\boldsymbol{n},$$

$$F_{\alpha;\beta}=F_{\alpha,\beta}-F_{m}\Gamma^{m}_{\alpha\beta}$$

$$=F_{\alpha,\beta}-F_{\lambda}\Gamma^{\lambda}_{\alpha\beta}-F_{3}\Gamma^{3}_{\alpha\beta}$$

$$=F_{\alpha,\beta}-F_{\lambda}\Gamma^{\lambda}_{\alpha\beta}-F_{3}b_{\alpha\beta};$$

$$F_{3;\beta}=F_{3,\beta}-F_{m}\Gamma^{m}_{3\beta}$$

$$=F_{3,\beta}-F_{\lambda}\Gamma^{\lambda}_{3\beta}-F_{3}\Gamma^{3}_{3\beta}$$

$$=F_{3,\beta}+F_{\lambda}b^{x}_{\cdot\beta}.$$

设 $\boldsymbol{T}$ 为二阶张量，

$$\boldsymbol{T}=T^{i}_{\cdot j}\boldsymbol{g}_{i}\boldsymbol{g}^{j}=T^{\alpha}_{\cdot\beta}\boldsymbol{g}_{\alpha}\boldsymbol{g}^{\beta}+T^{\alpha}_{\cdot 3}\boldsymbol{g}_{\alpha}\boldsymbol{n}+T^{3}_{\cdot\beta}\boldsymbol{n}\boldsymbol{g}^{\beta}+T^{3}_{\cdot 3}\boldsymbol{n}\boldsymbol{n},$$

$$\frac{\partial \boldsymbol{T}}{\partial x^{\gamma}}=T^{i}_{\cdot j;\gamma}\boldsymbol{g}_{i}\boldsymbol{g}^{j}$$

$$=T^{\alpha}_{\cdot\beta;\gamma}\boldsymbol{g}_{\alpha}\boldsymbol{g}^{\beta}+T^{\alpha}_{\cdot 3;\gamma}\boldsymbol{g}_{\alpha}\boldsymbol{n}+T^{3}_{\cdot\beta;\gamma}\boldsymbol{n}\boldsymbol{g}^{\beta}+\boldsymbol{T}^{3}_{\cdot 3;\gamma}\boldsymbol{n}\boldsymbol{n}, \tag{5.23a}$$

$$T^{\alpha}_{\cdot\beta;\gamma}=T^{\alpha}_{\cdot\beta,\gamma}+T^{m}_{\cdot\beta}\Gamma^{\alpha}_{m\gamma}-T^{\alpha}_{\cdot m}\Gamma^{m}_{\beta\gamma}$$

$$=T^{\alpha}_{\cdot\beta,\gamma}+T^{\lambda}_{\cdot\beta}\Gamma^{\alpha}_{\lambda\gamma}+T^{3}_{\cdot\beta}\Gamma^{\alpha}_{3\gamma}-T^{\alpha}_{\cdot\lambda}\Gamma^{\lambda}_{\beta\gamma}-T^{\alpha}_{\cdot 3}\Gamma^{3}_{\beta\gamma}$$

$$=T^{\alpha}_{\cdot\beta,\gamma}+T^{\lambda}_{\cdot\beta}\Gamma^{\alpha}_{\lambda\gamma}-T^{3}_{\cdot\beta}b^{\alpha}_{\cdot\gamma}-T^{\alpha}_{\cdot\lambda}\Gamma^{\lambda}_{\beta\gamma}-T^{\alpha}_{\cdot 3}b_{\beta\gamma},$$

$$T^{\alpha}_{\cdot 3;\gamma}=T^{\alpha}_{\cdot 3,\gamma}+T^{m}_{\cdot 3}\Gamma^{\alpha}_{m\gamma}-T^{\alpha}_{\cdot m}\Gamma^{m}_{3\gamma}$$

$$=T^{\alpha}_{\cdot 3,\gamma}+T^{\lambda}_{\cdot 3}\Gamma^{\alpha}_{\lambda\gamma}+T^{3}_{\cdot 3}\Gamma^{\alpha}_{3\gamma}-T^{\alpha}_{\cdot\lambda}\Gamma^{\lambda}_{3\gamma}-T^{\alpha}_{\cdot 3}\Gamma^{3}_{3\gamma}$$

$$
\begin{aligned}
&= T^{\alpha}_{\cdot\,3,\gamma} + T^{\lambda}_{\cdot\,3}\Gamma^{\alpha}_{\lambda\gamma} - T^{3}_{\cdot\,3}b^{\alpha}_{\cdot\,\gamma} + T^{\alpha}_{\cdot\,\lambda}b^{\lambda}_{\cdot\,\gamma},\\
T^{3}_{\cdot\,\beta;\gamma} &= T^{3}_{\cdot\,\beta,\gamma} + T^{m}_{\cdot\,\beta}\Gamma^{3}_{m\gamma} - T^{3}_{\cdot\,m}\Gamma^{m}_{\beta\gamma}\\
&= T^{3}_{\cdot\,\beta,\gamma} + T^{\lambda}_{\cdot\,\beta}\Gamma^{3}_{\lambda\gamma} + T^{3}_{\cdot\,\beta}\Gamma^{3}_{3\gamma} - T^{3}_{\cdot\,\lambda}\Gamma^{\lambda}_{\beta\gamma} - T^{3}_{\cdot\,3}\Gamma^{3}_{\beta\gamma}\\
&= T^{3}_{\cdot\,\beta,\gamma} + T^{\lambda}_{\cdot\,\beta}b_{\lambda\gamma} - T^{3}_{\cdot\,\lambda}\Gamma^{\lambda}_{\beta\gamma} - T^{3}_{\cdot\,3}b_{\beta\gamma},\\
T^{3}_{\cdot\,3;\gamma} &= T^{3}_{\cdot\,3,\gamma} + T^{m}_{\cdot\,3}\Gamma^{3}_{m\gamma} - T^{3}_{\cdot\,m}\Gamma^{m}_{3\gamma}\\
&= T^{3}_{\cdot\,3,\gamma} + T^{\lambda}_{\cdot\,3}\Gamma^{3}_{\lambda\gamma} + T^{3}_{\cdot\,3}\Gamma^{3}_{3\gamma} - T^{3}_{\cdot\,\lambda}\Gamma^{\lambda}_{3\gamma} - T^{3}_{\cdot\,3}\Gamma^{3}_{3\gamma}\\
&= T^{3}_{\cdot\,3,\gamma} + T^{\lambda}_{\cdot\,3}b_{\lambda\gamma} + T^{3}_{\cdot\,\lambda}b^{\lambda}_{\cdot\,\gamma}.
\end{aligned}
$$

如果 $\boldsymbol{T}$ 在法向 $\boldsymbol{n}$ 无分量，即

$$\boldsymbol{T} = T^{\alpha}_{\cdot\,\beta}\boldsymbol{g}_{\alpha}\boldsymbol{g}^{\beta},$$

则

$$\frac{\partial \boldsymbol{T}}{\partial x^{\gamma}} = T^{\alpha}_{\cdot\,\beta;\gamma}\boldsymbol{g}_{\alpha}\boldsymbol{g}^{\beta} + T^{\alpha}_{\cdot\,\lambda}b^{\lambda}_{\cdot\,\gamma}\boldsymbol{g}_{\alpha}\boldsymbol{n} + T^{\lambda}_{\cdot\,\beta}b_{\lambda\gamma}\boldsymbol{n}\boldsymbol{g}^{\beta}. \tag{5.23b}$$

可以看出，尽管张量 $\boldsymbol{T}$ 没有法向分量，但是其坐标偏导数仍然出现并矢 $\boldsymbol{g}_{\alpha}\boldsymbol{n}$ 和 $\boldsymbol{n}\boldsymbol{g}^{\beta}$. 在式(5.23b)中，$T^{\alpha}_{\cdot\,\beta;\gamma}$不再出现指标 3. 第 1 项为

$$T^{\alpha}_{\cdot\,\beta;\gamma} = T^{\alpha}_{\cdot\,\beta,\gamma} + T^{\lambda}_{\cdot\,\beta}\Gamma^{\alpha}_{\lambda\gamma} - T^{\alpha}_{\cdot\,\lambda}\Gamma^{\lambda}_{\beta\gamma},$$

上式称为二维协变导数.

张量在曲面坐标和在空间坐标中的梯度、散度、旋度并无本质区别，但在旋度中出现基矢的叉积，下面先讨论曲面上的基矢的叉积.

曲面上的切向基矢为 $\boldsymbol{g}_{\alpha} = \dfrac{\partial \boldsymbol{r}}{\partial x^{\alpha}}$，$\alpha=1,2$. 第 3 个基矢是人为规定的：$\boldsymbol{g}_3 = \boldsymbol{g}^3 = \boldsymbol{n}$ 是曲面的外法向单位矢量，

$$\boldsymbol{g}_3 = \boldsymbol{g}^3 = \boldsymbol{n} = \frac{\boldsymbol{g}_1 \times \boldsymbol{g}_2}{|\boldsymbol{g}_1 \times \boldsymbol{g}_2|} = \frac{\boldsymbol{g}_1 \times \boldsymbol{g}_2}{\sqrt{g}},$$

式中，$g = g_{11}g_{22} - g_{12}^2$ 是度量张量 $g_{\alpha\beta}$ 的行列式值.

$\boldsymbol{g}_1$，$\boldsymbol{g}_2$，$\boldsymbol{n}$ 组成协变基矢.

如前所述，曲面的逆变基矢由指标升降求得.

$$\boldsymbol{g}^{\alpha} = g^{\alpha m}\boldsymbol{g}_m = g^{\alpha\beta}\boldsymbol{g}_{\beta} + g^{\alpha 3}\boldsymbol{g}_3 = g^{\alpha\beta}\boldsymbol{g}_{\beta}.$$

$\boldsymbol{g}^1$ 和 $\boldsymbol{g}^2$ 为切面矢量，$g^{\alpha 3}=0$.

$$
\begin{aligned}
&\boldsymbol{g}^1 = g^{11}\boldsymbol{g}_1 + g^{12}\boldsymbol{g}_2, \quad \boldsymbol{g}^2 = g^{21}\boldsymbol{g}_1 + g^{22}\boldsymbol{g}_2,\\
&\boldsymbol{g}^1 \times \boldsymbol{g}^2 = g^{11}\boldsymbol{g}_1 \times g^{22}\boldsymbol{g}_2 + g^{12}\boldsymbol{g}_2 \times g^{21}\boldsymbol{g}_1\\
&\qquad = (g^{11}g^{22} - g^{12}g^{21})\boldsymbol{g}_1 \times \boldsymbol{g}_2\\
&\qquad = \frac{1}{g}\boldsymbol{g}_1 \times \boldsymbol{g}_2\\
&\qquad = \frac{\boldsymbol{n}}{\sqrt{g}}.
\end{aligned}
$$

综上所述，

$$\boldsymbol{g}_1\times\boldsymbol{g}_2=\sqrt{g}\boldsymbol{n},\quad \boldsymbol{g}^1\times\boldsymbol{g}^2=\frac{\boldsymbol{n}}{\sqrt{g}}. \tag{5.24}$$

我们定义二维的置换张量：

$$\boldsymbol{\varepsilon}=\varepsilon_{\alpha\beta}\boldsymbol{g}^\alpha\boldsymbol{g}^\beta=\varepsilon^{\alpha\beta}\boldsymbol{g}_\alpha\boldsymbol{g}_\beta, \tag{5.25}$$

$$\varepsilon_{\alpha\beta}=\varepsilon_{\alpha\beta3}=\boldsymbol{n}\cdot(\boldsymbol{g}_\alpha\times\boldsymbol{g}_\beta)=\sqrt{g}\,e_{\alpha\beta},$$

$$\varepsilon^{\alpha\beta}=\varepsilon^{\alpha\beta3}=\boldsymbol{n}\cdot(\boldsymbol{g}^\alpha\times\boldsymbol{g}^\beta)=\frac{1}{\sqrt{g}}e^{\alpha\beta}.$$

对二维坐标，指标 12 为偶排列，21 为奇排列.

曲面基矢的叉积可以用二维置换张量表示.

$$\boldsymbol{g}_\alpha\times\boldsymbol{g}_\beta=\varepsilon_{\alpha\beta m}\boldsymbol{g}^m=\varepsilon_{\alpha\beta3}\boldsymbol{g}^3=\varepsilon_{\alpha\beta}\boldsymbol{n}, \tag{5.26a}$$

$$\boldsymbol{g}_\alpha\times\boldsymbol{n}=\varepsilon_{\alpha3m}\boldsymbol{g}^m=\varepsilon_{\alpha3\beta}\boldsymbol{g}^\beta=\varepsilon_{\beta\alpha}\boldsymbol{g}^\beta, \tag{5.26b}$$

$$\boldsymbol{g}^\alpha\times\boldsymbol{g}^\beta=\varepsilon^{\alpha\beta m}\boldsymbol{g}_m=\varepsilon^{\alpha\beta3}\boldsymbol{g}_3=\varepsilon^{\alpha\beta}\boldsymbol{n}, \tag{5.26c}$$

$$\boldsymbol{g}^\alpha\times\boldsymbol{n}=\varepsilon^{\alpha3m}\boldsymbol{g}_m=\varepsilon^{\alpha3\beta}\boldsymbol{g}_\beta=\varepsilon^{\beta\alpha}\boldsymbol{g}_\beta. \tag{5.26d}$$

注意，置换张量的下标不能相同，否则为零. $\varepsilon_{\alpha\beta m}$ 的 m 不能取 α，也不能取 β，只能取 3.

设二阶张量 $\boldsymbol{T}$ 在法向 $\boldsymbol{n}$ 没有分量，则张量 $\boldsymbol{T}$ 的左梯度、左散度、左旋度的表达式为

$$\nabla\boldsymbol{T}=\boldsymbol{g}^\gamma\frac{\partial\boldsymbol{T}}{\partial x^\gamma}=\boldsymbol{g}^\gamma(T^{\alpha}_{\cdot\beta;\gamma}\boldsymbol{g}_\alpha\boldsymbol{g}^\beta+T^{\alpha}_{\cdot\lambda}b^{\lambda}_{\cdot\gamma}\boldsymbol{g}_\alpha\boldsymbol{n}+T^{\lambda}_{\cdot\beta}b_{\lambda\gamma}\boldsymbol{n}\boldsymbol{g}^\beta),$$

$$\begin{aligned}\nabla\cdot\boldsymbol{T}&=\boldsymbol{g}^\gamma\cdot\frac{\partial\boldsymbol{T}}{\partial x^\gamma}=\boldsymbol{g}^\gamma\cdot(T^{\alpha}_{\cdot\beta;\gamma}\boldsymbol{g}_\alpha\boldsymbol{g}^\beta+T^{\alpha}_{\cdot\lambda}b^{\lambda}_{\cdot\gamma}\boldsymbol{g}_\alpha\boldsymbol{n}+T^{\lambda}_{\cdot\beta}b_{\lambda\gamma}\boldsymbol{n}\boldsymbol{g}^\beta)\\&=T^{\gamma}_{\cdot\beta;\gamma}\boldsymbol{g}^\beta+T^{\gamma}_{\cdot\lambda}b^{\lambda}_{\cdot\gamma}\boldsymbol{n},\end{aligned} \tag{5.27}$$

$$\begin{aligned}\nabla\times T&=\boldsymbol{g}^\gamma\times\frac{\partial\boldsymbol{T}}{\partial x^\gamma}=\boldsymbol{g}^\gamma\times(T_{\alpha\beta;\gamma}\boldsymbol{g}^\alpha\boldsymbol{g}^\beta+T_{\alpha\lambda}b^{\lambda}_{\cdot\gamma}\boldsymbol{g}^\alpha\boldsymbol{n}+T_{\lambda\beta}b^{\lambda}_{\cdot\gamma}\boldsymbol{n}\boldsymbol{g}^\beta)\\&=T_{\alpha\beta;\gamma}\varepsilon^{\gamma\alpha}\boldsymbol{n}\boldsymbol{g}^\beta+T_{\alpha\lambda}b^{\lambda}_{\cdot\gamma}\varepsilon^{\gamma\alpha}\boldsymbol{n}\boldsymbol{n}+T_{\lambda\beta}b^{\lambda}_{\cdot\gamma}\varepsilon^{\alpha\gamma}\boldsymbol{g}_\alpha\boldsymbol{g}^\beta.\end{aligned}$$

例 5.1 斜圆锥体，高为 h，上底面半径为 b，圆心 B 偏离 z 轴的距离为 c，求斜圆锥面上曲面坐标系的度量张量 $g_{\alpha\beta}$ 和 $g^{\alpha\beta}$，克里斯托弗符号 $\Gamma^{\gamma}_{\alpha\beta}$，$\Gamma_{\alpha\beta,\gamma}$，$b^{\alpha}_{\cdot\beta}$，$b_{\alpha\beta}$，黎曼-克里斯托弗张量 $R^{\cdot\gamma}_{\alpha\beta\lambda}$.

解 当 $z=$ 常数时，斜圆锥体的截面是一个偏心圆，参见图 5.5 的阴影部分. 圆心为 B_1，圆半径为 b_0，圆心到 z 轴的距离为 c_0，圆周上 A 点的幅角为 θ.

$$b_0=\frac{b}{h}z,\quad c_0=\frac{c}{h}z.$$

A 点坐标为 $A(x,y,z)$，其中，

$$x=c_0+b_0\cos\theta=\frac{z}{h}(c+b\cos\theta),$$

$$y=b_0\sin\theta=\frac{z}{h}b\sin\theta.$$

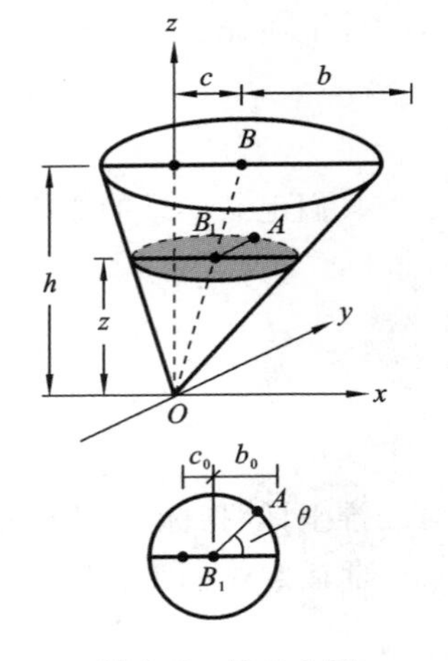

图 5.5 例 5.1 图

选取斜圆锥曲面坐标 $x^1=z, x^2=\theta$,则

矢径 $\boldsymbol{r}=x\boldsymbol{i}+y\boldsymbol{j}+z\boldsymbol{k}$;

基矢 $\boldsymbol{g}_1=\dfrac{\partial \boldsymbol{r}}{\partial x^1}=\dfrac{1}{h}[(c+b\cos\theta)\boldsymbol{i}+b\sin\theta\boldsymbol{j}+h\boldsymbol{k}]$,

$$\boldsymbol{g}_2=\frac{\partial \boldsymbol{r}}{\partial x^2}=\frac{bz}{h}(-\sin\theta\boldsymbol{i}+\cos\theta\boldsymbol{j});$$

度量张量 $g_{11}=\dfrac{1}{h^2}(h^2+b^2+c^2+2bc\cos\theta)$,

$$g_{22}=\left(\frac{bz}{h}\right)^2,$$

$$g_{12}=g_{21}=-\frac{bcz}{h^2}\sin\theta,$$

$$\begin{aligned}g&=g_{11}g_{22}-g_{12}^2\\&=\left(\frac{bz}{h^2}\right)^2[h^2+(b+c\cos\theta)^2],\end{aligned}$$

$$g^{11}=\frac{g_{22}}{g},\quad g^{22}=\frac{g_{11}}{g},\quad g^{12}=-\frac{g_{12}}{g};$$

法向矢量 $\boldsymbol{n}=\dfrac{\boldsymbol{g}_1\times\boldsymbol{g}_2}{\sqrt{g}}$

$$=\frac{-h(\cos\theta\boldsymbol{i}+\sin\theta\boldsymbol{j})+(b+c\cos\theta)\boldsymbol{k}}{\sqrt{h^2+(b+c\cos\theta)^2}}.$$

克里斯托弗符号,先求第一类符号 $\Gamma_{ij,k}$:

$$\frac{\partial \boldsymbol{g}_1}{\partial x^1}=0,\quad \frac{\partial \boldsymbol{g}_1}{\partial x^2}=\frac{b}{h}(-\sin\theta\boldsymbol{i}+\cos\theta\boldsymbol{j}),$$

$$\frac{\partial \boldsymbol{g}_2}{\partial x^1}=\frac{b}{h}(-\sin\theta\boldsymbol{i}+\cos\theta\boldsymbol{j}),$$

$$\frac{\partial \boldsymbol{g}_2}{\partial x^2}=\frac{bz}{h}(-\cos\theta\boldsymbol{i}-\sin\theta\boldsymbol{j}),$$

$$\Gamma_{12,1}=\Gamma_{21,1}=\frac{\partial \boldsymbol{g}_1}{\partial x^2}\cdot\boldsymbol{g}_1=-\frac{bc}{h^2}\sin\theta,$$

$$\Gamma_{12,2}=\Gamma_{21,2}=\frac{\partial \boldsymbol{g}_1}{\partial x^2}\cdot\boldsymbol{g}_2=\frac{b^2}{h^2}z,$$

$$\Gamma_{22,1}=\frac{\partial \boldsymbol{g}_2}{\partial x^2}\cdot\boldsymbol{g}_1=-\frac{bz}{h^2}(b+c\cos\theta),$$

$$\Gamma_{22,3}=b_{22}=\frac{\partial \boldsymbol{g}_2}{\partial x^2}\cdot\boldsymbol{n}=\frac{bz}{\sqrt{h^2+(b+c\cos\theta)^2}}.$$

其余的第一类克里斯托弗符号为零.

下面求第二类克里斯托弗符号：

$$\Gamma^i_{jk}=g^{im}\Gamma_{jk,m},$$

$$\Gamma^2_{12}=g^{2m}\Gamma_{12,m}=g^{21}\Gamma_{12,1}+g^{22}\Gamma_{12,2}=-\frac{g_{12}}{g}\Gamma_{12,1}+\frac{g_{11}}{g}\Gamma_{12,2}=\frac{1}{z},$$

$$\Gamma^1_{22}=g^{1m}\Gamma_{22,m}=g^{11}\Gamma_{22,1}+g^{13}\Gamma_{22,3}=\frac{g_{22}}{g}\Gamma_{22,1}=-\frac{bz(b+c\cos\theta)}{h^2+(b+c\cos\theta)^2},$$

$$\Gamma^2_{22}=g^{2m}\Gamma_{22,m}=g^{21}\Gamma_{22,1}=-\frac{g_{12}}{g}\Gamma_{22,1}=-\frac{c\sin\theta(b+c\cos\theta)}{h^2+(b+c\cos\theta)^2},$$

其余第二类克里斯托弗符号为零.

曲面张量：

$$b^{\alpha}_{\cdot\beta}=g^{\alpha\lambda}b_{\lambda\beta}\text{，已算出 }b_{22}\neq 0, b_{11}=0, b_{12}=0,$$

故有

$$b^{\alpha}_{\cdot 2}=g^{\alpha 2}b_{22},$$

$$b^{1}_{\cdot 2}=g^{12}b_{22}=-\frac{g_{12}}{g}b_{22}=\frac{h^2c\sin\theta}{[h^2+(b+c\cos\theta)^2]^{3/2}},$$

$$b^{2}_{\cdot 2}=g^{22}b_{22}=\frac{g_{11}}{g}b_{22}=\frac{h^2}{bz}\frac{h^2+b^2+c^2+2bc\cos\theta}{[h^2+(b+c\cos\theta)^2]^{3/2}}.$$

由于 $R_{\lambda\alpha\beta\gamma}=b_{\alpha\beta}b_{\lambda\gamma}-b_{\alpha\gamma}b_{\lambda\beta}$，而且仅 $b_{22}\neq 0$，故仅 R_{2222} 可能不为零. 但 $R_{2222}=b_{22}b_{22}-b_{22}b_{22}=0$，故有 $R_{\lambda\alpha\beta\gamma}=0$.

习　题　5

5.1　已知圆球面方程为 $z=\sqrt{a^2-x^2-y^2}$，a 为球半径(常数)，选用曲面坐标 $x^1=x$，$x^2=y$，试求 $g_{\alpha\beta}$，$g^{\alpha\beta}$，$\Gamma_{\alpha\beta,\gamma}$，$b_{\alpha\beta}$，$R_{\lambda\alpha\beta\gamma}$.

5.2　在一个半径为 a 的圆柱面上，定义曲面坐标 $x^1=z-c\theta$(c 为常数)，$x^2=\theta$，参见图 5.6. 试计算 $g_{\alpha\beta}$，$b_{\alpha\beta}$.

5.3　在双曲抛物面 $z=\frac{xy}{c}$(c 为常数)上定义曲面坐标 $x^1=x$，$x^2=y$. 试求 $b_{\alpha\beta}$，$b^{\alpha}_{\cdot\beta}$，$R_{\lambda\alpha\beta\gamma}$.

5.4　正圆锥曲面如图 5.7 所示，半锥角(圆锥母线与 z 轴的夹角)为 Θ. 圆锥面上任一点 A 到坐标原点的距离 $OA=\rho$. θ 是水平截面上的幅角. 圆锥面上一个点的坐标为

$$x=\rho\sin\Theta\cos\theta,$$

$$y=\rho\sin\Theta\sin\theta,$$

$$z=\rho\cos\Theta.$$

定义曲面坐标 $x^1=\rho, x^2=\theta$，试求 $g_{\alpha\beta}, b_{\alpha\beta}, \Gamma_{\alpha\beta,\gamma}$.

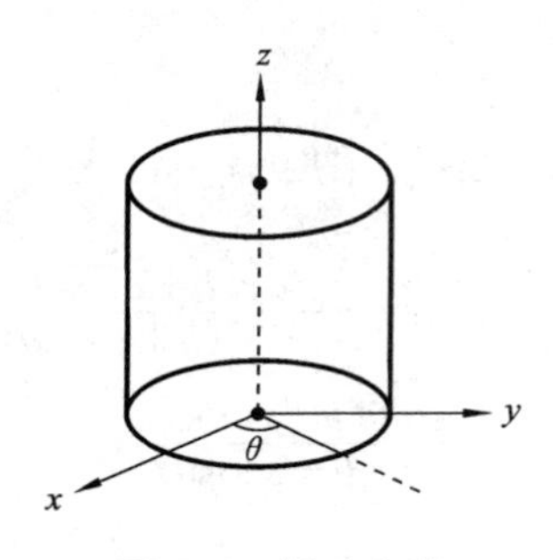

图 5.6 题 5.2 图

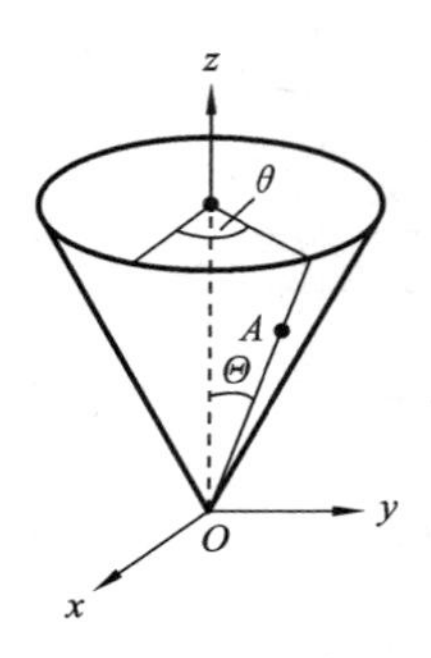

图 5.7 题 5.4 图

5.5 求证：$T^{\alpha}_{\cdot\beta;\gamma\lambda}-T^{\alpha}_{\cdot\beta;\lambda\gamma}=T^{\zeta}_{\cdot\beta}R^{\alpha}_{\cdot\zeta\gamma\lambda}-T^{\alpha}_{\cdot\zeta}R^{\zeta}_{\cdot\beta\gamma\lambda}$.

5.6 对于三维黎曼-克里斯托弗张量，证明：$R_{ijkl}=(\Gamma_{jk,i})_{,l}-(\Gamma_{jl,i})_{,k}+\Gamma_{ik,r}\Gamma^{r}_{jl}-\Gamma_{il,r}\Gamma^{r}_{jk}$.

第 6 章　习 题 解 析

习题 1 解析

1.1　$\boldsymbol{a}\cdot\boldsymbol{b}=9,\boldsymbol{a}\times\boldsymbol{b}=-\boldsymbol{i}+11\boldsymbol{j}-7\boldsymbol{k}.$

1.2　$V=\frac{1}{2}(\overrightarrow{OA}\times\overrightarrow{OB})\cdot\overrightarrow{OC}=57/2.$

1.3　$\frac{1}{2}|\overrightarrow{AC}\times\overrightarrow{AB}|=\frac{1}{2}BC\cdot h,h=3.$

1.4　$\overrightarrow{OC}\times\overrightarrow{OB}=-2\boldsymbol{i}-6\boldsymbol{j}+5\boldsymbol{k},$

$\boldsymbol{n}=(-2\boldsymbol{i}-6\boldsymbol{j}+5\boldsymbol{k})/\sqrt{65},\boldsymbol{n}\cdot\overrightarrow{OA}=1/\sqrt{65}.$

1.5　$\boldsymbol{r}_3\cdot(\boldsymbol{r}_1\times\boldsymbol{r}_2)=15.$

1.6　(1) $(\boldsymbol{a}\times\boldsymbol{b})\cdot[(\boldsymbol{b}\times\boldsymbol{c})\times(\boldsymbol{c}\times\boldsymbol{a})]$

$=(\boldsymbol{a}\times\boldsymbol{b})\cdot\{[\boldsymbol{a}\cdot(\boldsymbol{b}\times\boldsymbol{c})]\boldsymbol{c}-[\boldsymbol{c}\cdot(\boldsymbol{b}\times\boldsymbol{c})]\boldsymbol{a}\}$

$=[(\boldsymbol{a}\times\boldsymbol{b})\cdot\boldsymbol{c}][\boldsymbol{a}\cdot(\boldsymbol{b}\times\boldsymbol{c})];$

(6) $\nabla\times(\boldsymbol{u}\times\boldsymbol{v})=\nabla_u\times(\boldsymbol{u}\times\boldsymbol{v})-\nabla_v\times(\boldsymbol{v}\times\boldsymbol{u})$

$=(\boldsymbol{v}\cdot\nabla)\boldsymbol{u}-\boldsymbol{v}(\nabla\cdot\boldsymbol{u})-(\boldsymbol{u}\cdot\nabla)\boldsymbol{v}+\boldsymbol{u}(\nabla\cdot\boldsymbol{v});$

(7) $\nabla\cdot[\boldsymbol{a}\times(\boldsymbol{b}\times\boldsymbol{c})]$

$=\nabla_a\cdot[\boldsymbol{a}\times(\boldsymbol{b}\times\boldsymbol{c})]+\nabla_b\cdot[\boldsymbol{a}\times(\boldsymbol{b}\times\boldsymbol{c})]+\nabla_c\cdot[\boldsymbol{a}\times(\boldsymbol{b}\times\boldsymbol{c})]$

$=(\boldsymbol{b}\times\boldsymbol{c})\cdot(\nabla\times\boldsymbol{a})-\boldsymbol{a}\cdot[\nabla_b\times(\boldsymbol{b}\times\boldsymbol{c})]+\boldsymbol{a}\cdot[\nabla_c\times(\boldsymbol{c}\times\boldsymbol{b})]$

$=(\boldsymbol{b}\times\boldsymbol{c})\cdot(\nabla\times\boldsymbol{a})-\boldsymbol{a}\cdot[(\boldsymbol{c}\cdot\nabla)\boldsymbol{b}-\boldsymbol{c}\,\nabla\cdot\boldsymbol{b}]+\boldsymbol{a}\cdot[(\boldsymbol{b}\cdot\nabla)\boldsymbol{c}-\boldsymbol{b}\,\nabla\cdot\boldsymbol{c}]$

$=(\boldsymbol{b}\times\boldsymbol{c})\cdot(\nabla\times\boldsymbol{a})-\boldsymbol{a}\cdot[(\boldsymbol{c}\cdot\nabla)\boldsymbol{b}]+(\boldsymbol{a}\cdot\boldsymbol{c})\nabla\cdot\boldsymbol{b}$

$+\boldsymbol{a}\cdot[(\boldsymbol{b}\cdot\nabla)\boldsymbol{c}]-(\boldsymbol{a}\cdot\boldsymbol{b})\nabla\cdot\boldsymbol{c}.$

1.7　$\boldsymbol{g}_1\times\boldsymbol{g}_2=(-2,-3,4),\boldsymbol{g}_2\times\boldsymbol{g}_3=(0,1,-1),\boldsymbol{g}_3\times\boldsymbol{g}_1=(1,1,-2),$

$\boldsymbol{g}_1\cdot(\boldsymbol{g}_2\times\boldsymbol{g}_3)=-1,$

$\boldsymbol{g}^1=(0,-1,1),\boldsymbol{g}^2=(-1,-1,2),\boldsymbol{g}^3=(2,3,-4),$

$$[g^{ij}]=\begin{bmatrix}2&3&-7\\3&6&-13\\-7&-13&29\end{bmatrix}.$$

1.8　$x=2x^1+3x^2-7x^3,$

$y=-x^1-2x^2+5x^3$,

$z=-x^1-x^2+3x^3$,

$\boldsymbol{g}_1=\dfrac{\partial \boldsymbol{r}}{\partial x^1}=(2,-1,-1)$, $\boldsymbol{g}_2=\dfrac{\partial \boldsymbol{r}}{\partial x^2}=(3,-2,-1)$, $\boldsymbol{g}_3=\dfrac{\partial \boldsymbol{r}}{\partial x^3}=(-7,5,3)$,

$\boldsymbol{g}^1=(1,2,-1)$, $\boldsymbol{g}^2=(2,1,3)$, $\boldsymbol{g}^3=(1,1,1)$.

1.9 (1) $x=x^1-x^2$, $y=-2x^3$, $z=x^2$,

$\boldsymbol{g}_1=(1,0,0)$, $\boldsymbol{g}_2=(-1,0,1)$, $\boldsymbol{g}_3=(0,-2,0)$,

$\boldsymbol{g}_1\times\boldsymbol{g}_2=(0,-1,0)$, $\boldsymbol{g}_2\times\boldsymbol{g}_3=(2,0,2)$, $\boldsymbol{g}_3\times\boldsymbol{g}_1=(0,0,2)$,

$\boldsymbol{g}^1=(1,0,1)$, $\boldsymbol{g}^2=(0,0,1)$, $\boldsymbol{g}^3=(0,-1/2,0)$,

$$[g_{ij}]=\begin{bmatrix}1&-1&0\\-1&2&0\\0&0&4\end{bmatrix},\quad [g^{ij}]=\begin{bmatrix}2&1&0\\1&1&0\\0&0&1/4\end{bmatrix},$$

(2) $a^i=g^{im}a_m$,

$a^1=4$, $a^2=3$, $a^3=3/4$.

1.10 $\boldsymbol{g}_1=\dfrac{\partial \boldsymbol{r}}{\partial \zeta}=\zeta\boldsymbol{i}+\eta\boldsymbol{j}$, $\boldsymbol{g}_2=\dfrac{\partial \boldsymbol{r}}{\partial \eta}=-\eta\boldsymbol{i}+\zeta\boldsymbol{j}$,

$$[g_{ij}]=(\zeta^2+\eta^2)\begin{bmatrix}1&0\\0&1\end{bmatrix},\quad [g^{ij}]=\frac{1}{\zeta^2+\eta^2}\begin{bmatrix}1&0\\0&1\end{bmatrix},$$

$\boldsymbol{g}^i=g^{im}\boldsymbol{g}_m$,

$\boldsymbol{g}^1=g^{11}\boldsymbol{g}_1=\dfrac{\zeta\boldsymbol{i}+\eta\boldsymbol{j}}{\zeta^2+\eta^2}$, $\boldsymbol{g}^2=g^{22}\boldsymbol{g}_2=\dfrac{-\eta\boldsymbol{i}+\zeta\boldsymbol{j}}{\zeta^2+\eta^2}$.

1.11 球坐标：$x^1=r$, $x^2=\theta$, $x^3=\varphi$，直角坐标：$x^{1'}=x$, $x^{2'}=y$, $x^{3'}=z$,

$x=r\sin\theta\cos\varphi$, $y=r\sin\theta\sin\varphi$, $z=r\cos\theta$,

$\beta_1^{1'}=\dfrac{\partial x}{\partial r}=\sin\theta\cos\varphi$,

$\beta_2^{1'}=\dfrac{\partial x}{\partial \theta}=r\cos\theta\cos\varphi$, $\beta_3^{1'}=\dfrac{\partial x}{\partial \varphi}=-r\sin\theta\sin\varphi$, $\cdots$

$$[\beta_j^{i'}]=\begin{bmatrix}\sin\theta\cos\varphi & r\cos\theta\cos\varphi & -r\sin\theta\sin\varphi\\ \sin\theta\sin\varphi & r\cos\theta\sin\varphi & r\sin\theta\cos\varphi\\ \cos\theta & -r\sin\theta & 0\end{bmatrix},$$

$r=\sqrt{x^2+y^2+z^2}$,　$\cos\theta=\dfrac{z}{r}$,　$\tan\varphi=\dfrac{y}{x}$,

$\dfrac{\partial r}{\partial x}=\dfrac{x}{r}$,　$\dfrac{\partial r}{\partial y}=\dfrac{y}{r}$,　$\dfrac{\partial r}{\partial z}=\dfrac{z}{r}$,

$-\sin\theta\dfrac{\partial \theta}{\partial x}=-\dfrac{z}{r^2}\dfrac{\partial r}{\partial x}$,　$\dfrac{\partial \theta}{\partial x}=\dfrac{zx}{r^3\sin\theta}$,

$$-\sin\theta\frac{\partial\theta}{\partial y}=-\frac{z}{r^2}\frac{\partial r}{\partial y},\quad \frac{\partial\theta}{\partial y}=\frac{yz}{r^3\sin\theta},$$

$$-\sin\theta\frac{\partial\theta}{\partial z}=\frac{1}{r}-\frac{z}{r^2}\frac{\partial r}{\partial z},\quad \frac{\partial\theta}{\partial z}=-\frac{\sin\theta}{r},$$

$$\sec^2\varphi\frac{\partial\varphi}{\partial x}=-\frac{y}{x^2},\quad \frac{\partial\varphi}{\partial x}=-\frac{y\cos^2\varphi}{x^2},$$

$$\sec^2\varphi\frac{\partial\varphi}{\partial y}=\frac{1}{x},\quad \frac{\partial\varphi}{\partial y}=\frac{\cos^2\varphi}{x},$$

$$\beta^1_{1'}=\frac{\partial r}{\partial x}=\sin\theta\cos\varphi,\quad \beta^1_{2'}=\frac{\partial r}{\partial y}=\sin\theta\sin\varphi,\quad \beta^1_{3'}=\cos\theta,\cdots$$

$$[\beta^i_{j'}]=\begin{bmatrix}\sin\theta\cos\varphi & \sin\theta\sin\varphi & \cos\theta\\ \cos\theta\cos\varphi/r & \cos\theta\sin\varphi/r & -\sin\theta/r\\ -\sin\varphi/(r\sin\theta) & \cos\varphi/(r\sin\theta) & 0\end{bmatrix}.$$

1.12 $x^1=\rho,x^2=\theta,x^3=z,x^{1'}=r,x^{2'}=\Theta,x^{3'}=\varphi$,

$\rho=r\sin\Theta,\theta=\varphi,z=r\cos\Theta$,

$r=\sqrt{\rho^2+z^2},\tan\Theta=\dfrac{\rho}{z},\varphi=\theta$,

$$[\beta^i_{j'}]=\begin{bmatrix}\sin\Theta & r\cos\Theta & 0\\ 0 & 0 & 0\\ \cos\Theta & -r\sin\Theta & 1\end{bmatrix},$$

$$[\beta^{i'}_j]=\begin{bmatrix}\sin\Theta & 0 & \cos\Theta\\ \cos\Theta/r & 0 & -\sin\Theta/r\\ 0 & 1 & 0\end{bmatrix}.$$

1.13 (1) $[g_{ij}]=\begin{bmatrix}6 & 4 & 1\\ 4 & 5 & 3\\ 1 & 3 & 6\end{bmatrix},[g^{ij}]=[g_{ij}]^{-1}=\dfrac{1}{7}\begin{bmatrix}3 & -3 & 1\\ -3 & 5 & -2\\ 1 & -2 & 2\end{bmatrix}$;

(2) $u_i=g_{im}u^m$,

$$\begin{bmatrix}u_1\\ u_2\\ u_3\end{bmatrix}=\begin{bmatrix}6 & 4 & 1\\ 4 & 5 & 3\\ 1 & 3 & 6\end{bmatrix}\begin{bmatrix}-1\\ -2\\ 1\end{bmatrix}=\begin{bmatrix}-1\\ -3\\ 1\end{bmatrix},$$

$\boldsymbol{F}\cdot\boldsymbol{u}=F^iu_i=-10$.

1.14 $P_{(i',j')}u_{j'}=F^{i'}=\beta^{i'}_mF^m=\beta^{i'}_mP_{(m,n)}u_n=\beta^{i'}_mP_{(m,n)}\beta^{j'}_nu_{j'}$,

$(P_{(i',j')}-P_{(m,n)}\beta^{i'}_m\beta^{j'}_n)u_{j'}=0$,

$u_{j'}$为任意矢量,必有

$$P_{(i',j')}=\beta^{i'}_m\beta^{j'}_nP_{(m,n)}.$$

注:$u_{j'}$为任意矢量.

设 $u_{1'}\neq 0$，其余 $u_{j'}=0$，则有

$$(P_{(i',1')})-P_{(m,n)}\beta^{i'}_{m}\beta^{1'}_{n})u_{1'}=0,$$

$$P_{(i',1')}-P_{(m,n)}\beta^{i'}_{m}\beta^{1'}_{n}=0.$$

同样地，$u_{2'}\neq 0$，其余 $u_{j'}=0$，则有

$$P_{(i',2')}-P_{(m,n)}\beta^{i'}_{m}\beta^{2'}_{n}=0.$$

如果 $u_{3'}\neq 0$，其余 $u_{j'}=0$，则有

$$P_{(i',3')}-P_{(m,n)}\beta^{i'}_{m}\beta^{3'}_{n}=0.$$

综合得

$$P_{(i',j')}=\beta^{i'}_{m}\beta^{j'}_{n}P_{(m,n)}.$$

1.15 $$T_{i'j'}=\frac{\partial u_{i'}}{\partial x^{j'}}-\frac{\partial u_{j'}}{\partial x^{i'}}=\frac{\partial}{\partial x^{j'}}(\beta^{m}_{i'}u_m)-\frac{\partial}{\partial x^{i'}}(\beta^{n}_{j'}u_n)$$

$$=\frac{\partial^2 x^m}{\partial x^{j'}\partial x^{i'}}u_m+\beta^{m}_{i'}\frac{\partial x^r}{\partial x^{j'}}\frac{\partial u_m}{\partial x^r}-\frac{\partial^2 x^n}{\partial x^{i'}\partial x^{j'}}u_n-\beta^{n}_{j'}\frac{\partial x^s}{\partial x^{i'}}\frac{\partial u_n}{\partial x^s}$$

$$=\beta^{m}_{i'}\beta^{r}_{j'}\frac{\partial u_m}{\partial x^r}-\beta^{s}_{i'}\beta^{n}_{j'}\frac{\partial u_n}{\partial x^s}$$

$$=\beta^{m}_{i'}\beta^{n}_{j'}\frac{\partial u_m}{\partial x^n}-\beta^{m}_{i'}\beta^{n}_{j'}\frac{\partial u_n}{\partial x^m}$$

$$=\beta^{m}_{i'}\beta^{n}_{j'}T_{mn}.$$

1.16 (1) $\boldsymbol{u}\cdot\boldsymbol{S}=u^m S_{mn}\boldsymbol{g}^n=S_{nm}u^m\boldsymbol{g}^n=S_{nm}\boldsymbol{g}^n\boldsymbol{g}^m\cdot u^i\boldsymbol{g}_i$；

(2) $\boldsymbol{u}\cdot\boldsymbol{\Omega}=u^m\Omega_{mn}\boldsymbol{g}^n=-\Omega_{nm}\boldsymbol{g}^n\boldsymbol{g}^m\cdot u^i\boldsymbol{g}_i$.

1.17 (1) $(\boldsymbol{A}\cdot\boldsymbol{B})^*=(A^{i}_{\cdot m}B^{m}_{\cdot j}\boldsymbol{g}_i\boldsymbol{g}^j)^*=A_{jm}B^{mi}\boldsymbol{g}_i\boldsymbol{g}^j=A^{*}_{mj}B^{*im}\boldsymbol{g}_i\boldsymbol{g}^j$；

(2) $\boldsymbol{A}:\boldsymbol{B}=A^{i}_{\cdot m}B_{i}^{\cdot m}=A^{*}{}_{m}^{\cdot i}B^{*}{}_{\cdot i}^{m}=\boldsymbol{A}^*:\boldsymbol{B}^*=\boldsymbol{B}^*:\boldsymbol{A}^*$.

1.18 $\boldsymbol{\varepsilon}:\boldsymbol{S}=\varepsilon^{ijk}S_{ij}\boldsymbol{g}_k=-\varepsilon^{jik}S_{ji}\boldsymbol{g}_k=-\boldsymbol{\varepsilon}:\boldsymbol{S}$.

1.19 (1) $\boldsymbol{u}\cdot\boldsymbol{\varepsilon}\cdot\boldsymbol{v}=u_m\varepsilon^{min}v_n\boldsymbol{g}_i=u_m\boldsymbol{g}^n\times\boldsymbol{g}^m v_n=\boldsymbol{v}\times\boldsymbol{u}$；

(2) $\boldsymbol{u}\cdot\boldsymbol{\varepsilon}\cdot\boldsymbol{v}+\boldsymbol{v}\cdot\boldsymbol{\varepsilon}\cdot\boldsymbol{u}=\boldsymbol{v}\times\boldsymbol{u}+\boldsymbol{u}\times\boldsymbol{v}=0$；

(3) $\boldsymbol{uv}:(\boldsymbol{\varepsilon}\cdot\boldsymbol{w})=u^m v^n\varepsilon_{mnr}w^r=u^m v^n\boldsymbol{g}_m\cdot(\boldsymbol{g}_n\times\boldsymbol{g}_r)w^r=\boldsymbol{u}\cdot(\boldsymbol{v}\times\boldsymbol{w})$.

习题 2 解析

2.1 $T^{*}{}^{i}_{\cdot j}=T_{j}^{\cdot i}=g_{jm}T^{m}_{\cdot n}g^{ni}$,

$[T^{*}{}^{i}_{\cdot j}]=[g_{jm}][T^{m}_{\cdot n}][g^{ni}]$,

$\det\boldsymbol{T}^*=\det[g_{jm}]\det\boldsymbol{T}\det[g^{ni}]$,

$\det[g_{jm}]\det[g^{ni}]=1$,

$\det\boldsymbol{T}^*=\det\boldsymbol{T}$.

2.2 $\boldsymbol{A}=u^i v^j\boldsymbol{g}_i\boldsymbol{g}_j$，$\boldsymbol{B}=v^i u^j\boldsymbol{g}_i\boldsymbol{g}_j$，$\boldsymbol{B}^*=\boldsymbol{A}^*$，

$|A^{i}_{\cdot j}-\lambda\delta^i_j|=|B^{*}{}^{i}_{\cdot j}-\lambda\delta^i_j|$,

$B^{*i}_{\cdot j}=B_j^{\cdot i}=g_{jm}B^{m}_{\cdot n}g^{ni}$，　$\delta^i_j=g_{jm}g^{mi}=g_{jm}\delta^m_n g^{ni}$，

$|A^{\cdot i}_{\cdot j}-\lambda\delta^i_j|=|g_{jm}|\cdot|B^{m}_{\cdot n}-\lambda\delta^m_n|\cdot|g^{ni}|=|B^{m}_{\cdot n}-\lambda\delta^m_n|$.

2.3 $(-1-\lambda)a_1+13a_2-9a_3=0$，

$-2a_1+(8-\lambda)a_2-3a_3=0$，

$-2a_1+4a_2+(1-\lambda)a_3=0$，

未知数是 a_1,a_2,a_3. 当系数行列式为零时有解，而且是无限多个解. 只能求出 a_1,a_2 和 a_3 的比值.

令

$$\begin{vmatrix}-1-\lambda & 13 & -9\\ -2 & 8-\lambda & -3\\ -2 & 4 & 1-\lambda\end{vmatrix}=0,$$

解得 $\lambda=1,3,4$.

当 $\lambda_1=1$ 时，

$$\begin{cases}-2a_1+13a_2-9a_3=0,\\ -2a_1+7a_2-3a_3=0,\end{cases}$$

解得 $a_1=2a_2,a_3=a_2$，不妨设 $a_2=1$，则

$$\boldsymbol{g}_1=2\boldsymbol{i}+\boldsymbol{j}+\boldsymbol{k}.$$

当 $\lambda_2=3$ 时，

$$\begin{cases}-4a_1+13a_2-9a_3=0,\\ -2a_1+5a_2-3a_3=0,\end{cases}$$

解得 $a_1=a_2,a_3=a_2$，不妨设 $a_2=1$，则

$$\boldsymbol{g}_2=\boldsymbol{i}+\boldsymbol{j}+\boldsymbol{k}.$$

当 $\lambda_3=4$ 时，

$$\begin{cases}-5a_1+13a_2-9a_3=0,\\ -2a_1+4a_2-3a_3=0,\end{cases}$$

解得 $a_1=-a_2,a_3=2a_2$，不妨设 $a_2=1$，则

$$\boldsymbol{g}_3=-\boldsymbol{i}+\boldsymbol{j}+2\boldsymbol{k}.$$

2.4 $(\boldsymbol{uv})^*=(u^i\boldsymbol{g}_i v^j\boldsymbol{g}_j)^*=u^jv^i\boldsymbol{g}_i\boldsymbol{g}_j=\boldsymbol{vu}$.

2.5 (1) $\boldsymbol{A}\cdot\boldsymbol{A}^{-1}=\boldsymbol{G},(\boldsymbol{A}^{-1})^*\cdot\boldsymbol{A}^*=\boldsymbol{G}^*=\boldsymbol{G}$,

即 $(\boldsymbol{A}^{-1})^*$ 与 $\boldsymbol{A}^*$ 互逆，$(A^{-1})^*=(\boldsymbol{A}^*)^{-1}$；

(2) $(\boldsymbol{A}\cdot\boldsymbol{B})^{-1}\cdot(\boldsymbol{A}\cdot\boldsymbol{B})=\boldsymbol{G}$,

$(\boldsymbol{A}\cdot\boldsymbol{B})^{-1}\cdot\boldsymbol{A}=\boldsymbol{G}\cdot\boldsymbol{B}^{-1}=\boldsymbol{B}^{-1}$,

$(\boldsymbol{A}\cdot\boldsymbol{B})=\boldsymbol{B}^{-1}\cdot\boldsymbol{A}^{-1}$.

2.6 $\boldsymbol{\omega}=-\dfrac{1}{2}\boldsymbol{\varepsilon}:\boldsymbol{\Omega},\boldsymbol{\Omega}=-\boldsymbol{\varepsilon}\cdot\boldsymbol{\omega}$,

$$\boldsymbol{\Omega}\cdot\boldsymbol{\omega}=\Omega_{im}\omega^m\boldsymbol{g}^i=(-\varepsilon_{imk}\omega^k)\omega^m\boldsymbol{g}^i=\boldsymbol{g}_k\times\boldsymbol{g}_m\omega^k\omega^m=\boldsymbol{\omega}\times\boldsymbol{\omega}=0.$$

2.7 $\boldsymbol{\Omega}=\boldsymbol{uv}-\boldsymbol{vu}$,

$$\begin{aligned}\boldsymbol{\omega}&=-\frac{1}{2}\boldsymbol{\varepsilon}:\boldsymbol{\Omega}=-\frac{1}{2}\varepsilon^{imn}\Omega_{mn}\boldsymbol{g}_i\\&=-\frac{1}{2}\boldsymbol{g}^m\times\boldsymbol{g}^n(u_mv_n-v_mu_n)\\&=-\frac{1}{2}(\boldsymbol{u}\times\boldsymbol{v}-\boldsymbol{v}\times\boldsymbol{u})\\&=\boldsymbol{v}\times\boldsymbol{u}.\end{aligned}$$

2.8 $\boldsymbol{T}=\frac{1}{2}(\boldsymbol{T}+\boldsymbol{T}^*)+\frac{1}{2}(\boldsymbol{T}-\boldsymbol{T}^*)=\boldsymbol{S}+\boldsymbol{\Omega}$,

$$\boldsymbol{u}\cdot\boldsymbol{S}\cdot\boldsymbol{v}=\boldsymbol{v}\cdot\boldsymbol{S}\cdot\boldsymbol{u},$$

$$\begin{aligned}\boldsymbol{u}\cdot\boldsymbol{T}\cdot\boldsymbol{v}-\boldsymbol{v}\cdot\boldsymbol{T}\cdot\boldsymbol{u}&=\boldsymbol{u}\cdot\boldsymbol{S}\cdot\boldsymbol{v}-\boldsymbol{v}\cdot\boldsymbol{S}\cdot\boldsymbol{u}+\boldsymbol{u}\cdot\boldsymbol{\Omega}\cdot\boldsymbol{v}-\boldsymbol{v}\cdot\boldsymbol{\Omega}\cdot\boldsymbol{u}\\&=\boldsymbol{u}\cdot\boldsymbol{\Omega}\cdot\boldsymbol{v}-\boldsymbol{v}\cdot\boldsymbol{\Omega}\cdot\boldsymbol{u},\end{aligned}$$

$$\begin{aligned}\boldsymbol{u}\cdot\boldsymbol{\Omega}\cdot\boldsymbol{v}&=u^m\Omega_{mn}v^n=u^mv^n(-\varepsilon_{mnk}\omega^k)=-u^mv^n\omega^k\boldsymbol{g}_m\cdot(\boldsymbol{g}_n\times\boldsymbol{g}_k)\\&=-\boldsymbol{u}\cdot(\boldsymbol{v}\times\boldsymbol{\omega})=-\boldsymbol{\omega}\cdot(\boldsymbol{u}\times\boldsymbol{v}),\end{aligned}$$

$$\boldsymbol{v}\cdot\boldsymbol{\Omega}\cdot\boldsymbol{u}=-\boldsymbol{\omega}\cdot(\boldsymbol{v}\times\boldsymbol{u}),$$

$$\boldsymbol{u}\cdot\boldsymbol{T}\cdot\boldsymbol{v}-\boldsymbol{v}\cdot\boldsymbol{T}\cdot\boldsymbol{u}=-\boldsymbol{\omega}\cdot(\boldsymbol{u}\times\boldsymbol{v})+\boldsymbol{\omega}\cdot(\boldsymbol{v}\times\boldsymbol{u})=-2\boldsymbol{\omega}\cdot(\boldsymbol{u}\times\boldsymbol{v}).$$

2.9 $\boldsymbol{u}\cdot(\boldsymbol{T}\cdot\boldsymbol{T}^*)\cdot\boldsymbol{u}=\boldsymbol{u}\cdot\boldsymbol{T}\cdot\boldsymbol{T}^*\cdot\boldsymbol{u}=(\boldsymbol{u}\cdot\boldsymbol{T})\cdot(\boldsymbol{u}\cdot\boldsymbol{T})^*$,

$\boldsymbol{u}\cdot\boldsymbol{T}$ 为矢量，$(\boldsymbol{u}\cdot\boldsymbol{T})^*=\boldsymbol{u}\cdot\boldsymbol{T}$,

$\boldsymbol{u}\cdot(\boldsymbol{T}\cdot\boldsymbol{T}^*)\cdot\boldsymbol{u}=(\boldsymbol{u}\cdot\boldsymbol{T})^2\geqslant 0$.

2.10 $\boldsymbol{Q}\cdot\boldsymbol{Q}^*=\boldsymbol{G},Q^i_{\cdot m}Q^{*m}_{\cdot\,j}=\delta^i_j$,

$Q^{*m}_{\cdot\,j}=Q_j^{\cdot m}=g_{jr}Q^r_{\cdot s}g^{sm}$,

$Q^i_{\cdot m}g_{jr}Q^r_{\cdot s}g^{sm}=\delta^i_j$,

$[Q^i_{\cdot m}][g_{jr}][Q^r_{\cdot s}][g^{sm}]=I$.

行列式：$\det Q\det(g_{jr})\det Q\det(g^{sm})=1$,

$(\det Q)^2=1,\det Q=\pm 1$.

2.11 因 $\boldsymbol{H}$ 为正张量，对于任何非零矢量恒有

$$\boldsymbol{u}\cdot\boldsymbol{H}\cdot\boldsymbol{u}>0,$$

$$\boldsymbol{u}\cdot(\boldsymbol{Q}\cdot\boldsymbol{H}\cdot\boldsymbol{Q}^*)\cdot\boldsymbol{u}=(\boldsymbol{u}\cdot\boldsymbol{Q})\cdot\boldsymbol{H}\cdot(\boldsymbol{Q}^*\cdot\boldsymbol{u})=(\boldsymbol{u}\cdot\boldsymbol{Q})\cdot\boldsymbol{H}\cdot(\boldsymbol{u}\cdot\boldsymbol{Q}).$$

$\boldsymbol{u}\cdot\boldsymbol{Q}$ 为矢量，记作 $\boldsymbol{u}\cdot\boldsymbol{Q}=\tilde{\boldsymbol{u}}$，则

$$(\boldsymbol{u}\cdot\boldsymbol{Q})\cdot\boldsymbol{H}\cdot(\boldsymbol{u}\cdot\boldsymbol{Q})=\tilde{\boldsymbol{u}}\cdot\boldsymbol{H}\cdot\tilde{\boldsymbol{u}}>0.$$

2.12

$$\boldsymbol{T}\cdot\boldsymbol{a}=\lambda\boldsymbol{a},$$

$$\boldsymbol{Q}\cdot\boldsymbol{T}\cdot\boldsymbol{a}=\lambda\boldsymbol{Q}\cdot\boldsymbol{a},$$

而

$$\boldsymbol{Q}\cdot\boldsymbol{T}\cdot\boldsymbol{a}=\boldsymbol{Q}\cdot\boldsymbol{T}\cdot\boldsymbol{G}\cdot\boldsymbol{a}=\boldsymbol{Q}\cdot\boldsymbol{T}\cdot\boldsymbol{Q}^{*}\cdot\boldsymbol{Q}\cdot\boldsymbol{a},$$

即

$$(\boldsymbol{Q}\cdot\boldsymbol{T}\cdot\boldsymbol{Q}^{*})\cdot(\boldsymbol{Q}\cdot\boldsymbol{a})=\lambda(\boldsymbol{Q}\cdot\boldsymbol{a}).$$

2.13 $\begin{cases}(6-\lambda)a_1-a_2-2a_3=0,\\-a_1+(7-\lambda)a_2+a_3=0,\\-2a_1+a_2+(6-\lambda)a_3=0,\end{cases}$

$$\begin{vmatrix}6-\lambda & -1 & -2\\ -1 & 7-\lambda & 1\\ -2 & 1 & 6-\lambda\end{vmatrix}=0,$$

解得 $\lambda=4,6,9$.

当 $\lambda_1=6$ 时，

$$\begin{cases}-a_2-2a_3=0,\\-a_1+a_2+a_3=0,\end{cases}$$

解得 $a_1=-a_3, a_2=-2a_3$，令 $a_3=-1$，

$$\boldsymbol{g}_1=(1,2,-1),$$

$$\tilde{\boldsymbol{e}}_1=\frac{1}{\sqrt{6}}(1,2,-1)=\frac{1}{\sqrt{6}}(\boldsymbol{e}_1+2\boldsymbol{e}_2-\boldsymbol{e}_3).$$

当 $\lambda_2=4$ 时，

$$\begin{cases}2a_1-a_2-2a_3=0,\\-a_1+3a_2+a_3=0,\end{cases}$$

解得 $a_1=a_3, a_2=0$，令 $a_3=1$，

$$\boldsymbol{g}_2=(1,0,1),$$

$$\tilde{\boldsymbol{e}}_2=\frac{1}{\sqrt{2}}(1,0,1)=\frac{1}{\sqrt{2}}(\boldsymbol{e}_1+\boldsymbol{e}_3).$$

当 $\lambda_3=9$ 时，

$$\begin{cases}-3a_1-a_2-2a_3=0,\\-a_1-2a_2+a_3=0,\end{cases}$$

解得 $a_1=-a_2, a_3=a_2$，令 $a_2=1$，

$$\boldsymbol{g}_3=(-1,1,1),$$

$$\tilde{\boldsymbol{e}}_3=\frac{1}{\sqrt{3}}(-1,1,1)=\frac{1}{\sqrt{3}}(-\boldsymbol{e}_1+\boldsymbol{e}_2+\boldsymbol{e}_3).$$

$\boldsymbol{e}_1,\boldsymbol{e}_2,\boldsymbol{e}_3$ 为直角坐标单位矢量. $\tilde{\boldsymbol{e}}_1,\tilde{\boldsymbol{e}}_2,\tilde{\boldsymbol{e}}_3$ 是主方向，

$$\boldsymbol{N}=6\tilde{\boldsymbol{e}}_1\tilde{\boldsymbol{e}}_1+4\tilde{\boldsymbol{e}}_2\tilde{\boldsymbol{e}}_2+9\tilde{\boldsymbol{e}}_3\tilde{\boldsymbol{e}}_3,$$

$$\boldsymbol{M}=\sqrt{\boldsymbol{N}}=\sqrt{6}\ \tilde{\boldsymbol{e}}_1\tilde{\boldsymbol{e}}_1+2\tilde{\boldsymbol{e}}_2\tilde{\boldsymbol{e}}_2+3\tilde{\boldsymbol{e}}_3\tilde{\boldsymbol{e}}_3.$$

将 $\tilde{e}_1, \tilde{e}_2, \tilde{e}_3$ 代入，得到 $\boldsymbol{M}$. 将 M_{ij} 表示为矩阵，则有

$$[M_{ij}]=\frac{\sqrt{6}}{6}\begin{bmatrix}1 & 2 & -1\\ 2 & 4 & -2\\ -1 & -2 & 1\end{bmatrix}+\begin{bmatrix}1 & 0 & 1\\ 0 & 0 & 0\\ 1 & 0 & 1\end{bmatrix}+\begin{bmatrix}1 & -1 & -1\\ -1 & 1 & 1\\ -1 & 1 & 1\end{bmatrix}$$

$$=\begin{bmatrix}2+\sqrt{6}/6, & -1+\sqrt{6}/3, & -\sqrt{6}/6\\ -1+\sqrt{6}/3, & 1+2\sqrt{6}/3, & 1-\sqrt{6}/3\\ -\sqrt{6}/6, & 1-\sqrt{6}/3, & 2+\sqrt{6}/6\end{bmatrix}.$$

2.14 $\boldsymbol{T}=\boldsymbol{H}_1\cdot\boldsymbol{Q}=\boldsymbol{Q}\cdot\boldsymbol{H}$,

$$[T_{ij}]=\begin{bmatrix}-1/2 & -\sqrt{3}/2 & 0\\ \sqrt{3} & -1 & 0\\ 0 & 0 & 3\end{bmatrix},$$

$H_1^2=T\cdot T^*=A$,

$$[A_{ij}]=\begin{bmatrix}-1/2 & -\sqrt{3}/2 & 0\\ \sqrt{3} & -1 & 0\\ 0 & 0 & 3\end{bmatrix}\begin{bmatrix}-1/2 & \sqrt{3} & 0\\ -\sqrt{3}/2 & -1 & 0\\ 0 & 0 & 3\end{bmatrix}=\begin{bmatrix}1 & 0 & 0\\ 0 & 4 & 0\\ 0 & 0 & 9\end{bmatrix},$$

$\boldsymbol{A}=\boldsymbol{e}_1\boldsymbol{e}_1+4\boldsymbol{e}_2\boldsymbol{e}_2+9\boldsymbol{e}_3\boldsymbol{e}_3$,

$\boldsymbol{H}_1=\boldsymbol{e}_1\boldsymbol{e}_1+2\boldsymbol{e}_2\boldsymbol{e}_2+3\boldsymbol{e}_3\boldsymbol{e}_3$,

$\boldsymbol{Q}=\boldsymbol{H}_1^{-1}\cdot\boldsymbol{T}$.

$$[H_{1ij}]=\begin{bmatrix}1 & 0 & 0\\ 0 & 2 & 0\\ 0 & 0 & 3\end{bmatrix},\quad [H_{1ij}^{-1}]=\begin{bmatrix}1 & 0 & 0\\ 0 & 1/2 & 0\\ 0 & 0 & 1/3\end{bmatrix},$$

$$[Q_{ij}]=\begin{bmatrix}1 & 0 & 0\\ 0 & 1/2 & 0\\ 0 & 0 & 1/3\end{bmatrix}\begin{bmatrix}-1/2 & -\sqrt{3}/2 & 0\\ \sqrt{3} & -1 & 0\\ 0 & 0 & 3\end{bmatrix}=\begin{bmatrix}-1/2 & -\sqrt{3}/2 & 0\\ \sqrt{3}/2 & -1/2 & 0\\ 0 & 0 & 1\end{bmatrix},$$

$$[H_{ij}]=\begin{bmatrix}7/4 & -\sqrt{3}/4 & 0\\ -\sqrt{3}/4 & 5/4 & 0\\ 0 & 0 & 3\end{bmatrix}.$$

习题 3 解析

3.1 $\dfrac{\partial g^{ij}}{\partial x^k}=\dfrac{\partial \boldsymbol{g}^i}{\partial x^k}\cdot\boldsymbol{g}^j+\boldsymbol{g}^i\cdot\dfrac{\partial \boldsymbol{g}^j}{\partial x^k}=-\Gamma^{\,i}_{rk}\boldsymbol{g}^r\cdot\boldsymbol{g}^j-\boldsymbol{g}^i\cdot\Gamma^{\,j}_{rk}\boldsymbol{g}^r=-(g^{jr}\Gamma^{\,i}_{rk}+g^{ir}\Gamma^{\,j}_{rk})$.

3.2 $\Omega_{ij;k}=\Omega_{ij,k}-\Omega_{mj}\Gamma^{\,m}_{ik}-\Omega_{im}\Gamma^{\,m}_{jk}$,

$\Omega_{jk;i}=\Omega_{jk,i}-\Omega_{mk}\Gamma^{\,m}_{ji}-\Omega_{jm}\Gamma^{\,m}_{ki}$,

$\Omega_{ki;j}=\Omega_{ki,j}-\Omega_{mi}\Gamma_{kj}^{m}-\Omega_{km}\Gamma_{ij}^{m}.$

由于 $\Omega_{ij}=-\Omega_{ji}$，$\Gamma_{ij}^{m}=\Gamma_{ji}^{m}$，因此，

$\Omega_{ij;k}+\Omega_{jk;i}+\Omega_{ki;j}=\Omega_{ij,k}+\Omega_{jk,i}+\Omega_{ki,j}.$

3.3 （1）
$$\begin{aligned}\boldsymbol{a}\times(\nabla\times\boldsymbol{v})&=\boldsymbol{a}\times(\boldsymbol{g}^{j}\times v_{k;j}\boldsymbol{g}^{k})=a^{i}\boldsymbol{g}_{i}\times\varepsilon^{jkr}v_{k;j}\boldsymbol{g}_{r}\\&=\varepsilon_{irs}\varepsilon^{jkr}a^{i}v_{k;j}\boldsymbol{g}^{s}=\delta_{rsi}^{rjk}a^{i}v_{k;j}\boldsymbol{g}^{s}\\&=a^{i}(v_{i;s}-v_{s;i})\boldsymbol{g}^{s}=a^{m}\boldsymbol{g}_{m}\cdot(v_{i;s}\boldsymbol{g}^{i}\boldsymbol{g}^{s}-\boldsymbol{g}^{i}v_{s;i}\boldsymbol{g}^{s})\\&=\boldsymbol{a}\cdot\left(\frac{\partial\boldsymbol{v}}{\partial x^{s}}\boldsymbol{g}^{s}-\boldsymbol{g}^{i}\frac{\partial\boldsymbol{v}}{\partial x^{i}}\right)=\boldsymbol{a}\cdot(\boldsymbol{v}\nabla-\nabla\boldsymbol{v});\end{aligned}$$

（2）$\nabla\cdot(\boldsymbol{T}\cdot\boldsymbol{u})=\boldsymbol{g}^{i}\cdot(T^{j}{}_{\cdot m}u^{m})_{;i}\boldsymbol{g}_{j}=\boldsymbol{g}^{i}\cdot(T^{j}{}_{\cdot m;i}u^{m}+T^{j}{}_{\cdot m}u^{m}{}_{;i})\boldsymbol{g}_{j}$，

两项分别算得

$$\boldsymbol{g}^{i}\cdot T^{j}{}_{\cdot m;i}u^{m}\boldsymbol{g}_{j}=\boldsymbol{g}^{i}\cdot T^{j}{}_{\cdot k;i}\boldsymbol{g}_{j}\boldsymbol{g}^{k}\cdot u^{m}\boldsymbol{g}_{m}=\boldsymbol{g}^{i}\cdot\frac{\partial\boldsymbol{T}}{\partial x^{i}}\cdot\boldsymbol{u}=(\nabla\cdot\boldsymbol{T})\cdot\boldsymbol{u},$$

$$\boldsymbol{g}^{i}\cdot T^{j}{}_{\cdot m}u^{m}{}_{;i}\boldsymbol{g}_{j}=T^{i}{}_{\cdot m}u^{m}{}_{;i}=T^{i}{}_{\cdot m}\boldsymbol{g}_{i}\boldsymbol{g}^{m}:\boldsymbol{g}^{s}\boldsymbol{g}_{r}u^{r}{}_{;s}=\boldsymbol{T}:\boldsymbol{g}^{s}\frac{\partial\boldsymbol{u}}{\partial x^{s}}=\boldsymbol{T}:\nabla\boldsymbol{u}.$$

原式得证.

（3）$\nabla\times(\boldsymbol{T}\cdot\boldsymbol{u})=\boldsymbol{g}^{i}\times(T^{j}{}_{\cdot m}u^{m})_{;i}\boldsymbol{g}_{j}=\boldsymbol{g}^{i}\times(T^{j}{}_{\cdot m;i}u^{m}+T^{j}{}_{\cdot m}u^{m}{}_{;i})\boldsymbol{g}_{j}$，

两项分别算得

$$\boldsymbol{g}^{i}\times T^{j}{}_{\cdot m;i}u^{m}\boldsymbol{g}_{j}=\boldsymbol{g}^{i}\times T^{j}{}_{\cdot k;i}\boldsymbol{g}_{j}\boldsymbol{g}^{k}\cdot u^{m}\boldsymbol{g}_{m}=\boldsymbol{g}^{i}\times\frac{\partial\boldsymbol{T}}{\partial x^{i}}\cdot\boldsymbol{u}=(\nabla\times\boldsymbol{T})\cdot\boldsymbol{u},$$

$$\boldsymbol{g}^{i}\times T^{j}{}_{\cdot m}u^{m}{}_{;i}\boldsymbol{g}_{j}=\boldsymbol{g}^{i}\times u^{m}{}_{;i}\boldsymbol{g}_{m}\cdot T^{j}{}_{\cdot k}\boldsymbol{g}^{k}\boldsymbol{g}_{j}=\boldsymbol{g}^{i}\times\frac{\partial\boldsymbol{u}}{\partial x^{i}}\cdot\boldsymbol{T}^{*}=(\nabla\times\boldsymbol{u})\cdot\boldsymbol{T}^{*}.$$

原式得证.

（4）$\nabla\cdot(\boldsymbol{u}\boldsymbol{v})=\boldsymbol{g}^{i}\cdot(u^{j}v^{k})_{;i}\boldsymbol{g}_{j}\boldsymbol{g}_{k}=\boldsymbol{g}^{i}\cdot(u^{j}{}_{;i}v^{k}+u^{j}v^{k}{}_{;i})\boldsymbol{g}_{j}\boldsymbol{g}_{k}$，

两项分别算得

$$\boldsymbol{g}^{i}\cdot u^{j}{}_{;i}v^{k}\boldsymbol{g}_{j}\boldsymbol{g}_{k}=\boldsymbol{g}^{i}\cdot u^{j}{}_{;i}\boldsymbol{g}_{j}v^{k}\boldsymbol{g}_{k}=\boldsymbol{g}^{i}\cdot\frac{\partial\boldsymbol{u}}{\partial x^{i}}\boldsymbol{v}=(\nabla\cdot\boldsymbol{u})\boldsymbol{v},$$

$$\boldsymbol{g}^{i}\cdot u^{j}v^{k}{}_{;i}\boldsymbol{g}_{j}\boldsymbol{g}_{k}=u^{i}v^{k}{}_{;i}\boldsymbol{g}_{k}=u^{m}\boldsymbol{g}_{m}\cdot\boldsymbol{g}^{i}v^{k}{}_{;i}\boldsymbol{g}_{k}=\boldsymbol{u}\cdot\boldsymbol{g}^{i}\frac{\partial\boldsymbol{v}}{\partial x^{i}}=\boldsymbol{u}\cdot(\nabla\boldsymbol{v}).$$

原式得证.

3.4 由于 $T_{ij}=-T_{ji}$，故 T_{ij} 为反对称张量. 利用题 3.2 的结果，有

$$\begin{aligned}&T_{ij;k}+T_{jk;i}+T_{ki;j}=T_{ij,k}+T_{jk,i}+T_{ki,j},\\&T_{ij,k}=u_{i,jk}-u_{j,ik},\\&T_{jk,i}=u_{j,ki}-u_{k,ji},\\&T_{ki,j}=u_{k,ij}-u_{i,kj}.\end{aligned}$$

二阶混合导数与求导的先后次序无关，因此原式得证.

3.5 $\boldsymbol{S}\cdot\nabla=\dfrac{\partial\boldsymbol{S}}{\partial x^{m}}\cdot\boldsymbol{g}^{m}=S^{ij}{}_{;m}\boldsymbol{g}_{i}\boldsymbol{g}_{j}\cdot\boldsymbol{g}^{m}=S^{ij}{}_{;j}\boldsymbol{g}_{i}$，

$\nabla \cdot \boldsymbol{S} = S^{ij}{}_{;i}\boldsymbol{g}_j = S^{ji}{}_{;j}\boldsymbol{g}_i$，

题设 $\boldsymbol{S}\cdot\nabla=\nabla\cdot\boldsymbol{S}$，有

$(S^{ij}-S^{ji})_{;i}=0$，　$S^{ij}=S^{ji}$.

3.6 (1) $x^1=\xi, x^2=\eta, x^3=\varphi$,

$$x=\xi\eta\cos\varphi,\ y=\xi\eta\sin\varphi,\ z=\frac{1}{2}(\xi^2-\eta^2),$$

$$\boldsymbol{g}_1=\frac{\partial \boldsymbol{r}}{\partial x^1}=\frac{\partial}{\partial \xi}(x\boldsymbol{i}+y\boldsymbol{j}+z\boldsymbol{k})=\eta(\cos\varphi\,\boldsymbol{i}+\sin\varphi\boldsymbol{j})+\xi\boldsymbol{k},$$

$$\boldsymbol{g}_2=\frac{\partial \boldsymbol{r}}{\partial x^2}=\frac{\partial}{\partial \eta}(x\boldsymbol{i}+y\boldsymbol{j}+z\boldsymbol{k})=\xi(\cos\varphi\,\boldsymbol{i}+\sin\varphi\boldsymbol{j})-\eta\boldsymbol{k},$$

$$\boldsymbol{g}_3=\frac{\partial \boldsymbol{r}}{\partial x^3}=\frac{\partial}{\partial \varphi}(x\boldsymbol{i}+y\boldsymbol{j}+z\boldsymbol{k})=\xi\eta(-\sin\varphi\,\boldsymbol{i}+\cos\varphi\boldsymbol{j}).$$

$g_{12}=g_{23}=g_{31}=0$，属正交曲线坐标系.

$A_1=A_2=\sqrt{\xi^2+\eta^2}, A_3=\xi\eta.$

$$\Gamma^1_{11}=\Gamma^2_{12}=\Gamma^2_{21}=-\Gamma^1_{22}=\frac{\xi}{\xi^2+\eta^2},$$

$$\Gamma^2_{22}=\Gamma^1_{21}=\Gamma^1_{12}=-\Gamma^2_{11}=-\frac{\eta}{\xi^2+\eta^2},$$

$$\Gamma^3_{31}=\Gamma^3_{13}=\frac{1}{\xi},\quad \Gamma^3_{23}=\Gamma^3_{32}=\frac{1}{\eta},$$

$$\Gamma^1_{33}=-\frac{\xi\eta^2}{\xi^2+\eta^2},\quad \Gamma^2_{33}=-\frac{\xi^2\eta}{\xi^2+\eta^2}.$$

(2)
$$\varepsilon_{\xi\xi}=\frac{1}{\sqrt{\xi^2+\eta^2}}\left(\frac{\partial u_\xi}{\partial \xi}+\frac{\eta}{\xi^2+\eta^2}u_\eta\right),$$

$$\varepsilon_{\eta\eta}=\frac{1}{\sqrt{\xi^2+\eta^2}}\left(\frac{\partial u_\eta}{\partial \eta}+\frac{\xi}{\xi^2+\eta^2}u_\xi\right),$$

$$\varepsilon_{\varphi\varphi}=\frac{1}{\xi\eta}\frac{\partial u_\varphi}{\partial \varphi}+\frac{1}{\sqrt{\xi^2+\eta^2}}\left(\frac{u_\xi}{\xi}+\frac{u_\eta}{\eta}\right),$$

$$\varepsilon_{\xi\eta}=\frac{1}{2\sqrt{\xi^2+\eta^2}}\left(\frac{\partial u_\eta}{\partial \xi}+\frac{\partial u_\xi}{\partial \eta}-\frac{\eta u_\xi+\xi u_\eta}{\xi^2+\eta^2}\right),$$

$$\varepsilon_{\eta\varphi}=\frac{1}{2}\left(\frac{1}{\sqrt{\xi^2+\eta^2}}\frac{\partial u_\varphi}{\partial \eta}+\frac{1}{\xi\eta}\frac{\partial u_\eta}{\partial \varphi}-\frac{u_\varphi}{\eta\sqrt{\xi^2+\eta^2}}\right),$$

$$\varepsilon_{\varphi\xi}=\frac{1}{2}\left(\frac{1}{\xi\eta}\frac{\partial u_\xi}{\partial \varphi}+\frac{1}{\sqrt{\xi^2+\eta^2}}\frac{\partial u_\varphi}{\partial \xi}-\frac{u_\varphi}{\xi\sqrt{\xi^2+\eta^2}}\right).$$

3.7 $x^1=\xi$，　$x^2=\eta$，

$$x=\frac{1}{2}(\xi^2-\eta^2),\quad y=\xi\eta.$$

根据定义求基矢，

$$\boldsymbol{g}_1=\frac{\partial \boldsymbol{r}}{\partial x^1}=\frac{\partial}{\partial \xi}(x\boldsymbol{i}+y\boldsymbol{j})=\xi\boldsymbol{i}+\eta\boldsymbol{j},$$

$$\boldsymbol{g}_2=\frac{\partial \boldsymbol{r}}{\partial x^2}=\frac{\partial}{\partial \eta}(x\boldsymbol{i}+y\boldsymbol{j})=-\eta\boldsymbol{i}+\xi\boldsymbol{j}.$$

下面计算克里斯托弗符号

$$A_1=A_2=A=\sqrt{\xi^2+\eta^2},$$

$$\frac{\partial A}{\partial x^1}=\frac{\partial A}{\partial \xi}=\frac{\xi}{\sqrt{\xi^2+\eta^2}},\quad \frac{\partial A}{\partial x^2}=\frac{\partial A}{\partial \eta}=\frac{\eta}{\sqrt{\xi^2+\eta^2}}.$$

$$\Gamma_{11}^{1}=\Gamma_{21}^{2}=\Gamma_{12}^{2}=-\Gamma_{22}^{1}=\frac{1}{A}\frac{\partial A}{\partial x^1}=\frac{\xi}{\xi^2+\eta^2},$$

$$\Gamma_{22}^{2}=\Gamma_{12}^{1}=\Gamma_{21}^{1}=-\Gamma_{11}^{2}=\frac{1}{A}\frac{\partial A}{\partial x^2}=\frac{\eta}{\xi^2+\eta^2},$$

应力平衡的张量方程为

$$P^{ij}{}_{,j}+P^{mj}\Gamma_{mj}^{i}+P^{im}\Gamma_{mj}^{j}=0,$$

当 $i=1$ 时，

$$P^{1j}{}_{,j}+(P^{12}\Gamma_{12}^{1}+P^{21}\Gamma_{21}^{1}+P^{22}\Gamma_{22}^{1}+P^{11}\Gamma_{11}^{1})$$
$$+(P^{11}\Gamma_{12}^{2}+P^{12}\Gamma_{21}^{1}+P^{12}\Gamma_{22}^{2}+P^{11}\Gamma_{11}^{1})=0,$$

即 $P^{1j}{}_{,j}+3P^{11}\Gamma_{11}^{1}+4P^{12}\Gamma_{12}^{1}+P^{22}\Gamma_{22}^{1}=0.$

$$\frac{\partial}{\partial x^1}\left(\frac{P_{(11)}}{A^2}\right)+\frac{\partial}{\partial x^2}\left(\frac{P_{(12)}}{A^2}\right)+3\frac{P_{(11)}}{A^2}\frac{1}{A}\frac{\partial A}{\partial x^1}+4\frac{P_{(12)}}{A^2}\frac{1}{A}\frac{\partial A}{\partial x^2}+\frac{P_{(22)}}{A^2}\left(-\frac{1}{A}\frac{\partial A}{\partial x^1}\right)=0,$$

将第1,2项展开,化简得

$$\frac{1}{A^2}\left[\frac{\partial P_{(11)}}{\partial x^1}+\frac{\partial P_{(12)}}{\partial x^2}\right]+\frac{P_{(11)}}{A^3}\frac{\partial A}{\partial x^1}+2\frac{P_{(12)}}{A^3}\frac{\partial A}{\partial x^2}-\frac{P_{(22)}}{A^3}\frac{\partial A}{\partial x^1}=0,$$

令 $P_{(11)}=P_{\xi\xi}, P_{(12)}=P_{\xi\eta}, P_{(22)}=P_{\eta\eta}$,则有

$$(\xi^2+\eta^2)\left(\frac{\partial P_{\xi\xi}}{\partial \xi}+\frac{\partial P_{\xi\eta}}{\partial \eta}\right)+\xi(P_{\xi\xi}-P\,\eta\eta)+2\eta P_{\xi\eta}=0,$$

同理得

$$(\xi^2+\eta^2)\left(\frac{\partial P_{\eta\xi}}{\partial \xi}+\frac{\partial P_{\eta\eta}}{\partial \eta}\right)+\eta(P_{\eta\eta}-P_{\xi\xi})+2\xi P_{\eta\xi}=0.$$

3.8 $\nabla(\boldsymbol{P}\cdot\boldsymbol{u})=\boldsymbol{g}^i\cdot(P^{j}{}_{m}u^m)_{;i}\boldsymbol{g}_j=\boldsymbol{g}^i\cdot(P^{j}{}_{m;i}u^m+P^{j}{}_{m}u^m{}_{;i})\boldsymbol{g}_j.$

分别计算两项：

$$\boldsymbol{g}^i\cdot P^{j}{}_{m;i}u^m\boldsymbol{g}_j=\boldsymbol{g}^i\cdot P^{j}{}_{k;i}\boldsymbol{g}_j\boldsymbol{g}^k\cdot u^m\boldsymbol{g}_m=\boldsymbol{g}^i\cdot\frac{\partial \boldsymbol{P}}{\partial x^i}\cdot\boldsymbol{u}=(\nabla\cdot\boldsymbol{P})\cdot\boldsymbol{u},$$

$\boldsymbol{g}^i\cdot P^{j}{}_{m}u^m{}_{;i}\boldsymbol{g}_j=P^{i}{}_{m}u^m{}_{;i}=P^{im}u_{m;i}$. 将 $u_{m;i}$ 分解为对称张量和反对称张量：

$$u_{m;i}=\frac{1}{2}(u_{m;i}+u_{i;m})+\frac{1}{2}(u_{m;i}-u_{i;m})=\varepsilon_{im}+\Omega_{im},$$

式中，ε_{im} 是应变张量，$\boldsymbol{E}=\varepsilon_{ij}\boldsymbol{g}^i\boldsymbol{g}^j$，$\Omega_{im}$ 是反对称张量. 注意到应力张量 P^{ij} 是对称张量，$P^{ij}=P^{ji}$，于是有

$$P^{im}\Omega_{im}=-P^{mi}\Omega_{mi}=-P^{im}\Omega_{im},\quad 即\quad P^{im}\Omega_{im}=0,$$

$$P^{im}u_{m;i}=P^{im}\varepsilon_{im}=\boldsymbol{P}:\boldsymbol{E},$$

$$\nabla\cdot(\boldsymbol{P}\cdot\boldsymbol{u})=(\nabla\cdot\boldsymbol{P})\cdot\boldsymbol{u}+\boldsymbol{P}:\boldsymbol{E}.$$

3.9 (1) $\boldsymbol{g}_1=\dfrac{\partial}{\partial\xi}(x\boldsymbol{i}+y\boldsymbol{j})=-\dfrac{1}{(\xi^2+\eta^2)^2}[(-\xi^2+\eta^2)\boldsymbol{i}+2\xi\eta\boldsymbol{j}]$,

$$\boldsymbol{g}_2=\frac{\partial}{\partial\eta}(x\boldsymbol{i}+y\boldsymbol{j})=-\frac{1}{(\xi^2+\eta^2)^2}[2\xi\eta\boldsymbol{i}+(\xi^2-\eta^2)\boldsymbol{j}].$$

$$A_1=A_2=A=\frac{1}{\xi^2+\eta^2},$$

$$\Gamma_{21}^2=\Gamma_{12}^2=\Gamma_{11}^1=-\Gamma_{22}^1=-\frac{2\xi}{\xi^2+\eta^2},$$

$$\Gamma_{12}^1=\Gamma_{21}^1=\Gamma_{22}^2=-\Gamma_{11}^2=-\frac{2\eta}{\xi^2+\eta^2}.$$

(2) $\nabla\varphi=\boldsymbol{g}^i\dfrac{\partial\varphi}{\partial x^i}=\dfrac{\partial\varphi}{A_1\partial x^1}\boldsymbol{e}_1+\dfrac{\partial\varphi}{A_2\partial x^2}\boldsymbol{e}_2=(\xi^2+\eta^2)\left(\dfrac{\partial\varphi}{\partial\xi}\boldsymbol{e}_1+\dfrac{\partial\varphi}{\partial\eta}\boldsymbol{e}_2\right)$,

$$\nabla^2\varphi=\frac{1}{A_1A_2}\frac{\partial}{\partial x^m}\left(\frac{A_1A_2}{A_m^2}\frac{\partial\varphi}{\partial x^m}\right)=(\xi^2+\eta^2)^2\left(\frac{\partial^2\varphi}{\partial\xi^2}+\frac{\partial^2\varphi}{\partial\eta^2}\right),$$

$$\nabla\cdot\boldsymbol{u}=\frac{1}{A_1A_2}\frac{\partial}{\partial x^m}(Au_{(m)})=(\xi^2+\eta^2)\left(\frac{\partial u_\xi}{\partial\xi}+\frac{\partial u_\eta}{\partial\eta}\right)-2(\xi u_\xi+\eta u_\eta).$$

习题 4 解析

4.1 $\dfrac{\mathrm{d}\hat{g}_{ij}}{\mathrm{d}t}=\dfrac{\mathrm{d}\hat{\boldsymbol{g}}_i}{\mathrm{d}t}\cdot\hat{\boldsymbol{g}}_j+\hat{\boldsymbol{g}}_i\cdot\dfrac{\mathrm{d}\hat{\boldsymbol{g}}_j}{\mathrm{d}t}=\dfrac{\partial\boldsymbol{v}}{\partial\xi^i}\cdot\hat{\boldsymbol{g}}_j+\hat{\boldsymbol{g}}_i\cdot\dfrac{\partial\boldsymbol{v}}{\partial\xi^j}$

$$=\hat{v}_{k;i}\hat{\boldsymbol{g}}^k\cdot\hat{\boldsymbol{g}}_j+\hat{\boldsymbol{g}}_i\cdot\hat{v}_{k;j}\hat{\boldsymbol{g}}^k=\hat{v}_{j;i}+\hat{v}_{i;j},$$

$$\frac{\mathrm{d}g_{ij}}{\mathrm{d}t}=\frac{\mathrm{d}\boldsymbol{g}_i}{\mathrm{d}t}\cdot\boldsymbol{g}_j+\boldsymbol{g}_i\cdot\frac{\mathrm{d}\boldsymbol{g}_j}{\mathrm{d}t}=v^m\frac{\partial\boldsymbol{g}_i}{\partial x^m}\cdot\boldsymbol{g}_j+\boldsymbol{g}_i\cdot v^m\frac{\partial\boldsymbol{g}_j}{\partial x^m}=v^m(\Gamma_{im,j}+\Gamma_{jm,i}).$$

4.2 (1) $\boldsymbol{g}_1=\dfrac{\partial}{\partial\xi}(x\boldsymbol{i}+y\boldsymbol{j})=\mathrm{sh}\xi\cos\eta\boldsymbol{i}+\mathrm{ch}\xi\sin\eta\boldsymbol{j}$,

$$\boldsymbol{g}_2=\frac{\partial}{\partial\eta}(x\boldsymbol{i}+y\boldsymbol{j})=-\mathrm{ch}\xi\sin\eta\boldsymbol{i}+\mathrm{sh}\xi\cos\eta\boldsymbol{j},$$

$$g_{11}=g_{22}=\mathrm{sh}^2\xi+\sin^2\eta,\quad g_{12}=g_{21}=0,$$

$$A_1=A_2=A=\sqrt{\mathrm{sh}^2\xi+\sin^2\eta};$$

(2) $\Gamma_{21}^2=\Gamma_{12}^2=\Gamma_{11}^1=-\Gamma_{22}^1=\dfrac{1}{A}\dfrac{\partial A}{\partial x^1}=\dfrac{\mathrm{sh}\xi\mathrm{ch}\xi}{\mathrm{sh}^2\xi+\sin^2\eta}$,

$$\Gamma_{12}^1=\Gamma_{21}^1=\Gamma_{22}^2=-\Gamma_{11}^2=\frac{1}{A}\frac{\partial A}{\partial x^2}=\frac{\sin\eta\cos\eta}{\mathrm{sh}^2\xi+\sin^2\eta};$$

(3) $a^1=\frac{\partial v^1}{\partial t}+v^1\frac{\partial v^1}{\partial x^1}+v^2\frac{\partial v^1}{\partial x^2}+v^1v^1\Gamma^1_{11}+2v^1v^2\Gamma^1_{12}+v^2v^2\Gamma^1_{22}$,

$$a^2=\frac{\partial v^2}{\partial t}+v^1\frac{\partial v^2}{\partial x^1}+v^2\frac{\partial v^2}{\partial x^2}+v^1v^1\Gamma^2_{11}+2v^1v^2\Gamma^2_{12}+v^2v^2\Gamma^2_{22},$$

$$a_\xi=\frac{\partial v_\xi}{\partial t}+v_\xi\frac{\partial v_\xi}{A\partial\xi}+v_\eta\frac{\partial v_\xi}{A\partial\eta}+\frac{1}{A^3}(v_\xi v_\eta\sin\eta\cos\eta-v_\eta^2\mathrm{sh}\xi\mathrm{ch}\xi),$$

$$a_\eta=\frac{\partial v_\eta}{\partial t}+v_\xi\frac{\partial v_\eta}{A\partial\xi}+v_\eta\frac{\partial v_\eta}{A\partial\eta}+\frac{1}{A^3}(-v_\xi^2\sin\eta\cos\eta+v_\xi v_\eta\mathrm{sh}\xi\mathrm{ch}\xi).$$

4.3 圆柱坐标，$x^1=r,x^2=\theta,x^3=z$，

$A_1=A_3=1,\quad A_2=r$，

$\Gamma^1_{22}=-r,\quad \Gamma^2_{21}=\Gamma^2_{12}=\frac{1}{r}$，

$$a^1=\frac{\partial v^1}{\partial t}+v^1\frac{\partial v^1}{\partial x^1}+v^2\frac{\partial v^1}{\partial x^2}+v^3\frac{\partial v^1}{\partial x^3}+v^2v^2\Gamma^1_{22},$$

$$a^2=\frac{\partial v^2}{\partial t}+v^1\frac{\partial v^2}{\partial x^1}+v^2\frac{\partial v^2}{\partial x^2}+v^3\frac{\partial v^2}{\partial x^3}+2v^1v^2\Gamma^2_{12},$$

$$a^3=\frac{\partial v^3}{\partial t}+v^1\frac{\partial v^3}{\partial x^1}+v^2\frac{\partial v^3}{\partial x^2}+v^3\frac{\partial v^3}{\partial x^3},$$

$$a_r=\frac{\partial v_r}{\partial t}+v_r\frac{\partial v_r}{\partial r}+v_\theta\frac{\partial v_r}{r\partial\theta}+v_z\frac{\partial v_r}{\partial z}-\frac{v_\theta^2}{r},$$

$$a_\theta=\frac{\partial v_\theta}{\partial t}+v_r\frac{\partial v_\theta}{\partial r}+v_\theta\frac{\partial v_\theta}{r\partial\theta}+v_z\frac{\partial v_\theta}{\partial z}+\frac{v_rv_\theta}{r},$$

$$a_z=\frac{\partial v_z}{\partial t}+v_r\frac{\partial v_z}{\partial r}+v_\theta\frac{\partial v_z}{r\partial\theta}+v_z\frac{\partial v_z}{\partial z}.$$

4.4 球坐标 $x^1=r,x^2=\theta,x^3=\varphi,A_1=1,A_2=r,A_3=r\sin\theta$.

$\Gamma^1_{22}=-r,\quad \Gamma^1_{33}=-r\sin\theta,\quad \Gamma^2_{33}=-\sin\theta\cos\theta$，

$\Gamma^2_{21}=\Gamma^2_{12}=\frac{1}{r},\quad \Gamma^3_{31}=\Gamma^3_{13}=\frac{1}{r},\quad \Gamma^3_{32}=\Gamma^3_{23}=\cot\theta.$

$$a^i=\frac{\partial v^i}{\partial t}+v^m v^i{}_{,m}+v^r v^m\Gamma^i_{rm},$$

$$a^1=\frac{\partial v^1}{\partial t}+v^m v^1{}_{,m}+v^2v^2\Gamma^1_{22}+v^3v^3\Gamma^1_{33},$$

$$a^2=\frac{\partial v^2}{\partial t}+v^m v^2{}_{,m}+2v^1v^2\Gamma^2_{12}+v^3v^3\Gamma^2_{33},$$

$$a^3=\frac{\partial v^3}{\partial t}+v^m v^3{}_{,m}+2v^1v^3\Gamma^3_{31}+2v^2v^3\Gamma^3_{23},$$

$$a_r=\frac{\partial v_r}{\partial t}+v_r\frac{\partial v_r}{\partial r}+v_\theta\frac{\partial v_r}{r\partial\theta}+\frac{v_\varphi}{r\sin\theta}\frac{\partial v_r}{\partial\varphi}-\frac{v_\theta^2+v_\varphi^2}{r},$$

$$a_\theta=\frac{\partial v_\theta}{\partial t}+v_r\frac{\partial v_\theta}{\partial r}+v_\theta\frac{\partial v_\theta}{r\partial\theta}+\frac{v_\varphi}{r\sin\theta}\frac{\partial v_\theta}{\partial\varphi}-\frac{v_\varphi^2}{r}\cot\theta+\frac{v_rv_\theta}{r},$$

$$a_\varphi=\frac{\partial v_\varphi}{\partial t}+v_r\frac{\partial v_\varphi}{\partial r}+v_\theta\frac{\partial v_\varphi}{r\partial\theta}+\frac{v_\varphi}{r\sin\theta}\frac{\partial v_\varphi}{\partial\varphi}+\frac{v_r v_\varphi}{r}+\frac{v_\theta v_\varphi}{r}\cot\theta.$$

习题 5 解析

5.1 球面方程 $z=\sqrt{a^2-x^2-y^2}$，球面坐标 $x^1=x,x^2=y$，

根据定义求协变基矢，

$$\boldsymbol{g}_1=\frac{\partial}{\partial x^1}(x\boldsymbol{i}+y\boldsymbol{j}+z\boldsymbol{k})=\boldsymbol{i}-\frac{x}{z}\boldsymbol{k},$$

$$\boldsymbol{g}_2=\frac{\partial}{\partial x^2}(x\boldsymbol{i}+y\boldsymbol{j}+z\boldsymbol{k})=\boldsymbol{j}-\frac{y}{z}\boldsymbol{k},$$

$$\boldsymbol{g}_1\times\boldsymbol{g}_2=\frac{x}{z}\boldsymbol{i}+\frac{y}{z}\boldsymbol{j}+\boldsymbol{k},$$

$$\sqrt{g}=|\boldsymbol{g}_1\times\boldsymbol{g}_2|=\frac{a}{z},$$

$$\boldsymbol{g}_3=\boldsymbol{g}^3=\boldsymbol{n}=\frac{\boldsymbol{g}_1\times\boldsymbol{g}_2}{|\boldsymbol{g}_1\times\boldsymbol{g}_2|}=\frac{1}{a}(x\boldsymbol{i}+y\boldsymbol{j}+z\boldsymbol{k}).$$

由基矢容易求出曲面度量张量，

$$[g_{\alpha\beta}]=\begin{bmatrix}1+(x/z)^2 & xy/z\\ xy/z & 1+(y/z)^2\end{bmatrix},$$

$$[g^{\alpha\beta}]=[g_{\alpha\beta}]^{-1}=\frac{z^2}{a^2}\begin{bmatrix}1+(y/z)^2 & -xy/z\\ -xy/z & 1+(x/y)^2\end{bmatrix},$$

$$\frac{\partial\boldsymbol{g}_1}{\partial x^1}=-\frac{x^2+z^2}{z^3}\boldsymbol{k},\quad \frac{\partial\boldsymbol{g}_1}{\partial x^2}=-\frac{xy}{z^3}\boldsymbol{k},$$

$$\frac{\partial\boldsymbol{g}_2}{\partial x^1}=-\frac{xy}{y^3}\boldsymbol{k},\quad \frac{\partial\boldsymbol{g}_2}{\partial x^2}=-\frac{y^2+z^2}{z^3}\boldsymbol{k}.$$

下面计算克里斯托弗符号，

$$\Gamma_{11,1}=\frac{\partial\boldsymbol{g}_1}{\partial x^1}\cdot\boldsymbol{g}_1=\frac{x(x^2+z^2)}{z^4},\quad \Gamma_{11,2}=\frac{\partial\boldsymbol{g}_1}{\partial x^1}\cdot\boldsymbol{g}_2=\frac{y(x^2+z^2)}{z^4},$$

$$\Gamma_{12,1}=\Gamma_{21,1}=\frac{\partial\boldsymbol{g}_1}{\partial x^2}\cdot\boldsymbol{g}_1=\frac{x^2y}{z^4},\quad \Gamma_{12,1}=\Gamma_{21,2}=\frac{\partial\boldsymbol{g}_1}{\partial x^2}\cdot\boldsymbol{g}_2=\frac{xy^2}{z^4},$$

$$\Gamma_{22,1}=\frac{\partial\boldsymbol{g}_2}{\partial x^2}\cdot\boldsymbol{g}_1=\frac{x(y^2+z^2)}{z^4},\quad \Gamma_{22,2}=\frac{\partial\boldsymbol{g}_2}{\partial x^2}\cdot\boldsymbol{g}_2=\frac{y(y^2+z^2)}{z^4}.$$

$$b_{12}=\Gamma_{12,3}=\frac{\partial\boldsymbol{g}_1}{\partial x^2}\cdot\boldsymbol{n}=-\frac{xy}{az^2},$$

$$b_{22}=\Gamma_{22,3}=\frac{\partial\boldsymbol{g}_2}{\partial x^2}\cdot\boldsymbol{n}=-\frac{y^2+z^2}{az^2},$$

由此得到黎曼-克里斯托弗张量，

$$R_{1221}=b_{11}b_{22}-b_{12}^2=\frac{1}{z^2}.$$

5.2　圆柱面方程：

$$x=a\cos\theta,\quad y=a\sin\theta,\quad z=z,$$

曲面坐标：

$$x^1=z-c\theta,\quad x^2=\theta\ (c\ 为常数),$$

曲面矢径：

$$\boldsymbol{r}=a\cos x^2\boldsymbol{i}+a\sin x^2\boldsymbol{j}+(x^1+cx^2)\boldsymbol{k}.$$

$$\boldsymbol{g}_1=\frac{\partial\boldsymbol{r}}{\partial x^1}=\boldsymbol{k},$$

$$\boldsymbol{g}_2=\frac{\partial\boldsymbol{r}}{\partial x^2}=-a\sin\theta\boldsymbol{i}+a\cos\theta\boldsymbol{j}+c\boldsymbol{k},$$

$$\boldsymbol{g}_1\times\boldsymbol{g}_2=-a\cos\theta\boldsymbol{i}-a\sin\theta\boldsymbol{j},$$

$$|\boldsymbol{g}_1\times\boldsymbol{g}_2|=a,$$

$$\boldsymbol{g}_3=\boldsymbol{g}^3=\boldsymbol{n}=\frac{\boldsymbol{g}_1\times\boldsymbol{g}_2}{|\boldsymbol{g}_1\times\boldsymbol{g}_2|}=-\cos\theta\boldsymbol{i}-\sin\theta\boldsymbol{j},$$

$$\frac{\partial\boldsymbol{g}_1}{\partial x^1}=0,\quad \frac{\partial\boldsymbol{g}_1}{\partial x^2}=0,$$

$$\frac{\partial\boldsymbol{g}_2}{\partial x^1}=0,\quad \frac{\partial\boldsymbol{g}_2}{\partial x^2}=-a\cos\theta\boldsymbol{i}-a\sin\theta\boldsymbol{j},$$

$$b_{22}=\Gamma_{22,3}=\frac{\partial\boldsymbol{g}_2}{\partial x^2}\cdot\boldsymbol{n}=a.$$

5.3　双曲抛物面方程：

$$z=\frac{xy}{c},$$

曲面坐标：

$$x^1=x,\quad x^2=y,$$

点的矢径：

$$\boldsymbol{r}=x\boldsymbol{i}+y\boldsymbol{j}+\frac{xy}{c}\boldsymbol{k}.$$

$$\boldsymbol{g}_1=\frac{\partial\boldsymbol{r}}{\partial x}=\boldsymbol{i}+\frac{y}{c}\boldsymbol{k},\quad \boldsymbol{g}_2=\frac{\partial\boldsymbol{r}}{\partial y}=\boldsymbol{j}+\frac{x}{c}\boldsymbol{k},$$

$$g_{11}=1+(y/c)^2,\quad g_{12}=xy/c^2,\quad g_{22}=1+(x/c)^2,$$

$$\boldsymbol{g}_1\times\boldsymbol{g}_2=-\frac{y}{c}\boldsymbol{i}-\frac{x}{c}\boldsymbol{j}+\boldsymbol{k},$$

$$g=1+\frac{x^2+y^2}{c^2},$$

$$\boldsymbol{n}=\frac{\boldsymbol{g}_1\times\boldsymbol{g}_2}{\sqrt{g}}=\frac{1}{\sqrt{g}}\left(-\frac{y}{c}\boldsymbol{i}-\frac{x}{c}\boldsymbol{j}+\boldsymbol{k}\right).$$

$$\frac{\partial\boldsymbol{g}_1}{\partial x^1}=0,\quad \frac{\partial\boldsymbol{g}_1}{\partial x^2}=\frac{1}{c}\boldsymbol{k},$$

$$\frac{\partial\boldsymbol{g}_2}{\partial x^1}=\frac{1}{c}\boldsymbol{k},\quad \frac{\partial\boldsymbol{g}_2}{\partial x^2}=0,$$

$$\Gamma_{12,3}=b_{12}=b_{21}=\frac{\partial\boldsymbol{g}_1}{\partial x^2}\cdot\boldsymbol{n}=\frac{1}{c\sqrt{g}},$$

其余 $b_{\alpha\beta}=0$.

$$g^{11}=\frac{g_{22}}{g},\quad g^{22}=\frac{g_{11}}{g},\quad g^{12}=-\frac{g_{12}}{g},$$

用指标升降关系求 $b^{\alpha}_{\cdot\beta}$:

$$b^{\alpha}_{\cdot\beta}=g^{\alpha\lambda}b_{\lambda\beta},$$

$$b^1_{\cdot1}=g^{11}b_{11}+g^{12}b_{21}=g^{12}b_{21}=-\frac{xy}{(c^2+x^2+y^2)^{3/2}},$$

$$b^1_{\cdot2}=g^{11}b_{12}+g^{12}b_{22}=g^{11}b_{12}=\frac{c^2+x^2}{(c^2+x^2+y^2)^{3/2}},$$

$$b^2_{\cdot1}=g^{21}b_{11}+g^{22}b_{21}=g^{22}b_{21}=\frac{c^2+y^2}{(c^2+x^2+y^2)^{3/2}},$$

$$b^2_{\cdot2}=g^{21}b_{12}+g^{22}b_{22}=g^{21}b_{12}=-\frac{xy}{(c^2+x^2+y^2)^{3/2}},$$

不为零的黎曼-克里斯托弗张量是

$$R_{2121}=-R_{2112}=b_{12}b_{12}=\frac{1}{c^2+x^2+y^2}.$$

5.4 正圆锥曲面:$x^1=\rho,x^2=\theta$.

$$x=\rho\sin\Theta\cos\theta,\quad y=\rho\sin\Theta\sin\theta,\quad z=\rho\cos\Theta,$$

$$\boldsymbol{r}=x\boldsymbol{i}+y\boldsymbol{j}+z\boldsymbol{k},$$

$$\boldsymbol{g}_1=\frac{\partial\boldsymbol{r}}{\partial\rho}=\sin\Theta\cos\theta\,\boldsymbol{i}+\sin\Theta\sin\theta\boldsymbol{j}+\cos\Theta\boldsymbol{k},$$

$$\boldsymbol{g}_2=\frac{\partial\boldsymbol{r}}{\partial\theta}=-\rho\sin\Theta\sin\theta\,\boldsymbol{i}+\rho\sin\Theta\cos\theta\boldsymbol{j}.$$

$$g_{11}=1,\quad g_{22}=(\rho\sin\Theta)^2,\quad g_{12}=0,$$

$$g=g_{11}g_{22}-g_{12}^2=(\rho\sin\Theta)^2,$$

$$\boldsymbol{g}_1\times\boldsymbol{g}_2=-\rho\sin\Theta\cos\Theta\cos\theta\,\boldsymbol{i}-\rho\sin\Theta\cos\Theta\sin\theta\boldsymbol{j}+\rho\sin^2\Theta\boldsymbol{k},$$

$$\boldsymbol{n}=\frac{|\boldsymbol{g}_1\times\boldsymbol{g}_2|}{\sqrt{g}}=-\cos\Theta\cos\theta\,\boldsymbol{i}-\cos\Theta\sin\theta\boldsymbol{j}+\sin\Theta\boldsymbol{k}.$$

$$\frac{\partial\boldsymbol{g}_1}{\partial x^1}=0,$$

$$\frac{\partial \boldsymbol{g}_1}{\partial x^2}=-\sin\Theta\sin\theta\,\boldsymbol{i}+\sin\Theta\cos\theta\boldsymbol{j}\,,$$

$$\frac{\partial \boldsymbol{g}_2}{\partial x^1}=-\sin\Theta\sin\theta\,\boldsymbol{i}+\sin\Theta\cos\theta\boldsymbol{j}\,,$$

$$\frac{\partial \boldsymbol{g}_2}{\partial x^2}=-\rho\sin\Theta\cos\theta\,\boldsymbol{i}-\rho\sin\Theta\sin\theta\boldsymbol{j}\,.$$

$$\Gamma_{11,1}=\frac{\partial \boldsymbol{g}_1}{\partial x^1}\cdot\boldsymbol{g}_1=0,\quad \Gamma_{11,2}=\frac{\partial \boldsymbol{g}_1}{\partial x^1}\cdot\boldsymbol{g}_2=0,\quad \Gamma_{11,3}=\frac{\partial \boldsymbol{g}_1}{\partial x^1}\cdot\boldsymbol{n}=0,$$

$$\Gamma_{21,1}=0,\quad \Gamma_{21,2}=\rho\sin^2\Theta,\quad \Gamma_{21,3}=0,$$

$$\Gamma_{22,1}=-\rho\sin^2\Theta,\quad \Gamma_{22,2}=0,\quad \Gamma_{22,3}=\rho\sin\Theta\cos\Theta,$$

$b_{22}=\rho\sin\Theta\cos\Theta$，其余 $b_{\alpha\beta}=0$.

利用指标升降关系：$b^{\alpha}_{\cdot\beta}=g^{\alpha\lambda}b_{\lambda\beta}$，求得

$$b^{2}_{\cdot 2}=g^{22}b_{22}=-\frac{g_{11}}{g}b_{22}=\frac{\cos\Theta}{\rho\sin\Theta}.$$

5.5 $T^{\alpha}_{\cdot\beta;\gamma\lambda}=(T^{\alpha}_{\cdot\beta;\gamma})_{;\lambda}$

$$=(T^{\alpha}_{\cdot\beta;\gamma})_{,\lambda}+(T^{\zeta}_{\cdot\beta;\gamma})\Gamma^{\alpha}_{\zeta\lambda}-(T^{\alpha}_{\cdot\zeta;\gamma})\Gamma^{\zeta}_{\beta\lambda}-(T^{\alpha}_{\cdot\beta;\zeta})\Gamma^{\zeta}_{\gamma\lambda},$$

将 γ,λ 交换，得到 $T^{\alpha}_{\cdot\beta;\lambda\gamma}$，然后两式相减，注意到 $\Gamma^{\zeta}_{\gamma\lambda}=\Gamma^{\zeta}_{\lambda\gamma}$，因此，

$$T^{\alpha}_{\cdot\beta;\gamma\lambda}-T^{\alpha}_{\cdot\beta;\lambda\gamma}=(T^{\alpha}_{\cdot\beta;\gamma})_{,\lambda}-(T^{\alpha}_{\cdot\beta;\lambda})_{,\gamma}+T^{\zeta}_{\cdot\beta;\gamma}\Gamma^{\alpha}_{\zeta\lambda}-T^{\zeta}_{\cdot\beta;\lambda}\Gamma^{\alpha}_{\zeta\gamma}-T^{\alpha}_{\cdot\zeta;\gamma}\Gamma^{\zeta}_{\beta\lambda}+T^{\alpha}_{\cdot\zeta;\lambda}\Gamma^{\zeta}_{\beta\gamma}.$$

(1) $(T^{\alpha}_{\cdot\beta;\gamma})_{,\lambda}-(T^{\alpha}_{\cdot\beta;\lambda})_{,\gamma}$

$$=(T^{\alpha}_{\cdot\beta,\gamma}+T^{\zeta}_{\cdot\beta}\Gamma^{\alpha}_{\zeta\gamma}-T^{\alpha}_{\cdot\zeta}\Gamma^{\zeta}_{\beta\gamma})_{,\lambda}-(T^{\alpha}_{\cdot\beta,\lambda}+T^{\zeta}_{\cdot\beta}\Gamma^{\alpha}_{\zeta\lambda}-T^{\alpha}_{\cdot\zeta}\Gamma^{\zeta}_{\beta\lambda})_{,\gamma}$$

$$=T^{\zeta}_{\cdot\beta,\lambda}\Gamma^{\alpha}_{\zeta\gamma}-T^{\zeta}_{\cdot\beta,\gamma}\Gamma^{\alpha}_{\zeta\lambda}+T^{\zeta}_{\cdot\beta}\frac{\partial\Gamma^{\alpha}_{\zeta\gamma}}{\partial x^{\lambda}}-T^{\zeta}_{\cdot\beta}\frac{\partial\Gamma^{\alpha}_{\zeta\lambda}}{\partial x^{\gamma}}-T^{\alpha}_{\cdot\zeta,\lambda}\Gamma^{\zeta}_{\beta\gamma}$$

$$+T^{\alpha}_{\cdot\zeta,\gamma}\Gamma^{\zeta}_{\beta\lambda}-T^{\alpha}_{\cdot\zeta}\frac{\partial\Gamma^{\zeta}_{\beta\gamma}}{\partial x^{\lambda}}+T^{\alpha}_{\cdot\zeta}\frac{\partial\Gamma^{\zeta}_{\beta\lambda}}{\partial x^{\gamma}};$$

(2) $T^{\zeta}_{\cdot\beta;\gamma}\Gamma^{\alpha}_{\zeta\lambda}-T^{\zeta}_{\cdot\beta;\lambda}\Gamma^{\alpha}_{\zeta\gamma}$

$$=(T^{\zeta}_{\cdot\beta,\gamma}+T^{\theta}_{\cdot\beta}\Gamma^{\zeta}_{\theta\gamma}-T^{\zeta}_{\cdot\theta}\Gamma^{\theta}_{\beta\gamma})\Gamma^{\alpha}_{\zeta\lambda}-(T^{\zeta}_{\cdot\beta,\gamma}+T^{\theta}_{\cdot\beta}\Gamma^{\zeta}_{\theta\lambda}-T^{\zeta}_{\cdot\theta}\Gamma^{\theta}_{\beta\lambda})\Gamma^{\alpha}_{\zeta\gamma};$$

(3) $-T^{\alpha}_{\cdot\zeta;\gamma}\Gamma^{\zeta}_{\beta\lambda}+T^{\alpha}_{\cdot\zeta;\lambda}\Gamma^{\zeta}_{\beta\gamma}$

$$=-(T^{\alpha}_{\cdot\zeta,\gamma}+T^{\theta}_{\cdot\zeta}\Gamma^{\alpha}_{\theta\gamma}-T^{\alpha}_{\cdot\theta}\Gamma^{\theta}_{\zeta\gamma})\Gamma^{\zeta}_{\beta\lambda}+(T^{\alpha}_{\cdot\zeta,\lambda}+T^{\theta}_{\cdot\zeta}\Gamma^{\alpha}_{\theta\lambda}-T^{\alpha}_{\cdot\theta}\Gamma^{\theta}_{\zeta\lambda})\Gamma^{\zeta}_{\beta\gamma}.$$

将(1),(2),(3)代入原式，合并同类项，注意哑标可用任意一对字母表示，例如 $T^{\theta}_{\cdot\zeta}\Gamma^{\zeta}_{\beta\gamma}\Gamma^{\alpha}_{\theta\lambda}=T^{\zeta}_{\cdot\theta}\Gamma^{\theta}_{\beta\gamma}\Gamma^{\alpha}_{\zeta\lambda}$，再利用 $R^{\alpha}_{\cdot\beta\gamma\lambda}$ 的定义，得

$$T^{\alpha}_{\cdot\beta;\gamma\lambda}-T^{\alpha}_{\cdot\beta;\lambda\gamma}=T^{\zeta}_{\cdot\beta}R^{\alpha}_{\cdot\zeta\gamma\lambda}-T^{\alpha}_{\cdot\zeta}R^{\zeta}_{\cdot\beta\gamma\lambda}.$$

5.6
$$R_{ijkl}=g_{ir}R^{r}_{\cdot jkl}=g_{ir}\left(\frac{\partial\Gamma^{r}_{jk}}{\partial x^{l}}-\frac{\partial\Gamma^{r}_{jl}}{\partial x^{k}}+\Gamma^{m}_{jk}\Gamma^{r}_{ml}-\Gamma^{m}_{jl}\Gamma^{r}_{mk}\right),$$

$$g_{ir}\frac{\partial\Gamma^{r}_{jk}}{\partial x^{l}}=\frac{\partial}{\partial x^{l}}(g_{ir}\Gamma^{r}_{jk})-\Gamma^{r}_{jk}\frac{\partial g_{ir}}{\partial x^{l}},$$

$$\frac{\partial g_{ir}}{\partial x^{l}}=\frac{\partial\boldsymbol{g}_i}{\partial x^{l}}\cdot\boldsymbol{g}_r+\boldsymbol{g}_i\cdot\frac{\partial\boldsymbol{g}_r}{\partial x^{l}}=\Gamma_{il,r}+\Gamma_{rl,i},$$

$$g_{ir}\Gamma^{r}_{ml}=\Gamma_{ml,i},$$

$$R_{ijkl}=(\Gamma_{jk,i})_{,l}-(\Gamma_{jl,i})_{,k}-\Gamma^{r}_{jk}(\Gamma_{il,r}+\Gamma_{rl,i})+\Gamma^{r}_{jl}(\Gamma_{ik,r}+\Gamma_{rk,i})$$
$$+\Gamma^{m}_{jk}\Gamma_{ml,i}-\Gamma^{m}_{jl}\Gamma_{mk,i},$$

化简得到

$$R_{ijkl}=(\Gamma_{jk,i})_{,l}-(\Gamma_{jl,i})_{,k}+\Gamma_{ik,r}\Gamma^{r}_{jl}-\Gamma_{il,r}\Gamma^{r}_{jk}.$$

参 考 文 献

[1] 黄克智,薛明德,陆明万.张量分析[M].2 版.北京:清华大学出版社,2003.

[2] 汪国强,洪毅.张量分析及其应用[M].北京:高等教育出版社,1992.

[3] 李开泰,黄艾香.张量分析及其应用[M].北京:科学出版社,2005.

[4] 吕盘明.张量算法简明教程[M].合肥:中国科学技术大学出版社,2004.

[5] 李永池.张量初步和近代连续介质力学概论[M].2 版.合肥:中国科学技术大学出版社,2012.

[6] 黄宝宗.张量和连续介质力学[M].北京:冶金工业出版社,2012.

[7] 申文斌 ,张朝玉.张量分析与弹性力学[M].北京:科学出版社,2016.

[8] 田宗若.张量分析[M].西安:西北工业大学出版社,2005.

[9] 郭仲衡.张量(理论和应用)[M].北京:科学出版社,1988.

[10] 张若京.张量分析教程[M].上海:同济大学出版社,2004.

[11] James G. Simmonds. A Brief on Tensor Analysis[M]. Second Edition. New York:Springer,1994.